Göschens Lehrbücherei

1. Gruppe

Reine und angewandte Mathematik

Band 22

Affine Differentialgeometrie

Von

Professor Dr. Erich Salkowski

Walter de Gruyter & Co.

vormals G. J. Göschen'sche Verlagshandlung
J. Guttentag, Verlagsbuchhandlung — Georg
Reimer — Karl J. Trübner — Veit & Comp.

Berlin W 10 und Leipzig

1934

Affine Differentialgeometrie

Von

Dr. Erich Salkowski

o. Professor an der Technischen Hochschule Berlin

Mit 23 Figuren

Walter de Gruyter & Co.

vormals G. J. Göschen'sche Verlagshandlung
J. Guttentag, Verlagsbuchhandlung — Georg
Reimer — Karl J. Trübner — Veit & Comp.

Berlin W 10 und Leipzig

1934

Archiv-Nr. 12 05 34

Druck von Walter de Gruyter & Co., Berlin W 10

Printed in Germany

Vorwort.

Die vorliegende Darstellung ist aus Vorlesungen hervorgegangen, die ich an den Technischen Hochschulen Hannover und Berlin wiederholt vor einem Kreise von Mathematikern und Physikern der mittleren Semester vorgetragen habe. Ihr Ziel war, den Anfänger, dem nur die Grundtatsachen der Vektorrechnung und der Differentialgeometrie geläufig sein müssen, mit den Begriffsbildungen der Tensorrechnung vertraut zu machen, die für das Verständnis der neueren differentialgeometrischen und mathematisch-physikalischen Forschung unentbehrlich sind. Dabei wurde darauf Bedacht genommen, von den einfachsten, allgemein bekannten Tatsachen ausgehend und in dauernder Verbindung mit der geometrischen Anschauung den Formelapparat der Ricci-Rechnung allmählich so zu entwickeln, daß er dem Lernenden nicht als ein analytisches Kunststück entgegentritt, sondern sich als ein naturgemäßes Hilfsmittel der geometrischen Forschung aufbaut. Aus diesem Grunde wurde die Untersuchung auf die einfachsten Gegenstände beschränkt und grundsätzlich nur zweidimensionale analytische Gebilde betrachtet. In der Tat dürfte ein Student, der diesen einfachsten Fall anschaulich erfaßt hat, keine wesentlichen Hemmungen erfahren, wenn er sich dann an Hand weitergehender Darstellungen, an denen kein Mangel ist, in allgemeinere Auffassungen einarbeiten will.

Als einfachstes und geometrisch anziehendstes Anwendungsgebiet des entwickelten Formelapparats bot sich ohne weiteres die affine Theorie der Flächen, doch mußte dabei, entgegen der persönlichen Neigung des Verfassers, auf eine liebevolle Vertiefung in alle die schönen Einzelfragen dieses Gegenstandes, die dem anschaulich arbeitenden Geometer ja am meisten am Herzen liegen, verzichtet werden. Ihre Fülle konnte auch in den beigefügten Übungsaufgaben und Beispielen nur zum Teil berücksichtigt werden, schon um den Umfang des Büchleins in den gebotenen Grenzen zu halten, doch konnte auf ihre Behandlung um so eher verzichtet werden, als ja die klassischen Vorlesungen von W. Blaschke darin eine unerschöpfliche Fundgrube sind. Wo hier auf Einzelfragen eingegangen wird, handelt es sich nur darum, den Anfänger daran zu gewöhnen, die Fruchtbarkeit der dargelegten allgemeinen Methoden bei der Behandlung von solchen zu erkennen und ihre Anwendbarkeit richtig einzuschätzen. Dabei wurden aber tunlichst solche Fragestellungen bevorzugt, die in dem vorliegenden Schrifttum weniger eingehend behandelt worden sind.

Mit herzlichem Dank gedenke ich der Mitarbeit meines Freundes Dr. Paul Sager, dessen fördernde Kritik mir bei der Ausarbeitung und der Korrektur von großem Nutzen gewesen ist.

Neubabelsberg. E. Salkowski.

Inhaltsverzeichnis.

Erster Teil. **Affine Geometrie der Ebene.**

Erstes Kapitel. Grundlagen.

Zweites Kapitel. Ebene Kurven.

Zweiter Teil. **Affine Geometrie des Raumes.**

Erstes Kapitel. Grundlagen.

Zweites Kapitel. Theorie der Raumkurven.

Seite

Drittes Kapitel. Grundlegende Begriffe der affinen Flächentheorie.

Viertes Kapitel. Geometrie der quadratischen Differentialform.

Fünftes Kapitel. Flächentheorie der radialen Affinitäten.

Sechstes Kapitel. Flächentheorie der Scherungsgeometrie.

Siebentes Kapitel. Geometrische Deutung der Affininvarianten. Affinkrümmungslinien und Affinevoluten.

Achtes Kapitel. Die Laplacesche Transformation.

Neuntes Kapitel. Parallele Zuordnung von Flächen. Der Darbouxsche Flächenkranz.

Zehntes Kapitel. Windschiefe Flächen.

Erster Teil.

Affine Geometrie der Ebene.

Erstes Kapitel.

Grundlagen.

§ 1. Geometrie als Invariantentheorie einer Transformationsgruppe.

Geometrie ist die Lehre vom Raum. Aber nicht jede räumliche Beziehung ist eine geometrische. Auch der „Geometer" im landläufigen Sinne, d. h. der Vermessungstechniker, beschäftigt sich mit räumlichen Verhältnissen. Seine Aufgabe ist es, die Größen- und Lageverhältnisse von bestimmten Einzelfiguren, Flächen und Linien, auf der Erdoberfläche messend zu untersuchen, aber seine Ergebnisse sind, so wichtig sie auch praktisch sein mögen, keine geometrischen „Sätze". Die Ergebnisse der geodätischen Feld- und Landesvermessung gehören zur Topographie, nicht zur Geometrie. Geometrische Tatsachen haben „allgemeinen" Charakter, sind Eigenschaften, die nicht einer zufällig betrachteten Einzelfigur zukommen, sondern einer Klasse von Figuren, zum mindesten allen kongruenten Figuren. Sie müssen von der Lage der Figur im Raume unabhängig sein, also erhalten bleiben, wenn man die Figur einer beliebigen „Bewegung" unterwirft. Nun bilden aber alle Bewegungen des Raumes eine Gruppe, und die klassische Geometrie beschäftigt sich daher nur mit Gebilden und Beziehungen zwischen ihnen, die gegenüber dieser Gruppe „invariant" bleiben. Bei einer Bewegung bleibt die Gestalt einer Figur ungeändert, z. B. Quadrate bleiben Quadrate, Kreise gehen in Kreise über, Kugeln in Kugeln.

Indessen haben nicht alle Tatsachen der klassischen Geometrie metrischen Charakter. Der Satz von Desargues z. B. ist eine Aussage über die Lageverhältnisse von zehn Punkten und zehn Geraden der Ebene, ohne daß die Entfernungen der Punkte, die Größe der Winkel zwischen den Geraden irgendwelche Rolle spielen. Die klassische Geometrie umfaßt eine Gesamtheit von Tatsachen, die sich, wie wir heute sagen, auf metrische, affine, projektive oder topologische Verhältnisse räumlicher Figuren beziehen. Als sich seit Anfang des 19. Jahrhunderts die Erkenntnis durchsetzte, daß sich die „Geometrie der Lage" unabhängig von der „Geometrie des Maßes" entwickeln läßt, als man sogar lernte, die letztere durch Auszeichnung eines „absoluten

Gebildes" als besonderes Kapitel in die projektive Geometrie einzuordnen, bahnte sich eine natürliche Systematik an. Eine tiefere Einsicht wurde aber erst gewonnen, als man erkannte, daß jede der bis dahin untersuchten geometrischen Beziehungen durch den Begriff der Gruppe in einen natürlichen Zusammenhang eingeordnet werden konnte. Der Gedanke, der zu dieser Einsicht führte, sei zunächst an dem einfachsten Beispiel, der metrischen Geometrie oder der „Geometrie der Bewegungsgruppe", dargetan.

Die unübersehbare Fülle der Gegenstände, mit denen sich diese befaßt, die „invarianten Gebilde" der Gruppe, läßt sich durch ein einfaches Schema überschauen. Zwei Punkte in der Ebene (auf die wir die Betrachtung beschränken können), bestimmen eine Größe, die bei allen Bewegungen unverändert bleibt, ihren Abstand. Dieser Abstand ist die einfachste Invariante der Bewegungsgruppe, und alle übrigen ihrer Invarianten lassen sich durch diese „Fundamentalinvariante" darstellen. Will man etwa den Winkel φ zweier Geraden durch Abstände definieren, so wähle man auf jedem seiner Schenkel einen Punkt A_1 bzw. A_2; dann wird durch den Cosinussatz der ebenen Trigonometrie $\cos \varphi$ durch die gegenseitigen Abstände des Scheitels A und der Punkte A_1, A_2 ausgedrückt.

Die analytische Darstellung der Bewegungsgeometrie. Die Schwierigkeiten, die einer rein begrifflichen Grundlegung und Durchführung eines geometrischen Systems entgegenstehen, und der Wunsch, der geometrischen Forschung die Ergebnisse der Analysis dienstbar zu machen, haben bekanntlich zu der Entwicklung der sogenannten „analytischen Geometrie" geführt, in der jeder geometrischen Operation eine Rechnung mit Zahlen bzw. Zahlensystemen umkehrbar eindeutig zugeordnet ist. Dem analytischen Abbild der gewöhnlichen euklidischen Geometrie der Ebene oder der Geometrie der Bewegungsgruppe liegt folgende Vorstellung zugrunde: Von einem beliebigen Punkte O der Ebene gehen zwei zueinander senkrecht gerichtete Geraden OX_1, OX_2, die Koordinatenachsen, aus. Projiziert man dann einen beliebigen Punkt P senkrecht auf diese Achsen nach P_1 und P_2, so sind die Maßzahlen x_1, x_2 der Strecken OP_1, OP_2, in derselben Einheit gemessen und mit positivem oder negativem Vorzeichen versehen, je nachdem OP_i mit OX_i gleich oder entgegengesetzt gerichtet ist, die „Koordinaten" des Punktes P. Die Gesamtheit aller Punkte der Ebene ist dann eineindeutig den „geordneten" Paaren von Zahlen (x_1, x_2) zugeordnet, wobei x_1, x_2 alle nur möglichen Werte annehmen können. Eine geometrische Aussage der euklidischen Geometrie, die sich auf ein System von Punkten $X \equiv (x_1, x_2)$, $Y \equiv (y_1, y_2)$, $Z = (z_1, z_2) \ldots$ bezieht, muß sich sodann durch eine Gleichung zwischen den Koordinaten $(x_1, x_2), (y_1, y_2), (z_1, z_2), \ldots$ ausdrücken. Diese Beziehung muß aber ungeändert bleiben, wenn man das ganze Punktsystem gegenüber dem Koordinatensystem einer beliebigen Bewegung unterwirft oder, was auf dasselbe hinauskommt, das Punktsystem festhält und das Koordinatensystem der umgekehrten Bewegung unterwirft. Man drückt das auch wohl so aus, daß man sagt: eine geometrische Tatsache muß sich durch eine Gleichung ausdrücken lassen, die vom Koordinatensystem unabhängig ist oder eine „Transformation des Koordinatensystems zuläßt“. Die Formeln für die Transformation des Koordinatensystems sind aber

$$(1)\qquad \begin{aligned} x_1 &= a_1 + \bar{x}_1 \cos\alpha - \bar{x}_2 \sin\alpha \\ x_2 &= a_2 + \bar{x}_1 \sin\alpha + \bar{x}_2 \cos\alpha . \end{aligned}$$

Die Gesamtheit aller möglichen Transformationen (1) bildet eine Gruppe, d. h. wenn man die $\bar{x}_i$ einer gleichartigen Transformation

$$\begin{aligned} \bar{x}_1 &= \bar{a}_1 + \bar{\bar{x}}_1 \cos\beta - \bar{\bar{x}}_2 \sin\beta \\ \bar{x}_2 &= \bar{a}_2 + \bar{\bar{x}}_1 \sin\beta + \bar{\bar{x}}_2 \cos\beta \end{aligned}$$

unterwirft, so ergibt sich auch zwischen x_i und $\bar{\bar{x}}_i$ ein Gleichungssystem derselben Form

$$\begin{aligned} x_1 &= \bar{\bar{a}}_1 + \bar{\bar{x}}_1 \cos\bar{\alpha} - \bar{\bar{x}}_2 \sin\bar{\alpha} \\ x_2 &= \bar{\bar{a}}_2 + \bar{\bar{x}}_1 \sin\bar{\alpha} + \bar{\bar{x}}_2 \cos\bar{\alpha} , \end{aligned}$$

wobei zwischen den Konstanten $a_i, \bar{a}_i, \bar{\bar{a}}_i, \alpha, \beta, \bar{\alpha}$ bekannte und leicht herzuleitende Beziehungen bestehen. Zu diesen Transformationen gehört auch die „identische“

$$x_1 = \bar{\bar{x}}_1 \qquad x_2 = \bar{\bar{x}}_2 ,$$

und zu jeder Transformation (1) gibt es eine und nur eine „inverse“ Transformation

$$\begin{aligned} \bar{x}_1 &= a_1' + x_1 \cos\alpha + x_2 \sin\alpha \\ \bar{x}_2 &= a_2' - x_1 \sin\alpha + x_2 \cos\alpha , \end{aligned}$$

die gleichfalls der Gruppe angehört.

Man weiß nun und kann sich durch Ausrechnung davon überzeugen, daß das Quadrat des Abstands zweier Punkte $X \equiv (x_1, x_2)$ und $Y \equiv (y_1, y_2)$

$$(2)\qquad d^2 = (x_1 - y_1)^2 + (x_2 - y_2)^2$$

ein Ausdruck ist, der bei jeder Transformation (1) der Gruppe in die gleichartig gebaute Form

$$d^2 = (\bar{x}_1 - \bar{y}_1)^2 + (\bar{x}_2 - \bar{y}_2)^2$$

übergeht. Dieser Ausdruck (2) ist also in der Tat eine „Invariante“ der Gruppe.

Ebenso weiß man aber, daß jeder „Kreis“

$$(3)\qquad x_1^2 + x_2^2 - 2a x_1 - 2b x_2 + C = 0$$

mit dem Radius

$$r = \sqrt{a^2 + b^2 - C}$$

wieder in einen Kreis

$$\bar{x}_1^2 + \bar{x}_2^2 - 2\bar{a}\bar{x}_1 - 2\bar{b}\bar{x}_2 + \bar{C} = 0$$

übergeht, wobei sein Radius

$$r = \sqrt{\bar{a}^2 + \bar{b}^2 - \bar{C}}$$

ungeändert bleibt. Also ist auch ein Kreis mit gegebenem Radius ein invariantes Gebilde dieser euklidischen Geometrie. Jeder geometrischen Aussage über einen Kreis entspricht also eine Eigenschaft des gleich Null gesetzten Ausdrucks

$$x_1^2 + x_2^2 - 2a x_1 - 2b x_2 + C,$$

die gegenüber der Gruppe der Bewegungen (1) invariant ist.

Diese jedermann geläufigen Tatsachen sind hier in dieser Ausführlichkeit noch einmal auseinandergesetzt worden, um den Sinn der Aussage zu erläutern:

„die euklidische Geometrie ist die Invariantentheorie der Bewegungsgruppe“.

Die projektive Geometrie. Kennzeichnen wir noch mit wenigen Worten das Wesen der projektiven Geometrie. Hier werden nur solche Beziehungen betrachtet, die bei jeder Zentralprojektion der Ebene auf eine zweite erhalten bleiben. In ihr können keine Quadrate auftreten, denn bei Zentralprojektion ist jedes beliebige Viereck einem Quadrat äquivalent, ebensowenig treten Kreise auf, sondern nur Kurven zweiter Ordnung, die alle ineinander übergeführt werden können usw. Die Begriffe des Abstands, des Teilverhältnisses, des Flächeninhalts verlieren ihren Sinn, und erst vier Punkte einer Geraden bestimmen eine zahlenmäßig zu fassende Invariante, das Doppelverhältnis. Mit Hilfe dieses Begriffs gelingt es bekanntlich, auch die Punkte der projektiven Ebene durch Zahlengrößen, durch Koordinaten zu fassen, und zwar durch das Verhältnis dreier Zahlen $x_0 : x_1 : x_2$. Projektive Beziehungen werden durch homogene Gleichungen zwischen diesen „projektiven“ Koordinaten dargestellt, oder anders ausgedrückt: die projektive Geometrie der Ebene ist isomorph mit der Invariantentheorie der homogenen ternären Formen gegenüber homogenen linearen Transformationen, d. h. den Transformationen der „projektiven Gruppe“:

$$(4) \qquad \begin{aligned} \varrho x_0 &= a_0^0 \bar{x}_0 + a_0^1 \bar{x}_1 + a_0^2 \bar{x}_2 \\ \varrho x_1 &= a_1^0 \bar{x}_0 + a_1^1 \bar{x}_1 + a_1^2 \bar{x}_2 \\ \varrho x_2 &= a_2^0 \bar{x}_0 + a_2^1 \bar{x}_1 + a_2^2 \bar{x}_2 . \end{aligned}$$

Da eine Bewegung als eine besondere Art von Projektion aufgefaßt werden kann, werden alle projektiven Eigenschaften auch in der Bewegungsgeometrie auftreten und mit ihren Mitteln bewiesen werden können. Dies geschieht z. B., wenn man den Pascalschen Satz in der Elementargeometrie für den Kreis unter Zuhilfenahme von spezifischen Eigenschaften des Kreises beweist, während seine natürliche Stellung im System der projektiven Geometrie ist, wo er gleich für alle Kegelschnitte nachgewiesen wird.

Die Erkenntnis, daß jede geometrische Fragestellung einer bestimmten Gruppe zugehört und in diesem Zusammenhang ihre natürliche Lösung findet, hat dazu geführt, für jede geometrisch bedeutsame Gruppe das ihr angepaßte analytische Werkzeug zu konstruieren, also für metrische Probleme metrische Koordinaten, für projektive Probleme projektive Koordinaten zu benutzen. Während in der Geometrie des Gesamtraumes dies längst als naturgemäß erkannt worden ist, hat die Differentialgeometrie erst in den letzten

Jahrzehnten angefangen, sich diese Erkenntnis nutzbar zu machen. Der Grund dafür lag darin, daß es noch nicht möglich war, die hier vorliegenden Schwierigkeiten durch einen zweckmäßigen analytischen Apparat zu überwinden. Erst die neuere Entwicklung der Physik, die es zweifelhaft erscheinen läßt, ob die bisher für die Beschreibung der Außenwelt ausschließlich angewandte euklidische Geometrie den Anforderungen genügt, hat dazu geführt, diesen analytischen Apparat, den Ricci-Kalkul, systematisch auszubauen, damit aber auch den Aufgabenkreis der Differentialgeometrie so zu erweitern, daß er den Kleinschen Rahmen gesprengt hat. Das Schema der Gruppentheorie reicht heute nicht mehr aus, die Gesamtheit der geometrischen Forschungsrichtungen zu umfassen.

Ein besonders einfaches Beispiel, bei welchem die für die letzte Entwicklung der Differentialgeometrie kennzeichnenden Gesichtspunkte schon deutlich hervortreten, ist die affine Geometrie. Da sie zudem auch zu einer Fülle von geometrisch bemerkenswerten Fragestellungen führt, die für den, der anschauliche Probleme liebt, ihre Reize haben, ist ihr Studium als Einführung in diese Gedankenbildungen, die von einem engeren Kreise von Forschern eine weitgehende Entwicklung erfahren haben, ganz besonders geeignet. Die erste Aufgabe wird nun sein, das natürliche Koordinatensystem der affinen Geometrie und seine Handhabung kennenzulernen, und zwar gleich von vornherein in einer solchen Form, wie sie für die spätere Anwendung am geeignetsten ist.

§ 2. Die affine Geometrie der Ebene.

Einführung eines affinen Koordinatensystems[1]). Bildet man eine Ebene E durch zwei beliebige Parallelprojektionen auf zwei Ebenen E_1 und E_2 ab, so sind E_1 und E_2 affin aufeinander bezogen, wenn man in ihnen je zwei Punkte P_1 und P_2 zuordnet, die die Bilder desselben Punktes P von E sind. Insbesondere ist eine Ebene E zu irgendeiner ihrer Parallelprojektionen E_1 affin. Legt man die so aufeinander bezogenen Ebenen E_1 und E_2 in eine beliebige dritte Ebene E′ um (oder bildet sie in E′ durch eine beliebige Parallelprojektion ab), so ergeben sich in E′ zwei Punktfelder, die gleichfalls affin aufeinander bezogen sind. Sind A_1, B_1, C_1 drei beliebige nicht kollineare Punkte des Feldes E_1 und A_2, B_2, C_2 ebenso drei nicht in einer Geraden liegenden Punkte des Feldes E_2, so kann man zu jedem vierten Punkte X_1 des einen Feldes den zugeordneten affinen Punkt X_2 des Feldes E_2 konstruieren. Da bei Parallelprojektion im allgemeinen weder die Länge von Strecken noch die Größe von Winkeln ungeändert bleiben, werden diese Begriffe für die affine

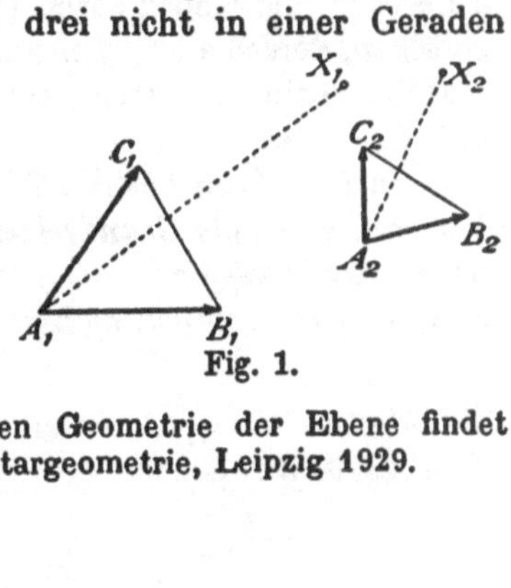

Fig. 1.

[1]) Eine ausführliche Begründung der affinen Geometrie der Ebene findet der Leser in dem Büchlein von H. Beck, Elementargeometrie, Leipzig 1929.

Geometrie keine Bedeutung haben. Dagegen gehen parallele Geraden immer in parallele Geraden über, ebenso bleibt das Teilverhältnis zweier kollinearer oder paralleler Strecken erhalten, sowie das Verhältnis der Flächeninhalte entsprechender Figuren. An diese aus den Elementen der darstellenden Geometrie wohlbekannten Beziehungen sei hier nur erinnert, um einen Anhalt für die Wahl des für die Affingeometrie natürlichen Koordinatensystems zu haben. Jedenfalls muß dieses so ausgewählt werden, daß bei zweckmäßiger Wahl des Anfangspunkts und der Achsen entsprechende Punkte durch dieselben Koordinatenwerte dargestellt werden. Daraus ergibt sich, daß das rechtwinklige kartesische Koordinatensystem, das natürliche Hilfsmittel für die metrische Geometrie, hier unbrauchbar ist, da bei Parallelprojektion sowohl die Größe des Koordinatenwinkels als auch die Länge der Einheitsstrecken ganz beliebige andere Werte annehmen können.

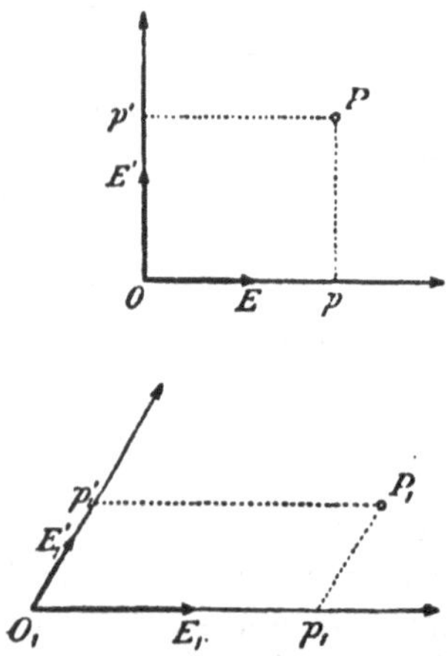

Fig. 2.

Bezieht man aber die Ebene E auf ein kartesisches System mit dem Anfangspunkt O und den aufeinander senkrechten gleich langen Einheitsvektoren OE, OE', und sind

$$Op = x, \quad Op' = y$$

die Koordinaten des Punktes P, so gehen bei Parallelprojektion OE und OE' in die Vektoren

$$\mathfrak{e}_1 = O_1E_1 \text{ und } \mathfrak{e}_2 = O_1E_1'$$

über, das Koordinatenrechteck $OpPp'$ des Punktes P in ein Parallelogramm $O_1p_1\,P_1p_1'$, in dem nunmehr die Teilverhältnisse

$$\frac{O_1p_1}{O_1E_1} = \frac{Op}{OE} = x$$

$$\frac{O_1p_1'}{O_1E_1'} = \frac{Op'}{OE'} = y$$

sind. Die Punkte P und P_1 haben somit dieselben Koordinaten, wobei man aber die Koordinaten nicht als Strecken, sondern als Teilverhältnisse aufzufassen hat. Führt man dieselbe Konstruktion auch für die Ebene E_2 durch, so ergibt sich, daß auch P_2, auf die Projektion des Koordinatensystems von E bezogen, die Koordinaten (x, y) besitzt. Da dieser Sachverhalt, wie leicht zu sehen, derselbe ist, wenn man auch schon in E kein rechtwinkliges kartesisches Koordinatensystem, sondern ein gleiches wie in E_1 voraussetzt, so ergibt sich folgendes:

In der affinen Ebene wähle man einen Nullpunkt O und zwei nicht kollineare Vektoren $\mathfrak{e}_1, \mathfrak{e}_2$ als Grundvektoren. Dann ist jeder Punkt X der Ebene durch seinen Radiusvektor $\mathfrak{x} = OX$ eindeutig bestimmt, der nach den Richtungen von $\mathfrak{e}_1$ und $\mathfrak{e}_2$ in Komponenten zerlegt werden kann:

$$\mathfrak{x} = x^1\mathfrak{e}_1 + x^2\mathfrak{e}_2; \tag{5}$$

die Maßzahlen x^1, x^2 dieser Komponenten sind die affinen Koordinaten des Punktes X der Ebene.

Bei affiner Transformation geht jeder Vektor in den äquivalenten Vektor über, parallele Vektoren bleiben parallel.

Der Vektor ist also die einfachste „affine Invariante“.

Es ist zweckmäßig, eine Vereinfachung der Schreibweise dadurch einzuführen, daß man statt (5)

$$\mathfrak{x} = x^i \mathfrak{e}_i \tag{5*}$$

schreibt, wobei man die Übereinkunft trifft, daß über eine Marke i, die in einem Produkt wiederholt, und zwar einmal oben, einmal unten, auftritt, stets für alle möglichen Werte von i (hier also $i = 1, 2$) zu summieren ist.

Man hätte, nach dem Vorgange von H. Graßmann, die Bestimmung der Punkte einer Ebene durch ihre Radienvektoren auch rein formal, ohne die anschauliche Bedeutung der Affinität heranzuziehen, einführen können, doch wird das Verständnis der Tatsachen der affinen Geometrie oft wesentlich erleichtert, wenn man sich ihrer anschaulichen Bedeutung stets klar bewußt ist.

Die Zerlegung des Vektors $\mathfrak{x}$ in zwei Komponenten, wie sie durch die Gleichung (5) gegeben ist, setzt bereits die Kenntnis der Gesetze der Addition von Vektoren und ihrer Multiplikation mit skalaren Faktoren voraus. Um nicht zu weit auszuholen, werden wir auch in Zukunft gewisse elementare Tatsachen der Vektorrechnung als bekannt voraussetzen müssen. Der Leser, der ihre eingehendere Begründung sucht, sei auf eines der Lehrbücher der Vektorrechnung, z. B. auf das in dieser Sammlung erschienene Werk von A. Lotze [1]) verwiesen.

Durch die Einführung der Grundvektoren $\mathfrak{e}_1$ und $\mathfrak{e}_2$ in der Richtung der Koordinatenachsen ist jedem Vektor in einer dieser Richtungen eine Maßzahl zugeordnet, die als seine „Länge“ definiert werden könnte. Dagegen hat es schlechterdings keinen Sinn, von der Länge des Vektors $\mathfrak{x}$ zu reden, wenn x^1 und x^2 beide von Null verschieden sind. Die Länge einer Strecke ist eben keine affine Invariante; man kann vielmehr in jeder Richtung einen beliebigen Vektor als Einheitsvektor definieren. Heftet man alle diese Einheitsvektoren als Radienvektoren mit ihrem Anfangspunkt am Nullpunkt an, so liegen ihre Endpunkte auf einer Kurve, der Eichkurve, deren Punkte vom Nullpunkte alle den Abstand Eins besitzen. Durch die Annahme der Eichkurve hat man der affinen Ebene eine Metrik aufgezwungen, oder anders ausgedrückt, man hat es dann mit einer metrischen Geometrie zu tun. Ist die Eichkurve eine Ellipse, für die $\mathfrak{e}_1$ und $\mathfrak{e}_2$ konjugierte Halbmesser sind, so kann die Ebene durch eine Affinität so transformiert werden, daß $\mathfrak{e}_1$ und $\mathfrak{e}_2$ in zwei gleich lange senkrechte Vektoren übergehen und die Eichkurve ein Kreis wird. Eine solche Geometrie ist formal in keiner Weise von der euklidischen Maßgeometrie zu unterscheiden. Den Inhalt der affinen Geometrie bilden nur diejenigen Tatsachen, die von der speziell gewählten Metrik unabhängig sind, die also den verschiedenen möglichen metrischen Geometrien gemeinsam sind.

Bei beliebiger Wahl der Eichkurve ist es natürlich nicht nötig, daß sie die Koordinatenachsen gerade in den Endpunkten der Grundvektoren $\mathfrak{e}_1$ bzw. $\mathfrak{e}_2$ schneidet, d. h. diesen braucht keineswegs die Länge Eins zugeschrieben zu werden. Dies ist wohl zu beachten, da von dieser Freiheit später immer Gebrauch gemacht wird. Es ist bei einem Radiusvektor $\mathfrak{x}$ daher scharf zu unterscheiden zwischen den Koordinaten x^1, x^2 seiner Komponenten $x^i \mathfrak{e}_i$ in den Achsenrichtungen, die affinen Charakter tragen, und den „Längen“ dieser Komponenten, von denen erst nach Einführung einer Metrik durch die Eichkurve geredet werden kann.

---

[1]) A. Lotze, Punkt- und Vektorrechnung, Berlin 1929.

Die gerade Linie. Eine gerade Linie ist durch zwei ihrer Punkte $\bar{O}, \bar{E}$ bestimmt. Jeder dritte Punkt X der Geraden ist dann durch eine Koordinate $\bar{x}$ festgelegt, indem man $\bar{O}$ als Anfangspunkt und den Vektor $\bar{O}\bar{E} = \bar{e}$ als Grundvektor wählt; es wird nämlich

$$\bar{O}X = \bar{x}\bar{e},$$

wobei $\bar{x}$ das Teilverhältnis $\dfrac{\bar{O}X}{\bar{O}\bar{E}}$ bedeutet.

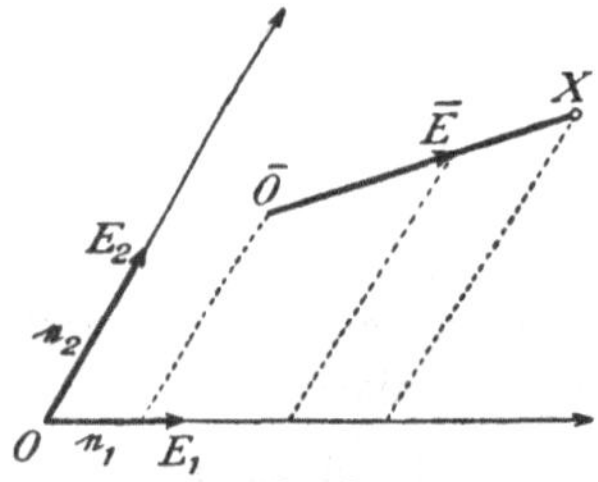

Fig. 3.

Diese Koordinatenbestimmung auf der Geraden kann leicht in das Koordinatensystem $(O; \mathfrak{e}_1, \mathfrak{e}_2)$, auf das die Ebene bezogen ist, eingeordnet werden. Ist nämlich

$$OX = x^i\mathfrak{e}_i, \quad O\bar{O} = a_0^i\mathfrak{e}_i, \quad O\bar{E} = O\bar{O} + \bar{O}\bar{E} = a_0^i\mathfrak{e}_i + a_1^i\mathfrak{e}_i,$$

so ergibt sich aus

$$OX = O\bar{O} + \bar{O}X = O\bar{O} + \bar{x}\bar{O}\bar{E}$$
$$x^i\mathfrak{e}_i = a_0^i\mathfrak{e}_i + \bar{x}(a_1^i\mathfrak{e}_i),$$

oder, ausführlicher geschrieben:

$$(6) \qquad \begin{cases} x^1 = a_0^1 + a_1^1\bar{x} \\ x^2 = a_0^2 + a_1^2\bar{x} \end{cases}$$

als Darstellung der Koordinaten eines beliebigen Punktes X der gegebenen Geraden durch die Koordinaten (a_0^i), $(a_0^i + a_1^i)$ der beiden festen Punkte $\bar{O}, \bar{E}$, ausgedrückt durch den Parameter $\bar{x}$. Durch Elimination von $\bar{x}$ erhält man die „Gleichung" der Geraden

$$(7) \qquad a_1^2x^1 - a_1^1x^2 = a_1^2a_0^1 - a_1^1a_0^2,$$

die natürlich auch in der aus den Elementen der analytischen Geometrie bekannten Form

$$(7') \qquad u_1x^1 + u_2x^2 = C$$

geschrieben werden kann. Aus der Herleitung ergibt sich unmittelbar die geometrische Bedeutung der in (6) auftretenden Koeffizienten a_i^k. Auch die in (7) und (7′) auftretenden Koeffizienten $u_1 = a_1^2$, $u_2 = -a_1^1$, $C = a_1^2a_0^1 - a_1^1a_0^2$ haben eine bemerkenswerte geometrische Bedeutung, auf die an späterer Stelle einzugehen ist.

§ 3. Koordinatentransformation.

Zunächst sollen die eben gefundenen Ergebnisse dazu benutzt werden, um eine für alles Folgende grundlegende Aufgabe zu lösen, nämlich die Beziehungen zwischen den Koordinaten ein und desselben Punktes, der auf zwei verschiedene Koordinatensysteme bezogen ist, aufzustellen. Diese „Transformation der Koordinaten" hat deswegen eine so grundlegende Bedeutung, weil die „affinen" Eigenschaften einer Figur von der Wahl des affinen Koordinatensystems unabhängig sind. Der analytische Ausdruck einer geometrischen Aussage muß sich daher durch Formeln zwischen den Koordinaten ausdrücken lassen, die für alle zulässigen Koordinatensysteme dieselbe Form haben müssen. Daher ist es vor allem nötig, überhaupt einmal den analytischen Ausdruck einer affinen Koordinatentransformation aufzustellen.

In einer Ebene E seien zwei Koordinatensysteme $(O;\, \mathfrak{e}_1, \mathfrak{e}_2)$ und $(\bar{O};\, \bar{\mathfrak{e}}_1, \bar{\mathfrak{e}}_2)$ gegeben; ein Punkt X habe im ersten System die Koordinaten (x^1, x^2), im zweiten die Koordinaten $(\bar{x}^1, \bar{x}^2)$. Konstruiert man die Koordinatenparallelogramme OX_1XX_2 und $(\bar{O}\bar{X}_1X\bar{X}_2)$, so erkennt man, daß

$$OX = O\bar{O} + \bar{O}X$$

ist. Da nun

$$O\bar{O} = a_0^i \mathfrak{e}_i$$

$$OX = x^i \mathfrak{e}_i$$

und

$$\bar{O}X = \bar{x}^k \bar{\mathfrak{e}}_k$$

ist, ferner die Grundvektoren $\bar{\mathfrak{e}}_1, \bar{\mathfrak{e}}_2$ wie alle Vektoren der Ebene sich nach den Komponenten $\mathfrak{e}_1, \mathfrak{e}_2$ zerlegen lassen:

$$\bar{\mathfrak{e}}_k = a_k^i \mathfrak{e}_i, \tag{8}$$

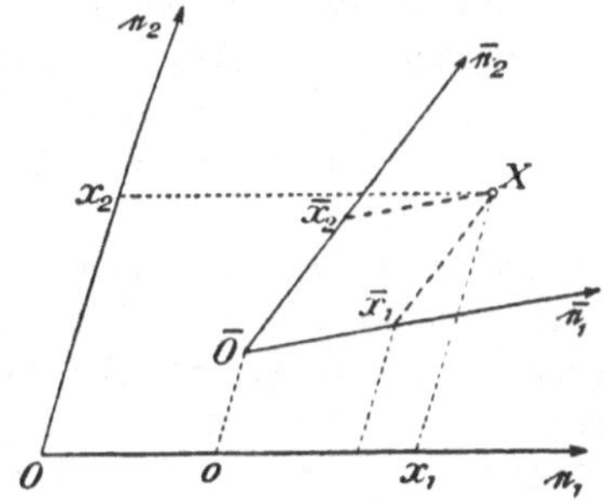

Fig. 4.

wird schließlich

$$x^i \mathfrak{e}_i = a_0^i \mathfrak{e}_i + a_k^i \bar{x}^k \mathfrak{e}_i, \tag{9}$$

d. h.: sind die Einheitsvektoren durch die Transformation

$$\begin{aligned} \bar{\mathfrak{e}}_1 &= a_1^1 \mathfrak{e}_1 + a_1^2 \mathfrak{e}_2 \\ \bar{\mathfrak{e}}_2 &= a_2^1 \mathfrak{e}_1 + a_2^2 \mathfrak{e}_2 \end{aligned} \tag{8'}$$

miteinander verbunden, so sind die Koordinaten desselben Punktes durch die Gleichungen

$$\begin{aligned} x^1 &= a_0^1 + a_1^1 \bar{x}^1 + a_2^1 \bar{x}^2 \\ x^2 &= a_0^2 + a_1^2 \bar{x}^1 + a_2^2 \bar{x}^2 \end{aligned} \tag{9'}$$

miteinander verknüpft. Die geometrische Bedeutung der Koeffizienten liegt auf der Hand, insbesondere sind (a_0^1, a_0^2) die Koordinaten des Anfangspunkts $\bar{O}$ im System $(O;\, \mathfrak{e}_1, \mathfrak{e}_2)$. Sind beide gleich Null, so handelt es sich um eine homogene oder radiale Affinität, bei der der Koordinatenursprung ungeändert bleibt. Eine Verschiebung des Anfangspunktes ist in vielen Fällen unwesentlich; wir beschäftigen uns daher zunächst nur mit der Untersuchung der Eigenschaften radialer Affinitäten.

Für solche ist schon der Radiusvektor eines Punktes $X \equiv (x^1, x^2)$

$$\mathfrak{x} = x^i \mathfrak{e}_i = \bar{x}^k \bar{\mathfrak{e}}_k \tag{10}$$

eine Invariante[1]). Die neuen Einheitsvektoren $\bar{\mathfrak{e}}_k$ werden durch die Substitution

[1]) Man bemerke, daß eine Marke, über die summiert wird, ein „stummer" Index ist, d. h. daß er bei ausführlicher Schreibweise überhaupt nicht auftritt, sodaß statt $x^i \mathfrak{e}_i$ ebensowohl $x^k \mathfrak{e}_k$, $x^l \mathfrak{e}_l$ usw. geschrieben werden kann. Insbesondere ist in (10) der Index in den beiden Formen deswegen verschieden bezeichnet, um den Anschein zu vermeiden, als ob jedem Werte des i in der einen Darstellung derselbe Wert des Index in der anderen entspricht.

$$(T) \qquad \bar{\mathfrak{e}}_k = a_k^i \mathfrak{e}_i$$

aus $\mathfrak{e}_1, \mathfrak{e}_2$ erhalten, so daß

$$(11) \qquad \mathfrak{x} = a_k^i \bar{x}^k \mathfrak{e}_i$$

geschrieben werden kann. Daraus folgt, da die Koeffizienten von $\mathfrak{e}_1$ und $\mathfrak{e}_2$ in (10) und (11) identisch sein müssen:

$$(\bar{T}) \qquad x^i = a_k^i \bar{x}^k .$$

Sehen wir von der besonderen geometrischen Bedeutung der in diesen Gleichungen auftretenden Größen $\mathfrak{e}_i$ und x^k ab, so erkennt man, daß eine Invariante $\mathfrak{x}$ als homogene bilineare Form zweier Reihen von Veränderlichen $\mathfrak{e}_1, \mathfrak{e}_2$ und x^1, x^2 dargestellt ist. Unterliegen dann $(\mathfrak{e}_1, \mathfrak{e}_2)$ einer Transformation T, so werden auch x^1, x^2 homogen und linear transformiert durch die Transformation $\bar{T}$, die zwangsläufig mit T gekoppelt ist. Beide Transformationen enthalten dieselben Koeffizienten a_i^k, sind aber wesentlich voneinander verschieden. Während nämlich in T die transformierten Veränderlichen $\bar{\mathfrak{e}}_k$ links stehen, d. h. durch die ursprünglichen Veränderlichen $\mathfrak{e}_i$ ausgedrückt werden, stellt $\bar{T}$ die ursprünglichen Veränderlichen x^i als linear homogene Funktionen der transformierten Veränderlichen dar. Außerdem sind in den Transformationen

$$T = \begin{pmatrix} a_1^1 & a_1^2 \\ a_2^1 & a_2^2 \end{pmatrix}, \quad \bar{T} = \begin{pmatrix} a_1^1 & a_2^1 \\ a_1^2 & a_2^2 \end{pmatrix}$$

die Zeilen mit den Spalten vertauscht.

Zwei Substitutionen T und $\bar{T}$, die in einer solchen eindeutig umkehrbaren Beziehung stehen, heißen zueinander **kontragredient**. Zwei Größensysteme, die wie die x^i bzw. $\mathfrak{e}_k$ gleichzeitig durch ein Paar kontragredienter Transformationen verwandelt werden, heißen zueinander **kontravariant**, dagegen wird man Größensysteme, die dieselbe Transformation T zulassen, zueinander **kovariant** nennen.

Kovarianz bzw. Kontravarianz sind ihrer Entstehung nach Relativbegriffe, es ist zunächst sinnlos, eine Größenreihe als kovariant zu bezeichnen. Indessen hat sich in der Literatur der Brauch gebildet, die Beziehung bez. der Transformation der Einheitsvektoren zu bevorzugen. Kovariante Größen schlechthin sollen also auch hier immer solche heißen, die sich wie die $\mathfrak{e}_i$ transformieren, kontravariante Größen dagegen transformieren sich wie die Koordinaten.

Kovariante Größen sind auch die Linienkoordinaten einer Geraden. Die Gleichung einer Geraden konnte nämlich in der Form

$$u_i x^i = C$$

geschrieben werden. Unterwirft man die Punktkoordinaten einer Transformation $\bar{T}$, so nimmt diese Gleichung die Form an

$$u_i a_k^i \bar{x}^k = C .$$

Sie kann daher

$$\bar{u}_k \bar{x}^k = C$$

geschrieben werden, wobei

$$\bar{u}_k = a_k^i u_i$$

ist, also durch die Substitution T transformiert wird.

Das äußere Kennzeichen kovarianter Größen ist eine untere Marke, kontravarianter Größen eine obere.

§ 4. Die Gruppe der Affinitäten.

Die geometrisch anschauliche Tatsache, daß die Aufeinanderfolge zweier Affinitäten wieder eine Affinität ist, läßt sich auch analytisch leicht nachweisen.

Ist

$$x^i = a_0^i + a_k^i \bar{x}^k$$

und

$$\bar{x}^k = b_0^k + b_l^k \bar{\bar{x}}^l,$$

so ist

$$x^i = a_0^i + (b_0^k + b_l^k \bar{\bar{x}}^l) a_k^i,$$

d. h. von der Form

$$x^i = c_0^i + c_l^i \bar{\bar{x}}^l,$$

wobei

$$c_0^i = a_0^i + a_k^i b_0^k$$
$$c_l^i = a_k^i b_l^k$$

gesetzt ist. Insbesondere gibt es auch immer eine Transformation, die $\bar{x}$ in x überführt, d. h. eine und nur eine inverse Transformation. Für diese muß nämlich

$$c_0^i = 0, \quad c_l^i = \begin{cases} 1 & \text{wenn } l = i \\ 0 & \text{wenn } l \neq i \end{cases}$$

ist. Diese Bedingungen bedeuten sechs lineare Gleichungen für die Koeffizienten b_λ^ε, die, ausführlich geschrieben, folgendermaßen aussehen:

$$\begin{aligned}
c_0^1 &\equiv a_0^1 + a_1^1 b_0^1 + a_2^1 b_0^2 = 0 \\
c_0^2 &\equiv a_0^2 + a_1^2 b_0^1 + a_2^2 b_0^2 = 0 \\
c_1^1 &\equiv \phantom{a_0^1 +{}} a_1^1 b_1^1 + a_2^1 b_1^2 = 1 \\
c_1^2 &\equiv \phantom{a_0^1 +{}} a_1^2 b_1^1 + a_2^2 b_1^2 = 0 \\
c_2^1 &\equiv \phantom{a_0^1 +{}} a_1^1 b_2^1 + a_2^1 b_2^2 = 0 \\
c_2^2 &\equiv \phantom{a_0^1 +{}} a_1^2 b_2^1 + a_2^2 b_2^2 = 1\,.
\end{aligned}$$

Dieses System zerfällt in drei Gruppen für die Paare b_0^i, b_1^i und b_2^i, ihre Lösung ergibt sich in der Form

$$ab_0^1 = a_2^1 a_0^2 - a_2^2 a_0^1$$
$$ab_0^2 = a_1^2 a_0^1 - a_1^1 a_0^2$$
$$ab_1^1 = a_2^2 \qquad ab_1^2 = -a_1^2$$
$$ab_2^1 = -a_2^1 \qquad ab_2^2 = a_1^1,$$

wobei

$$a = a_1^1 a_2^2 - a_1^2 a_2^1$$

die Determinante des Systems bedeutet. Die Affinität artet aus, wenn $a = 0$ ist; tritt dies ein, so entsprechen allen Punkten der Ebene E die Punkte einer Geraden in $\bar{\mathrm{E}}$. Dieser Fall sei in der Folge stets ausgeschlossen. Aus diesen grundlegenden Gleichungen geht hervor, daß die homogenen Affinitäten eine Untergruppe der Gruppe aller Affinitäten bilden; eine zweite Untergruppe bilden die Affinitäten, deren Determinante gleich Eins ist, denn wenn

$$a = 1 \text{ und } b = 1$$

ist, so wird auch

$$c = \begin{vmatrix} c_1^1 & c_2^1 \\ c_1^2 & c_2^2 \end{vmatrix} = \begin{vmatrix} a_1^1 b_1^1 + a_2^1 b_1^2, & a_1^1 b_2^1 + a_2^1 b_2^2 \\ a_1^2 b_1^1 + a_2^2 b_1^2, & a_1^2 b_2^1 + a_2^2 b_2^2 \end{vmatrix} = ab = 1\,.$$

Bisher hatten wir die Koordinatentransformation nur als die Darstellung ein und desselben Punktes der gegebenen Ebene in verschiedenen affinen Systemen aufgefaßt. Das entspricht nicht ganz der ursprünglichen Auffassung der Affinität als der eineindeutigen Abbildung zweier ebener Systeme aufeinander. Indessen kann der entwickelte Formelapparat auch sofort in diesem Sinne gedeutet werden. Man kann die Dreiecke OE_1E_2 und $\bar{O}\bar{E}_1\bar{E}_2$ als zwei entsprechende Figuren zweier über einer Ebene ausgebreiteten affinen Systeme E und $\bar{\mathrm{E}}$ auffassen, so daß die Vektoren $OE_i = \mathfrak{e}_i$ und $\bar{O}\bar{E}_i = \bar{\mathfrak{e}}_i$ sich entsprechen. Dann entspricht dem Punkte $\bar{X}(\bar{x}^1, \bar{x}^2)$ als Punkt von $\bar{\mathrm{E}}$ derjenige Punkt von E, der ebenfalls die Koordinaten $\bar{x}^1, \bar{x}^2$ besitzt:

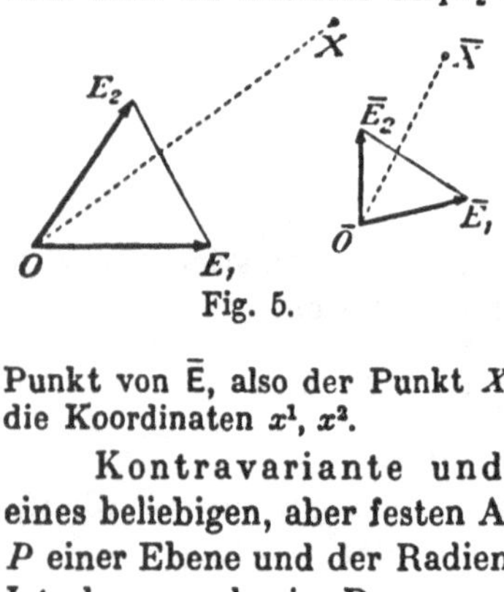

Fig. 5.

$$\bar{\mathfrak{x}} = \bar{x}^1 \mathfrak{e}_1 + \bar{x}^2 \mathfrak{e}_2.$$

Der durch die betrachtete Affinität zugeordnete Punkt von $\bar{\mathrm{E}}$, also der Punkt X, hat dann, auf dasselbe System $(\mathfrak{e}_1, \mathfrak{e}_2)$ bezogen, die Koordinaten x^1, x^2.

Kontravariante und kovariante Vektoren. Nach Annahme eines beliebigen, aber festen Anfangspunktes O ist die Gesamtheit der Punkte P einer Ebene und der Radienvektoren OP eineindeutig aufeinander bezogen. Ist dann noch ein Paar von Grundvektoren $\mathfrak{e}_1, \mathfrak{e}_2$ festgelegt, so bestimmt ein „geordnetes Zahlenpaar" x^1, x^2 ebensowohl den Punkt P als auch den Radiusvektor $\mathfrak{x} = x^i \mathfrak{e}_i$. Da es auf das Koordinatensystem nicht ankommt, wird man auch kurzweg von dem „Vektor (x^1, x^2)" mit den Koordinaten x^i reden können. Da diese bei der Gruppe der homogenen Affinitäten, bei denen also der Anfangspunkt fest bleibt, sich zu den Grundvektoren kontravariant transformieren, nennt man den Vektor (x^1, x^2) schlechthin einen „kontravarianten Vektor". Man muß sich indessen drüber klar werden, daß diese abgekürzte Redeweise keine Eigenschaft des Vektors bedeutet, der ja in Wirklichkeit, wie schon die Gleichung (10) zeigt, eine affine Invariante ist. Sie bezieht sich nur auf das Verhalten seiner Koordinaten zu den Affinitäten der Grundvektoren. Denkt man sich etwa in der Ebene ein zweites Paar von Grundvektoren $\mathfrak{e}^1, \mathfrak{e}^2$ gegeben, das sich kontragredient zu den $\mathfrak{e}_i$

transformiert, so wird derselbe Vektor $\mathfrak{x}$ zwei Koordinaten x_1, x_2 besitzen:

$$\mathfrak{x} = x^i \mathfrak{e}_i = x_k \mathfrak{e}^k,$$

die nun ihrerseits sich zu den $\mathfrak{e}_k$ kogredient transformieren. Die Ebene ist auf diese Weise von zwei affinen Feldern, „Schichten", überlagert, die durch den postulierten Zusammenhang der Grundvektoren zwangsweise gekoppelt sind, derart, daß derselbe Vektor $\mathfrak{x}$, als Gebilde der ersten Schicht betrachtet, kontravariant, als Gebilde der zweiten Schicht kovariant ist. Wenn man diesen Sachverhalt verstanden hat, wird man den Satz nicht mißverstehen:

Ein kovariantes Zahlenpaar „ist" ein kovarianter Vektor, ein kontravariantes Zahlenpaar „ist" ein kontravarianter Vektor.

Der Flächeninhalt. Bisher haben wir in zwei affinen Ebenen nur Punkte und die durch zwei Punkte bestimmten Vektoren betrachtet. Zwei Vektoren $\mathfrak{x}, \mathfrak{y}$ bestimmen ein neues geometrisches Element, eine „Plangröße" $\mathfrak{f}$, d. h. ein Parallelogramm, dessen Seiten von den Vektoren $\mathfrak{x}$ und $\mathfrak{y}$ gebildet werden. Aus den Elementen der Vektorrechnung ist nun bekannt, daß man diese Plangröße insofern als „Produkt" der beiden Vektoren $\mathfrak{x}$ und $\mathfrak{y}$ auffassen kann, als das Rechnen mit ihnen allen Gesetzen der gewöhnlichen Multiplikation genügt, mit der einen Ausnahme, daß die Änderung der Reihenfolge der Faktoren eine Änderung des Vorzeichens herbeiführt. Man bezeichnet diesen Prozeß als „äußere Multiplikation" der Vektoren und schreibt

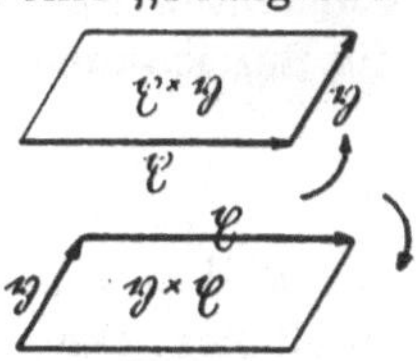

Fig. 6.

$$(12) \qquad \mathfrak{f} = \mathfrak{x} \times \mathfrak{y} = -\mathfrak{y} \times \mathfrak{x}.$$

Die Plangrößen oder „Bivektoren" sind also „orientierte" Flächenstücke, d. h. Flächenstücke mit Umlaufssinn. Insbesondere folgt aus (12):

$$(13) \qquad \mathfrak{x} \times \mathfrak{x} = 0,$$

was mit der Tatsache übereinstimmt, daß der Flächeninhalt eines Parallelogramms, dessen Seiten kollinear sind, verschwindet.

Ist nun

$$(14) \qquad \mathfrak{x} = x^i \mathfrak{e}_i \quad \mathfrak{y} = y^k \mathfrak{e}_k,$$

so wird in den Elementen der Vektorrechnung gezeigt, daß

$$(15) \qquad \mathfrak{x} \times \mathfrak{y} = (x^1 y^2 - x^2 y^1)\, \mathfrak{e}_1 \times \mathfrak{e}_2$$

ist.

Es ergibt sich hieraus, daß alle Plangrößen der Ebene sich als Vielfache einer von ihnen, des Parallelogramms

$$(16) \qquad \mathfrak{E} = \mathfrak{e}_1 \times \mathfrak{e}_2$$

der Grundvektoren, ausdrücken lassen.

Setzt man vorübergehend den Skalar

$$x^1 y^2 - x^2 y^1 = \widehat{\mathfrak{x}\mathfrak{y}},$$

so wird

$$(17) \qquad \mathfrak{x} \times \mathfrak{y} = \widehat{\mathfrak{x}\mathfrak{y}} \cdot \mathfrak{E}.$$

Die Bivektoren der Ebene bilden also eine skalare Mannigfaltigkeit, deren Einheit $\mathfrak{E}$ allerdings nicht bei jeder Affinität (T) ungeändert bleibt. Setzt man nämlich in (15) $\bar{\mathfrak{e}}_1, \bar{\mathfrak{e}}_2$ für $\mathfrak{x}$ und $\mathfrak{y}$ ein, so wird:

$$\bar{\mathfrak{E}} = \bar{\mathfrak{e}}_1 \times \bar{\mathfrak{e}}_2 = a\mathfrak{E},$$

d. h.:

Die Plangrößen multiplizieren sich mit der Determinante der Transformation.

Da nun

$$(18) \qquad \mathfrak{x} \times \mathfrak{y} = \widehat{\mathfrak{x}\mathfrak{y}}\,\mathfrak{E} = \widehat{\bar{\mathfrak{x}}\bar{\mathfrak{y}}}\,\bar{\mathfrak{E}}$$

ist, so ergibt sich sofort

$$(19) \qquad \widehat{\mathfrak{x}\mathfrak{y}} = \widehat{\bar{\mathfrak{x}}\bar{\mathfrak{y}}} \cdot a.$$

Der Skalar $\widehat{\mathfrak{x}\mathfrak{y}}$ ändert sich also bei einer allgemeinen Affinität um einen konstanten Faktor, bei Scherungen $(a = 1)$ bleibt er invariant. Da es auf die Bezeichnung der Einheit nicht ankommt, wird man in diesem Falle

$$\mathfrak{e}_1 \times \mathfrak{e}_2 = \mathfrak{E} = 1$$

$$\mathfrak{x} \times \mathfrak{y} = \widehat{\mathfrak{x}\mathfrak{y}} = x^1 y^2 - x^2 y^1$$

setzen, d. h. die Maßzahl der Plangröße (Flächeninhalts) als „den" Flächeninhalt bezeichnen können oder anders ausgedrückt: im Bereiche der ebenen Geometrie ist das Vektorprodukt $\mathfrak{x} \times \mathfrak{y}$ ein Skalar, so daß sich die Einführung der Bezeichnung $\widehat{\mathfrak{x}\mathfrak{y}}$ erübrigt.

Die gerade Linie. Die letzten Ergebnisse führen auf eine neue, vertiefte Deutung der Gleichung

$$(7') \qquad u_1 x^1 + u_2 x^2 = C$$

einer geraden Linie g. Man kann die Größen

$$(20) \qquad u_2 = -y^1 \qquad u_1 = y^2$$

als die Koordinaten eines festen Punktes Y auffassen, dann stellt die Gleichung (7') die Maßzahl eines Flächenstücks $\mathfrak{x} \times \mathfrak{y}$ dar, und der Punkt X ist durch die Bedingung bestimmt, daß das Dreieck OXY einen konstanten Flächeninhalt besitzt. Aus den Elementen ist bekannt, daß der Ort von X eine gerade Linie ist, die zu dem Vektor $\mathfrak{y} = OY$ parallel ist.

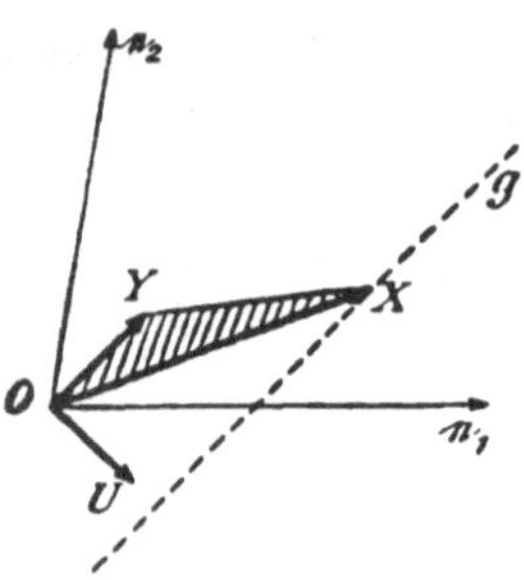

Fig. 7.

Man erkennt ohne weiteres, daß man dieselbe Gerade erhält, wenn man beide Seiten von (7') mit dem konstanten Faktor λ multipliziert, da ja der Flächeninhalt sich mit λ multipliziert, wenn die Grundlinie OY mit λ multipliziert wird. Hält man dagegen OY fest und läßt C alle möglichen Werte durchlaufen, so ergibt sich der Büschel aller zu OY parallelen Geraden, insbesondere der Träger von OY selbst, wenn $C = 0$ ist. Das geordnete Zahlenpaar (u_1, u_2) bestimmt somit die Richtung einer Schar von parallelen Geraden.

Das Zahlenpaar (u_1, u_2) transformiert sich, wie bereits vorher gezeigt wurde, kovariant, es stellt also einen kovarianten Vektor dar. Wenn man also in O zwei beliebige Grundvektoren $\mathfrak{e}^1, \mathfrak{e}^2$ anheftet und diese der Bedingung unterwirft, daß sie bei jeder Affinität der Grundvektoren

$$\mathfrak{e}_i = a_i^k \bar{\mathfrak{e}}_k \tag{21}$$

durch die kontragrediente Affinität

$$\bar{\mathfrak{e}}^k = a_i^k \mathfrak{e}^i \tag{22}$$

transformiert werden, so ist die Ebene mit zwei zueinander kontravarianten Punktfeldern

$$\mathfrak{x} = x^i \mathfrak{e}_i$$
$$\mathfrak{u} = u_i \mathfrak{e}^i$$

derart überdeckt, daß der Ausdruck

$$\mathfrak{u}\mathfrak{x} = \mathfrak{x}\mathfrak{u} = u_i x^i = u_1 x^1 + u_2 x^2 \tag{23}$$

invariant ist. Insbesondere wird

$$\begin{aligned} \mathfrak{e}^1\mathfrak{e}_1 &= \mathfrak{e}^2\mathfrak{e}_2 = 1 \\ \mathfrak{e}^1\mathfrak{e}_2 &= \mathfrak{e}^2\mathfrak{e}_1 = 0. \end{aligned} \tag{24}$$

Die Operation (23), durch die aus zwei Vektoren $\mathfrak{u}$, $\mathfrak{x}$ verschiedener Schichten ein Skalar $(\mathfrak{u}\mathfrak{x})$ hergeleitet wird, bezeichnet man als „skalare Multiplikation". Der Name rechtfertigt sich durch die Tatsache, daß bei der Bildung des „skalaren Produkts" (23) die Gesetze der gewöhnlichen Multiplikation, die „Vertauschbarkeit der Faktoren" und das „distributive Gesetz"

$$(\mathfrak{x} + \mathfrak{y})\,\mathfrak{u} = \mathfrak{x}\mathfrak{u} + \mathfrak{y}\mathfrak{u} \tag{25}$$

gelten; dagegen zeigen schon die Gleichungen (24), daß das skalare Produkt verschwinden kann, ohne daß einer der Faktoren verschwindet. Zwei nicht verschwindende Vektoren $\mathfrak{x}, \mathfrak{u}$, für die das skalare Produkt

$$u_1 x^1 + u_2 x^2 = 0 \tag{26}$$

ist, nennt man „senkrecht". Insbesondere sind zwei Grundvektoren verschiedener Schichten mit verschiedenem Index auf Grund von (24) orthogonal.

Die Länge eines Vektors. Ein Vektor $\mathfrak{x}$ der Ebene E ist an sich weder kovariant noch kontravariant; er kann vielmehr sowohl als Vektor des Feldes $(\mathfrak{e}_1, \mathfrak{e}_2)$ als auch des Feldes $(\mathfrak{e}^1, \mathfrak{e}^2)$ aufgefaßt werden:

$$\mathfrak{x} = x^1\mathfrak{e}_1 + x^2\mathfrak{e}_2 = x_1\mathfrak{e}^1 + x_2\mathfrak{e}^2. \tag{27}$$

Man kann daher $\mathfrak{x}$ skalar mit sich selbst multiplizieren und das „Quadrat"

$$\mathfrak{x}^2 = \mathfrak{x}\mathfrak{x} = x^1 x_1 + x^2 x_2 = x^i x_i \tag{28}$$

bilden. Dieses ist seiner Entstehung nach eine affine Invariante. Man bezeichnet die Quadratwurzel aus diesem Ausdruck als die „Länge" des Vektors $\mathfrak{x}$, weil, sobald man die gewöhnliche euklidische Metrik einführt, dieser Ausdruck in die euklidisch gemessene Länge übergeht. Dabei ist aber zu beachten, daß $\mathfrak{x}^2$ im allgemeinen Falle auch negativ, die „Länge" eines reellen Vektors also rein imaginär sein kann.

Ist

$$\mathfrak{y} = y^k \mathfrak{e}_k = y_l \mathfrak{e}^l$$

ein zweiter Vektor der doppelt überdeckten Ebene E, so ist das skalare Produkt

$$(29) \qquad \mathfrak{x}\mathfrak{y} = \mathfrak{y}\mathfrak{x} = x^i y_i$$

eine Invariante, die, euklidisch gemessen, den Winkel ε der beiden Vektoren bestimmt. Die Formel

$$(30) \qquad \cos\varepsilon = \frac{x_l y^l}{\sqrt{x_i x^i}\,\sqrt{y_k y^k}},$$

die diesen Winkel bei euklidischer Maßbestimmung festlegt, möge auch im allgemeinen Falle den Winkel zweier Vektoren definieren. Auch der Winkel zweier reellen Vektoren kann imaginär sein. Die Gleichung rechtfertigt die Bezeichnung „senkrechte Vektoren" durch die Gleichung (26). Wenn diese erfüllt ist, ist in der Tat für zwei Vektoren von nicht verschwindender Länge $\varepsilon = \frac{1}{2}\pi$.

§ 5. Die quadratische Grundform.

Die letzten Betrachtungen zeigten, daß, wenn man die beiden über E ausgebreiteten, zueinander kontragredienten Felder $(\mathfrak{e}_1\mathfrak{e}_2)$ und $(\mathfrak{e}^1\mathfrak{e}^2)$ gleichzeitig betrachtet, der Ebene E eine Metrik aufgeprägt wird, d. h. daß man in dieser Ebene Längen von Strecken und Winkelgrößen messen kann. Dabei hat die ganze Betrachtung zunächst nur eine formale Bedeutung, da wir zwischen den Grundvektoren der beiden Schichten noch keinerlei Beziehungen vorausgesetzt hatten. Die kontravarianten Grundvektoren $\mathfrak{e}^i$ waren ja zwei ganz beliebige, nicht kollineare Vektoren der Ebene E, von denen wir nur das eine verlangen, daß sie sich zu den $\mathfrak{e}_i$ kontragredient transformieren sollen.

Nun wissen wir aber, daß sich in der doppelt überdeckten Ebene E alle Vektoren durch zwei linear unabhängige (d. h. nicht kollineare) darstellen lassen. Daher müssen sich auch die $\mathfrak{e}^i$ nach den Richtungen $\mathfrak{e}_k$ zerlegen lassen, und umgekehrt. Es bestehen daher Gleichungen von der Form

$$(31) \qquad \begin{aligned} \mathfrak{e}^i &= g^{ik}\mathfrak{e}_k \\ \mathfrak{e}_k &= g_{ki}\mathfrak{e}^i \end{aligned}$$

oder ausführlicher geschrieben:

$$(31') \qquad \begin{aligned} \mathfrak{e}^1 &= g^{11}\mathfrak{e}_1 + g^{12}\mathfrak{e}_2 \\ \mathfrak{e}^2 &= g^{21}\mathfrak{e}_1 + g^{22}\mathfrak{e}_2, \end{aligned}$$

$$(31'') \qquad \begin{aligned} \mathfrak{e}_1 &= g_{11}\mathfrak{e}^1 + g_{12}\mathfrak{e}^2 \\ \mathfrak{e}_2 &= g_{21}\mathfrak{e}^1 + g_{22}\mathfrak{e}^2. \end{aligned}$$

Dabei gehen die g^{ik} aus den g_{ki} durch Auflösung des zweiten Systems der Gleichungen (31) nach $\mathfrak{e}^1, \mathfrak{e}^2$ hervor; es ist daher:

$$(32)\qquad \begin{aligned} g^{11} &= \frac{g_{22}}{g} & g^{12} &= -\frac{g_{12}}{g} \\ g^{21} &= -\frac{g_{21}}{g} & g^{22} &= \frac{g_{11}}{g}, \end{aligned}$$

wobei

$$(33)\qquad g = g_{11}g_{22} - g_{12}g_{21} = \frac{1}{g^{11}g^{22} - g^{12}g^{21}} \neq 0,$$

da weder $\mathfrak{e}^1, \mathfrak{e}^2$ noch $\mathfrak{e}_1, \mathfrak{e}_2$ kollinear sind.

Die Gleichungen (32) kann man auch in folgender vielfach nützlicher Zusammenfassung schreiben:

$$(34)\qquad g^{ik}g_{kl} = \begin{cases} 0, & l \neq i \\ 1, & l = i, \end{cases}$$

d. h.:

$$(34')\qquad \begin{aligned} g^{11}g_{11} + g^{12}g_{21} &= 1, & g^{11}g_{12} + g^{12}g_{22} &= 0 \\ g^{21}g_{11} + g^{22}g_{21} &= 0 & g^{21}g_{12} + g^{22}g_{22} &= 1. \end{aligned}$$

Wendet man die Definitionsgleichungen (23) und (24) auf die Grundvektoren an, so ergibt sich aus (31):

$$(35)\qquad \begin{aligned} \mathfrak{e}^i\mathfrak{e}^k &= g^{il}\mathfrak{e}_l\mathfrak{e}^k = g^{ik} \\ \mathfrak{e}_i\mathfrak{e}_k &= g_{il}\mathfrak{e}_k\mathfrak{e}^l = g_{ik}. \end{aligned}$$

Da das skalare Produkt die Vertauschung der Faktoren gestattet, also $\mathfrak{e}_i\mathfrak{e}_k = \mathfrak{e}_k\mathfrak{e}_i$ ist, muß $g_{ik} = g_{ki}$ sein, also

$$(36)\qquad g_{21} = g_{12}.$$

Aus (35) ergibt sich ferner die Länge der Grundvektoren durch die Gleichungen

$$(35')\qquad \begin{aligned} (\mathfrak{e}^1)^2 &= g^{11} & (\mathfrak{e}^2)^2 &= g^{22} \\ (\mathfrak{e}_1)^2 &= g_{11} & (\mathfrak{e}_2)^2 &= g_{22}, \end{aligned}$$

der Winkel von $\mathfrak{e}_1, \mathfrak{e}_2$ durch

$$(35'')\qquad \cos\varepsilon = \frac{g_{12}}{\sqrt{g_{11}}\sqrt{g_{22}}},$$

der der Achsen $\mathfrak{e}^1, \mathfrak{e}^2$ durch

$$(35^*)\qquad \cos\bar{\varepsilon} = \frac{g^{12}}{\sqrt{g^{11}}\sqrt{g^{22}}} = \frac{-g_{12}}{\sqrt{g_{11}}\sqrt{g_{22}}} = -\cos\varepsilon.$$

Die ko- und kontravarianten Koordinaten eines Vektors

$$(27)\qquad \mathfrak{x} = x_i\mathfrak{e}^i = x^k\mathfrak{e}_k$$

stehen auf Grund der Gleichungen (31) in folgenden Beziehungen:

$$(31^*)\qquad \begin{cases} x_i = g_{ik}x^k \\ x^k = g^{ik}x_i. \end{cases}$$

Endlich wird das Quadrat der „Länge" des Vektors $\mathfrak{x}$ wegen (28) durch die beiden gleichwertigen Ausdrücke

(37) $$\mathfrak{x}^2 = g_{ik} x^i x^k = g^{ik} x_i x_k,$$
das skalare Produkt zweier Vektoren $\mathfrak{x}$ und $\mathfrak{y}$ durch

(38) $$\mathfrak{x}\mathfrak{y} = \mathfrak{y}\mathfrak{x} = g_{ik} x^i y^k = g^{ik} x_i y_k$$
dargestellt.

Man erkennt, daß die Festlegung des kontravarianten Koordinatensystems durch die Gleichungen (31) eine sehr weittragende Bedeutung hat: sie prägt der affinen Ebene E eine Metrik auf, deren Eichkurve der Kegelschnitt

(39) $$g^{ik} x_i x_k = g_{ik} x^i x^k = 1$$
ist. In der Tat hat auf Grund von (37) ein Radiusvektor, dessen Endpunkt die Koordinaten x^i bzw. x_k hat, die Länge Eins, wenn diese die Gleichung (39) erfüllen, und es ist der Winkel φ zweier Vektoren $\mathfrak{x}$, $\mathfrak{y}$ wegen (30) und (38) durch die Gleichung

(40) $$\cos\varphi = \frac{g_{ik} x^i y^k}{\sqrt{g_{ik} x^i x^k}\sqrt{g_{ik} y^i y^k}} = \frac{g^{ik} x_i y_k}{\sqrt{g^{ik} x_i x_k}\sqrt{g^{ik} y_i y_k}}$$
gegeben. Die Vektoren heißen zueinander senkrecht, wenn

(41) $$g_{ik} x^i y^k = 0$$
ist; sie haben also bezüglich des Eichkegelschnitts konjugierte Richtungen.

Durch die gleichzeitige Betrachtung ko- und kontravarianter Beziehungen in einer Ebene E wird man demnach zwangsläufig auf eine metrische Geometrie geführt, deren Eichkurve ein Mittelpunktskegelschnitt ist. Dieser kann aber durch eine (reelle oder imaginäre) Affinität immer auf den Einheitskreis transformiert werden, wobei Strecken- und Winkelmessung genau in die aus der elementaren Geometrie bekannten Messungsverfahren übergehen.

Der Anfänger scheue die Mühe nicht, sich den Sachverhalt geometrisch recht deutlich zu machen. Ist die Eichkurve (39) eine Ellipse, so kann sie durch Parallelprojektion in den Einheitskreis übergeführt werden. Man kann sie also von vornherein als Einheitskreis deuten. Dann ist (39) die Gleichung eines Kreises, bezogen auf ein i. a. schiefwinkeliges Achsensystem mit ungleichen Grundvektoren. Dann ist die der Ebene aufgeprägte Metrik die euklidische. Wenn dagegen (39) eine Hyperbel darstellt, wird man durch reelle Parallelprojektionen immer nur auf hyperbolische Eichkurven kommen können; die Metrik ist also in der reellen Ebene wesentlich verschieden von der euklidischen, z. B. gibt es zwei Parallelscharen von reellen Vektoren, die die „Länge" Null haben; sie sind durch das Verschwinden der hier in zwei reelle Faktoren zerlegbaren Form $g_{ik} x^i x^k$ gekennzeichnet. Ihre Richtung ist die einer Asymptote der Eichkurve. Außerdem gibt es unendlich viele Richtungen, in denen die Länge der Vektoren imaginär ist; dies tritt immer ein, wenn der parallele Radiusvektor die Eichkurve nicht reell schneidet. Diese Metrik, die durch die Relativitätstheorie an Bedeutung gewonnen hat, wird als pseudoeuklidisch bezeichnet, weil sie sich vom analytischen Standpunkt, von dem aus man das Imaginäre nicht vom Reellen trennt, von der euklidischen Metrik nicht unterscheidet: durch eine affine Transformation mit imaginären Koeffizienten kann man ja eine Hyperbel jederzeit in eine Ellipse verwandeln.

Man beachte übrigens, daß ebenso wie durch Koppelung der beiden kontragredienten Grundvektorenpaare die Eichkurve bestimmt ist, die Annahme einer Eichkurve (39) umgekehrt die Koppelung entsprechender Grundvektorenpaare zwangsläufig herbeiführt.

§ 6. Affine Transformation der Grundform. Tensoren.

Wir hatten die kontravarianten Grundvektoren $\mathfrak{e}^1, \mathfrak{e}^2$ so eingeführt, daß bei einer beliebigen Affinität

$$(21) \qquad \mathfrak{e}_i = a_i^\lambda \bar{\mathfrak{e}}_\lambda, \qquad \bar{x}^\varkappa = a_\nu^\varkappa x^\nu$$

der ersten Schicht die zweite Schicht sich kontragredient:

$$(22) \qquad \bar{\mathfrak{e}}^\varkappa = a_\nu^\varkappa \mathfrak{e}^\nu \qquad x_i = a_i^\lambda \bar{x}_\lambda$$

transformiert. Durch diese Festsetzung wurde erreicht, daß jeder Vektor

$$\mathfrak{x} = x^i \mathfrak{e}_i = x_\varkappa \mathfrak{e}^\varkappa$$

invariant blieb:

$$\mathfrak{x} = \bar{x}^\lambda \bar{\mathfrak{e}}_\lambda = \bar{x}_\nu \bar{\mathfrak{e}}^\nu .$$

Auch seine Länge

$$\sqrt{\mathfrak{x}^2} = x^i x_i$$

blieb ungeändert, ebenso wie das skalare Produkt zweier Vektoren

$$\mathfrak{x}\mathfrak{y} = \mathfrak{y}\mathfrak{x} = x^i y_i = x_i y^i .$$

Alles dies sind also „geometrische Größen" im Sinne der affinen Geometrie, d. h. Invarianten bezüglich des Paares (21), (22) kontragredienter Affinitäten. Da die Längen ungeändert bleiben, wird sich die Eichkurve

$$(39) \qquad g_{ik} x^i x^k = 1$$

in die Eichkurve

$$\bar{g}_{ik} \bar{x}^i \bar{x}^k = 1$$

verwandeln. Nun ist aber

$$\begin{aligned} g_{ik} &= \mathfrak{e}_i \mathfrak{e}_k = a_i^\lambda a_k^\mu \bar{\mathfrak{e}}_\lambda \bar{\mathfrak{e}}_\mu = a_i^\lambda a_k^\mu \bar{g}_{\lambda\mu} \\ \bar{g}^{ik} &= \bar{\mathfrak{e}}^i \bar{\mathfrak{e}}^k = a_\lambda^i a_\mu^k g^{\lambda\mu}, \end{aligned}$$

so daß die Koeffizienten ihrer Gleichung nicht invariant bleiben, sondern sich linear transformieren:

$$(42) \qquad \begin{aligned} g_{ik} &= a_i^\lambda a_k^\mu \bar{g}_{\lambda\mu} \\ \bar{g}^{ik} &= a_\lambda^i a_\mu^k g^{\lambda\mu}, \end{aligned}$$

Gleichungssysteme, von denen wir das erste ausführlich schreiben wollen:

$$(42') \qquad \begin{aligned} g_{11} &= a_1^1 a_1^1 \bar{g}_{11} + 2\, a_1^1 a_1^2 \bar{g}_{12} + a_1^2 a_1^2 \bar{g}_{22} \\ g_{12} &= a_1^1 a_2^1 \bar{g}_{11} + (a_1^1 a_2^2 + a_1^2 a_2^1)\, \bar{g}_{12} + a_1^2 a_2^2 \bar{g}_{22} \\ g_{22} &= a_2^1 a_2^1 \bar{g}_{11} + 2\, a_2^1 a_2^2 \bar{g}_{12} + a_2^2 a_2^2 \bar{g}_{22} . \end{aligned}$$

Diese Formeln gelten übrigens nicht nur für die Kurve (39), sondern für jeden Kegelschnitt

$$(43) \qquad P_{ik} x^i x^k = C ,$$

dessen Mittelpunkt im Nullpunkt liegt, und noch allgemeiner für jede bilineare Beziehung

$$(44) \qquad P_{\lambda\mu} x^\lambda y^\mu = C$$

zwischen zwei kontravarianten Vektoren (x^i), (y^i). Ist nämlich die transformierte Form von (44)

$$\overline{P}_{ik}\bar{x}^i\bar{y}^k = C\,,$$

und setzt man aus (21) die Werte von $\bar{x}^i$, $\bar{y}^k$ ein, so ergibt sich

$$\overline{P}_{ik}a^i_\lambda x^\lambda a^k_\mu y^\mu = C\,,$$

und diese Gleichung ist mit (44) dann und nur dann identisch, wenn

$$(45) \qquad P_{\lambda\mu} = a^i_\lambda a^k_\mu \overline{P}_{ik}$$

wird. Ein System von vier Größen

$$(46) \qquad P_{\lambda\mu} \equiv \begin{pmatrix} P_{11} & P_{12} \\ P_{21} & P_{22} \end{pmatrix},$$

die sich nach (45) transformieren, bezeichnet man als einen „Tensor zweiter Stufe", und zwar als einen „kovarianten Tensor", wenn wie in (45) beide Indizes „unten" stehen, wenn sich seine „Komponenten" $P_{\lambda\mu}$ wie die Produkte $x_\lambda y_\mu$ der Koordinaten zweier kovarianten Vektoren transformieren. Diese Produkte sind selbst die einfachsten Beispiele für Tensoren. Geometrisch definiert ein Tensor $P_{\lambda\mu}$, wie (45) zeigt, eine reziproke Verwandtschaft in der Ebene, die sich, wenn der Tensor „symmetrisch" ist:

$$P_{\lambda\mu} = P_{\mu\lambda}\,,$$

auf die Polarverwandtschaft bezüglich des Kegelschnitts (43) reduziert.

Die Koeffizienten g_{ik} der Grundform (39) bilden danach einen besonderen Tensor zweiter Stufe, den man als „Fundamentaltensor" der gegebenen Metrik bezeichnet.

Ganz entsprechend definiert man ein Größensystem

$$(47) \qquad p^{\lambda\mu} = \begin{pmatrix} p^{11} & p^{12} \\ p^{21} & p^{22} \end{pmatrix}$$

als einen „kontravarianten Tensor zweiter Stufe", wenn seine Komponenten sich wie die Produkte $x^\lambda y^\mu$ der Koordinaten zweier kontravarianten Vektoren transformieren:

$$(48) \qquad \overline{p}^{\lambda\mu} = a^\lambda_i a^\mu_k p^{ik}.$$

Beispiele für solche kontravarianten Tensoren sind die Produkte $x^\lambda y^\mu$ selbst und der metrische Fundamentaltensor g^{ik}. Dann ist auch

$$p^{i\varkappa}x_i y_\varkappa$$

ein invariantes Gebilde, denn es geht bei der Affinität (22) über in

$$p^{i\varkappa}a^\lambda_i a^\mu_\varkappa \bar{x}_\lambda \bar{x}_\mu = \overline{p}^{\lambda\mu}\bar{x}_\lambda \bar{x}_\mu\,,$$

das, gleich einer Konstanten gesetzt, wiederum eine Reziprozität in der Ebene E definiert.

Endlich wird man auch ein Größensystem

$$(49) \qquad P^\mu_\lambda \equiv \begin{pmatrix} P^1_1 & P^2_1 \\ P^1_2 & P^2_2 \end{pmatrix}$$

als einen „gemischten Tensor zweiter Stufe" bezeichnen, wenn seine Koordinaten sich wie die Produkte $x_\lambda y^\mu$ der Koordinaten eines kovarianten und eines kontravarianten Vektors transformieren:

$$(50) \qquad P^\mu_\lambda a^i_\mu = \overline{P}^i_\varkappa a^\varkappa_\lambda\,.$$

Insbesondere ist der „gemischte Fundamentaltensor"

$$g_\lambda^\mu \equiv \begin{pmatrix} 1 & 0 \\ 0 & 1 \end{pmatrix} \tag{51}$$

gegenüber allen Affinitäten invariant. Man überzeuge sich von dieser geometrisch einleuchtenden Tatsache durch ausführliche Aufstellung und Auflösung der Gleichungen (50) für diesen Fall.

Die Determinante eines Tensors als Invariante. Während die Komponenten eines Tensors den Transformationsgleichungen (45) bzw. (48) und (50) unterliegen, ist seine Determinante

$$P = \begin{vmatrix} P_{11} & P_{12} \\ P_{21} & P_{22} \end{vmatrix} \tag{52}$$

eine affine Invariante. Es wird nämlich

$$P = \begin{vmatrix} a_1^\lambda a_1^\mu \overline{P}_{\lambda\mu}, & a_1^\lambda a_2^\mu \overline{P}_{\lambda\mu} \\ a_2^\nu a_1^\varrho \overline{P}_{\nu\varrho}, & a_2^\nu a_2^\varrho \overline{P}_{\nu\varrho} \end{vmatrix}$$

oder ausgerechnet:

$$\begin{aligned} P &= \overline{P}_{\lambda\mu} \overline{P}_{\nu\varrho} (a_1^\lambda a_1^\mu a_2^\nu a_2^\varrho - a_1^\lambda a_1^\varrho a_2^\mu a_2^\nu) = \\ &= \overline{P}_{\lambda\mu} \overline{P}_{\nu\varrho} a_1^\lambda a_2^\nu (a_1^\mu a_2^\varrho - a_1^\varrho a_2^\mu). \end{aligned}$$

Der Koeffizient von $\overline{P}_{\lambda\mu}\overline{P}_{\nu\varrho}$ verschwindet also immer, wenn $\mu = \varrho$ ist; es kann also nur $\mu = 1, \varrho = 2$ oder $\mu = 2$, $\varrho = 1$ sein. Demnach wird, da

$$a_1^1 a_2^2 - a_1^2 a_2^1 = a$$

die Determinante der Affinität ist:

$$P = a\left\{a_1^\lambda a_2^\nu (\overline{P}_{\lambda 1}\overline{P}_{\nu 2} - \overline{P}_{\lambda 2}\overline{P}_{\nu 1})\right\}.$$

Hier verschwindet wieder der Faktor von $a_1^\lambda a_2^\nu$, wenn zugleich $\lambda = 1$, $\nu = 1$ oder $\lambda = 2$, $\nu = 2$ ist. Demnach bleiben rechts als nicht verschwindende Glieder nur noch

$$P = a\left\{a_1^1 a_2^2 (\overline{P}_{11}\overline{P}_{22} - \overline{P}_{12}\overline{P}_{21}) + a_1^2 a_2^1 (\overline{P}_{21}\overline{P}_{12} - \overline{P}_{22}\overline{P}_{11})\right\},$$

so daß schließlich

$$P = a^2 \overline{P} \tag{53}$$

wird. Für Scherungen, bei denen $a = 1$ ist, ergibt sich

$$P = \overline{P} \tag{54}$$

als Invariante. Insbesondere ist die Determinante

$$g = g_{11} g_{22} - g_{12}^2 \tag{55}$$

der Grundform gegenüber Scherungen invariant.

Die Invarianz der Determinante eines gemischten oder kontravarianten Tensors kann durch eine ganz entsprechende Rechnung dargetan werden. Auf ihre Durchführung kann um so eher verzichtet werden, als sich das Ergebnis bei einer späteren Gelegenheit ohne weiteres ergeben wird.

„Heben" und „Senken" der Indizes. Wir haben gesehen, daß die beiden Arten von Vektoren, die kovarianten (x_i) und die kontravarianten

(x^i) nur formal verschieden sind und dasselbe geometrische Gebilde bedeuten, den invarianten Vektor der Ebene E, dargestellt in den beiden „Schichten", mit denen die Ebene E überdeckt ist. Es war auch gelungen, die eine in die andere Darstellung durch die Gleichungen

$$(31^*) \qquad x_i = g_{ik} x^k, \quad x^k = g^{ik} x_i$$

überzuführen.

Es ist daher zu erwarten, daß auch die drei Arten von Tensoren, die soeben eingeführt worden sind, im Grunde dieselben geometrischen Gebilde darstellen werden und daß es möglich sein muß, die kovarianten Tensoren in gemischte und kontravariante Tensoren zu verwandeln.

Das einfachste geometrische Gebilde, das mit einem Tensor zweiter Stufe verknüpft ist, ist die Reziprozität in der Ebene, die jedem ihrer Punkte eine Gerade eineindeutig zuordnet. Diese Reziprozität wählen wir als Repräsentanten des Tensors und nennen drei Tensoren $P_{i\varkappa}$, P_i^λ, $P^{\lambda\mu}$ dann einander gleich, wenn die Gleichungen

$$(56) \qquad P_{i\varkappa} x^i y^\varkappa = C \qquad P_i^\lambda x^i y_\lambda = C \qquad P^{\lambda\mu} x_\lambda y_\mu = C$$

dieselbe Reziprozität definieren. Setzt man mit Hilfe von (31*) die Werte von x^i, $y^\varkappa$ in diese Gleichungen ein, so folgt durch Koeffizientenvergleichung sofort:

$$(57) \qquad \begin{aligned} P_{i\varkappa} &= g_{i\lambda} P_\varkappa^\lambda = g_{i\lambda} g_{\varkappa\mu} P^{\lambda\mu} \\ P_i^\lambda &= g^{\lambda\varkappa} P_{i\varkappa} = g_{\mu i} P^{\lambda\mu} \\ P^{\lambda\mu} &= g^{\lambda i} g^{\mu\varkappa} P_{i\varkappa} = g^{i\mu} P_i^\lambda . \end{aligned}$$

Dabei ist hier, wie immer, über alle Marken zu summieren, die gleichzeitig als untere und obere Indizes auftreten.

Die Formeln (57) gestatten, für denselben Tensor in seinen drei Darstellungsformen die Determinanten in Beziehung zueinander auszurechnen. Ist $\mathfrak{P}_0$ die Determinante von $P_{i\varkappa}$, $\mathfrak{P}$, $\mathfrak{P}^0$ diejenigen von P_i^λ und $P^{\lambda\mu}$, so zeigt die erste Gleichung (57), daß

$$(58) \qquad \mathfrak{P}_0 = \begin{vmatrix} g_{1\lambda} P_1^\lambda, & g_{1\lambda} P_2^\lambda \\ g_{2\lambda} P_1^\lambda, & g_{2\lambda} P_2^\lambda \end{vmatrix} = \begin{vmatrix} P_1^1 & P_2^1 \\ P_1^2 & P_2^2 \end{vmatrix} \begin{vmatrix} g_{11} & g_{12} \\ g_{21} & g_{22} \end{vmatrix} = g\mathfrak{P}$$

wird, und ebenso die letzte Gleichung:

$$(59) \qquad \mathfrak{P}^0 = \begin{vmatrix} P_1^1 & P_2^1 \\ P_1^2 & P_2^2 \end{vmatrix} \begin{vmatrix} g^{11} & g^{12} \\ g^{21} & g^{22} \end{vmatrix} = \frac{1}{g} \mathfrak{P}.$$

Verjüngung. Hat man einen kontravarianten Vektor x^i aus einem kovarianten Tensor $P_{i\varkappa}$ gegeben, so kann man die Summe

$$(60) \qquad u_i = P_{i\varkappa} x^\varkappa$$

bilden. Diese Größen u_1 und u_2 transformieren sich dann wie die Komponenten eines kovarianten Vektors, d. h. bilden einen solchen. Man hat also durch diese Operation

$$(60') \qquad \begin{aligned} u_1 &= P_{11} x^1 + P_{12} x^2 \\ u_2 &= P_{21} x^1 + P_{22} x^2 \end{aligned}$$

aus einem Tensor zweiter Stufe einen Vektor hergeleitet, d. h. die Zahl der Indizes um eins vermindert und aus dem verwickelteren Gebilde, dem Tensor, ein einfacheres hergeleitet, den Vektor. Eine solche Operation bezeichnet man als „Verjüngung".

Tensoren höherer Stufe. Die Definition der Tensoren zweiter Ordnung läßt sich nunmehr leicht auf Tensoren dritter und höherer Ordnung ausdehnen. Ein kovarianter Tensor dritter Stufe A_{ikl} ist demnach ein System von neun Größen, die sich wie die Produkte der Koordinaten $x_i y_k z_l$ dreier kovarianter Vektoren transformieren, also bei der Affinität (21), (22):

(61) $$A_{ikl} = a_i^\lambda a_k^\mu a_l^\nu \bar{A}_{\lambda\mu\nu}.$$

Wählt man seine Komponenten als Koeffizienten einer trilinearen Form

(62) $$A_{ikl} x^i y^k z^l,$$

so bleibt diese gegenüber Affinitäten invariant.

In derselben Weise ist ein kontravarianter Vektor dritter Stufe A^{ikl} ein System von neun Größen, das bei derselben Affinität (21), (22) in $\bar{A}^{\lambda\mu\nu}$ durch folgende Gleichungen übergeführt wird:

(62') $$\bar{A}^{\lambda\mu\nu} = a_i^\lambda a_k^\mu a_l^\nu A^{ikl}.$$

Entsprechend wird man gemischte Tensoren A_{ik}^l, A_i^{kl} als Größensysteme definieren, die sich wie die Produkte $x_i y_k z^l$ bzw. $x_i y^k z^l$ transformieren.

Setzt man das Verfahren der Tensorenbildung fort, so kann man kovariante, kontravariante und mehrere Arten gemischter Tensoren vierter, fünfter, . . . n-ter Stufe bilden: jeder Tensor n-ter Stufe besitzt n^2 Komponenten, die sich wie die Produkte der Koordinaten von n Vektoren transformieren, und zwar ist er k-fach kovariant und $(n - k)$-fach kontravariant, wenn von den n Vektoren k kovariant, die übrigen kontravariant sind. Es erübrigt sich, die einfachen Transformationsformeln ausführlich hinzuschreiben, da ihr Bildungsgesetz genau denselben Regeln unterliegt, die für $n = 2$ im einzelnen festgelegt waren. Für $n = 1$ erhält man Vektoren, die demnach als „Tensoren erster Stufe" zu bezeichnen sind.

Auch bei Tensoren höherer Stufe wird man ihre Darstellung (als kovariante, gemischte oder kontravariante) wohl zu unterscheiden haben von ihrer geometrischen Bedeutung; erstere ist mehr zufällig, letztere das wesentliche. Eine Form

(63) $$A_{iklr} x^i y^k z^l u^r$$

z. B., deren Koeffizienten einen kovarianten Tensor vierter Stufe bilden, ist invariant, d. h. sie definiert eine geometrische Beziehung zwischen den vier Punkten X, Y, Z, U der Ebene E, die gegenüber Affinitäten in eine gleichartige übergeht. Diese Beziehung der vier Punkte bleibt ungeändert, wenn man die kontravarianten Koordinaten eines Punktes, etwa des Punktes U, durch seine kovarianten Koordinaten ersetzt:

(64) $$A_{iklr} x^i y^k z^l u^r = A_{iklr} x^i y^k z^l g^{\varrho r} u_\varrho = A_{ikl}^\varrho x^i y^k z^l u_\varrho,$$

wobei

$$(65)\qquad A^{\varrho}_{ikl} = A_{ikrl}\, g^{r\varrho}$$

gesetzt ist. Wesentlich ist — das sei nochmals hervorgehoben — nur das geometrische Gebilde, nicht seine Koordinatendarstellung. Man wird daher die beiden Tensoren, die dasselbe geometrische Gebilde darstellen, z. B. den kovarianten Tensor A_{ikrl} und den gemischten Tensor A^{ϱ}_{ikl}, als zwei verschiedene Darstellungen „desselben" Tensors bezeichnen. Setzt man das Verfahren fort, so erhält man die folgenden vier gleichwertigen Darstellungen des betrachteten Tensors:

$$(66)\qquad \begin{aligned} &A_{iklr} \\ &A^{\varrho}_{ikl} = A_{iklr}\, g^{r\varrho} \\ &A^{\nu\varrho}_{ik} = A_{iklr}\, g^{r\varrho} g^{\nu l} = A^{\varrho}_{ikl}\, g^{\nu l} \\ &A^{\mu\nu\varrho}_{i} = A_{iklr}\, g^{r\varrho} g^{\nu l} g^{\mu k} = A^{\nu\varrho}_{ik}\, g^{\mu k} \\ &A^{\lambda\mu\nu\varrho} = A_{iklr}\, g^{r\varrho} g^{\nu l} g^{\mu k} g^{\lambda i} = A^{\mu\nu\varrho}_{i}\, g^{i\lambda}. \end{aligned}$$

Die einfachsten und wichtigsten Tensoren sind die symmetrischen, d. h. diejenigen, bei denen die Komponenten, deren gleichständige Indizes sich nur durch die Reihenfolge unterscheiden, einander gleich sind. Ein solcher symmetrischer Tensor vierter Stufe A_{iklr} z. B. bestimmt durch seine Koordinaten die Kurvenschar vierter Ordnung

$$A_{ikrl}\, x^i x^k x^l x^r = C\,.$$

§ 7. Rechenvorschriften für Tensoren beliebiger Stufe.

Der Begriff des Tensors ist für die letzte Entwicklung der Geometrie, insbesondere der Differentialgeometrie, grundlegend geworden. Es ist daher notwendig, sich mit der Handhabung der Tensoren genau vertraut zu machen.

1. Addition. Sind $\mathfrak{A}$ und $\mathfrak{B}$ zwei gleichständige Tensoren, so kann man einen gleichartigen Tensor $\mathfrak{C} = \mathfrak{A} + \mathfrak{B}$ dadurch erzeugen, daß man gleichnamige Komponenten addiert. Sind etwa A^{λ}_{ik} und B^{λ}_{ik} die Komponenten von $\mathfrak{A}$ und $\mathfrak{B}$, so wird

$$(67)\qquad C^{\lambda}_{ik} = A^{\lambda}_{ik} + B^{\lambda}_{ik}$$

sich bei einer Affinität (21), (22) ebenso wie die rechtsstehenden Summanden linear transformieren. Man sieht dies ohne weiteres, wenn man die Transformationsgleichungen von A^{λ}_{ik} und B^{λ}_{ik} ausführlich hinschreibt und die Bedeutung von C^{λ}_{ik} berücksichtigt.

2. Multiplikation mit einem Skalar. Ebenso erkennt man, daß $\mathfrak{C} = p\mathfrak{A}$ sich ebenso transformiert wie $\mathfrak{A}$.

3. Lineare Verknüpfung. Hieraus folgt, daß auch

$$(68)\qquad \mathfrak{C} = p\mathfrak{A} + q\mathfrak{B}$$

ein Tensor ist, dessen Komponenten zu denen von $\mathfrak{A}$ und $\mathfrak{B}$ gleichständig sind.

Da nach § 6 zwei Tensoren n-ter Stufe stets auf mannigfache Weise gleichständig geschrieben werden können, ergibt sich, daß jede homogene lineare

Verbindung von beliebig vielen Tensoren $\mathfrak{A}_1, \mathfrak{A}_2, \ldots$ n-ter Stufe

$$\mathfrak{C} = p_1\mathfrak{A}_1 + p_2\mathfrak{A}_2 + \cdots \tag{69}$$

wieder ein Tensor n-ter Stufe ist. Man kann seine Koordinaten mit k unteren und $(n - k)$ oberen Indizes durch lineare Verknüpfung derer von $\mathfrak{A}_1, \mathfrak{A}_2, \ldots$ finden, indem man diese nach dem durch die Formeln (66) gekennzeichneten Verfahren gleichständig gemacht hat.

4. Multiplikation zweier Tensoren. Sind zwei beliebige Tensoren $\mathfrak{A}$ und $\mathfrak{B}$ gegeben, und multipliziert man deren Komponenten miteinander, so ergibt sich ein neuer Tensor, dessen Stufenzahl gleich der Summe der Stufenzahlen der gegebenen Tensoren ist. Dies ergibt sich unmittelbar aus der Definition. Ein Tensor A_{ikr} war als ein Größensystem bezeichnet, das sich ebenso transformiert wie das Produkt $x_i y_k z_r$ der Komponenten dreier Vektoren; ein Tensor B_{st}^{λ} ist ein Größensystem, das sich wie $u_s v_t w^{\lambda}$ transformiert. Daher wird das Produkt

$$C_{ikrst}^{\lambda} = A_{ikr} B_{st}^{\lambda} \tag{70}$$

sich wie $x_i y_k z_r u_s v_t w^{\lambda}$ transformieren: dies aber ist die Definition für einen Tensor sechster Stufe.

5. Verjüngung. In einem gemischten Tensor A_{ikrs}^{t} summiere man alle Glieder, bei denen ein oberer und unterer Index einander gleich ist $(t = s)$. Dadurch entsteht ein neues Größensystem

$$A_{ikr} = A_{ikrs}^{s} \tag{71}$$

(auch hier ist, wie immer bei gleichnamigen ungleichständigen Marken über s zu summieren!), das einen Tensor einer um zwei Einheiten kleineren Stufenzahl bildet. Dies ergibt sich einmal durch direkte Aufstellung der Transformationsgleichungen, aber auch durch folgende Überlegung: Der gegebene Tensor transformiert sich wie

$$x_i y_k z_r v_s w^t,$$

der Ausdruck A_{ikr} somit wie

$$x_i y_k z_r (w^s v_s),$$

also, da $w^s v_s$ eine Invariante ist, wie $x_i y_k z_r$; die Größen A_{ikr} bilden also in der Tat einen Tensor dritter Stufe.

Dieser Verjüngungsprozeß gestattet es, von verwickelten invarianten Gebilden, den Tensoren n-ter Stufe, zu einfacheren Gebilden, zuletzt zu den einfachsten Invarianten, den Skalaren, zurückzugehen. Die Verjüngung, die für den Fall eines Tensors zweiter und eines solchen erster Stufe bereits in § 6 behandelt worden ist, ist in ihrer einfachsten Form schon bei der Einführung der kontravarianten Einheitsvektoren in Anwendung gekommen. Die Transformationsformeln (31*) enthalten nämlich, ausführlich geschrieben, die Komponenten des gemischten Tensors dritter Stufe $g_{ik} x^l$ bzw. $g^{ik} x_l$, und ihre Zusammenfassung zu den kovarianten bzw. kontravarianten Koordinaten des Vektors $\mathfrak{x}$ ist nichts anderes als die Verjüngung dieses Tensors mit Hilfe des Grundtensors.

§ 8. Beispiele.

Beispiel 1. Die Verjüngung kann auch für zwei oder mehrere gleiche Indexpaare ausgeführt werden. Insbesondere kann ein Tensor P_{ik} bzw. A_{ikl} mit sich selbst verjüngt werden, dabei ergeben sich die Skalaren

$$\mathfrak{P} = P_{ik} P^{ik} = P_{ik} P_{rl} g^{ri} g^{lk} \tag{72}$$

$$\mathfrak{A} = A_{ikl} A^{ikl} = A_{ikl} A_{pqr} g^{pi} g^{qk} g^{rl}. \tag{73}$$

Es sind dies Invarianten der Tensoren zweiter bzw. dritter Ordnung, die ganz entsprechend gebildet sind wie das Quadrat der Länge eines Vektors

$$\mathfrak{x}^2 = x_i x^i = g^{ik} x_i x_k = g_{ik} x^i x^k.$$

Beispiel 2. Es sei P_{ik} ein symmetrischer Tensor. Man suche dann die Punkte (x^1, x^2), die der Gleichung

$$P_{ik} x^i x^k = 0 \tag{74}$$

genügen. Diese Punkte liegen auf zwei reellen oder imaginären Geraden, deren Gleichungen man dadurch erhält, daß man die linke Seite von (74) in zwei Faktoren zerlegt:

$$P_{ik} x^i x^k \equiv (a_i x^i)(b_k x^k). \tag{75}$$

Betrachtet man die Vektoren

$$\mathfrak{a} = a_i \mathfrak{e}^i \qquad \mathfrak{b} = b_k \mathfrak{e}^k, \tag{76}$$

so wird das skalare Produkt

$$\mathfrak{a}\mathfrak{b} = (a_i \mathfrak{e}^i)(b_k \mathfrak{e}^k) = P_{ik} \mathfrak{e}^i \mathfrak{e}^k = P_{ik} g^{ik}. \tag{77}$$

Aus der identischen Gleichung (75) folgt

$$\begin{aligned} a_1 b_1 &= P_{11} \\ a_1 b_2 + a_2 b_1 &= 2 P_{12} \\ a_2 b_2 &= P_{22}. \end{aligned} \tag{78}$$

Drückt man aus der ersten und dritten Gleichung b_1 und b_2 durch a_1 und a_2 aus und setzt die gefundenen Werte in die zweite Gleichung ein, so erhält man für das Verhältnis $a_1 : a_2 = t$ die Gleichung

$$P_{22} t^2 - 2 P_{12} t + P_{11} = 0. \tag{79}$$

Dieser Gleichung genügt auch, wie aus der Symmetrie des Systems (78) ohne weiteres abzulesen ist, das Verhältnis $b_1 : b_2$.

Der Tensor P_{ik} bestimmt somit zwei Scharen von Vektoren $\mathfrak{a}$ und $\mathfrak{b}$, deren Koordinaten durch die Wurzeln t_1, t_2 der Gleichung (79)

$$\frac{a_1}{a_2} = t_1, \quad \frac{b_1}{b_2} = t_2$$

gegeben sind. Alle Vektoren $\mathfrak{a}$ sind zueinander parallel, ebenso alle Vektoren $\mathfrak{b}$, und jedem Vektor der Schar $\mathfrak{a}$ ist eineindeutig ein Vektor der Schar $\mathfrak{b}$ zugeordnet durch die Bedingung (77), daß das skalare Produkt $\mathfrak{a}\mathfrak{b}$ einen festen Wert hat.

Ist

$$P_{ik} g^{ik} = 0, \tag{80}$$

so ist jeder Vektor $\mathfrak{a}$ zu jedem Vektor $\mathfrak{b}$ orthogonal. Ein Tensor P_{ik}, der zum Grundtensor g^{ik} in der Beziehung (80) steht, heißt „apolar" zu g^{ik}.

Ein Tensor P_{ik}, der zu dem Grundtensor apolar ist, bestimmt in E ein Paar orthogonaler Richtungen, und umgekehrt.

Die Gesamtheit aller zum Grundtensor apolaren Tensoren bestimmt die Rechtwinkelinvolution in der durch den Grundtensor definierten Metrik.

Die Orthogonalität ist eine Bedingung, die nicht vom Koordinatensystem abhängt: Ist P_{ik} ein Tensor, der der Bedingung (75) genügt und

$$P^{\lambda\mu} = P_{ik} g^{i\lambda} g^{k\mu}$$

derselbe Tensor im kovarianten Koordinatensystem $e_i e_k$, so muß auch die Gleichung

$$P^{\lambda\mu} g_{\lambda\mu} = 0 \tag{80'}$$

erfüllt sein. Der einfache Nachweis, der nur die Beachtung der Gleichungen (34) erfordert, sei als Übungsaufgabe dem Leser überlassen.

§ 9. Exkurs in die metrische Geometrie.

Wir haben gesehen, daß jede Metrik, die wir der affinen Ebene durch Überdeckung mit zwei kontragredienten Schichten aufprägen, anschaulich als euklidische Metrik aufgefaßt werden kann, daß Winkel-, Strecken- und Flächengrößen dabei dieselbe Bedeutung haben, wie wir sie aus der elementaren Geometrie kennen. Hiervon werden wir auch in Zukunft immer Gebrauch machen, wenn wir einen affinen Zusammenhang uns in einfacher Weise veranschaulichen wollen. Wenn man dann noch, was stets durch eine (reelle oder imaginäre) Affinität erreichbar ist,

$$g_{11} = g_{22} = 1 \qquad g_{12} = 0$$

setzen, die Eichkurve also in der Form

$$(x^1)^2 + (x^2)^2 = 1 \tag{81}$$

schreibt, so hat man es mit der gewöhnlichen euklidischen Geometrie, bezogen auf ein rechtwinkliges Koordinatensystem, zu tun. Man muß sich dabei aber darüber klar sein, daß eine allgemeine Affinität, ausgeführt auf dieses metrische „Modell“, die metrischen Verhältnisse zerstört. Insbesondere wird $\bar{g}_{12}$ im allgemeinen nicht verschwinden, d. h. die „neuen“ Koordinatenachsen $\bar{e}_1$, $\bar{e}_2$ stehen nicht aufeinander senkrecht.

Es erhebt sich da sofort die Frage, ob es nicht spezielle Affinitäten gibt, bei denen diese metrischen Verhältnisse erhalten bleiben. Dazu ist nur nötig, daß die Länge der Grundvektoren und ihr Winkel ungeändert bleiben, also auch

$$\bar{g}_{11} = \bar{g}_{22} = 1, \; \bar{g}_{12} = 0$$

wird; dies sind also „automorphe Affinitäten“ des Kegelschnitts (81). Eine einfache Untersuchung zeigt, daß es in der Tat derartige Transformationen gibt, und zwar bilden sie eine eingliedrige Gruppe, die sich am einfachsten in der Form

$$\begin{aligned} x^1 &= \bar{x}^1 \cos\varphi - \bar{x}^2 \sin\varphi \\ x^2 &= \bar{x}^1 \sin\varphi + \bar{x}^2 \cos\varphi \end{aligned} \tag{82}$$

darstellen läßt. Sie bilden die Gruppe der euklidischen Drehungen um den Nullpunkt [1]). In diesem Falle, und nur in diesem Falle, ist dauernd

$$e^1 = e_1, \; e^2 = e_2,$$

und dies ist der Grund, weshalb in der euklidischen Geometrie der Unterschied zwischen ko- und kontravarianten Gebilden nicht zum Ausdruck kommt.

---

[1]) Vgl. die eingehende Darstellung in Becks Elementargeometrie, Leipzig 1929.

Zweites Kapitel.

Ebene Kurven.

§ 10. Analytische Darstellung.

Wenn der Radiusvektor $\mathfrak{x}$ eines Punktes X der Ebene als Funktion eines Parameters t gegeben ist:

$$\mathfrak{x}(t) = x^1(t)\,\mathfrak{e}_1 + x^2(t)\,\mathfrak{e}_2\,, \tag{1}$$

so beschreibt X bei stetiger Veränderung von t eine ebene Kurve. Wir betrachten grundsätzlich nur reguläre Kurvenstücke, d. h. solche, für die die Koordinaten $x^1(t)$ und $x^2(t)$ durch Funktionen dargestellt werden, die einen gemeinsamen Existenzbereich haben, sich in dem betrachteten Bereiche regulär verhalten und insbesondere in Taylorsche Reihen entwickelt werden können. In diesem Abschnitt werden nur solche Eigenschaften regulärer Kurven untersucht, die gegenüber inhaltstreuen Affinitäten (Scherungen) ungeändert bleiben.

Beispiel 1. Der Vektor

$$\mathfrak{x} = (\alpha + \beta t)\,\mathfrak{e}_1 + (\gamma + \delta t)\,\mathfrak{e}_2$$

stellt eine Gerade dar; sie geht durch den Punkt

$$x^1 = \alpha \qquad x^2 = \gamma,$$

der dem Parameterwert $t = 0$ entspricht, und ist parallel zu dem Vektor

$$\dot{\mathfrak{x}} = \beta\mathfrak{e}_1 + \delta\mathfrak{e}_2.$$

Beispiel 2. Durch

$$\mathfrak{x} = (a + b\cos t)\,\mathfrak{e}_1 + (c + d\sin t)\mathfrak{e}_2$$

wird die Ellipse

$$\frac{(x^1 - a)^2}{b^2} + \frac{(x^2 - c)^2}{d^2} = 1$$

dargestellt, deren Mittelpunkt

$$\mathfrak{x}_0 = a\mathfrak{e}_1 + c\mathfrak{e}_2$$

ist und für die die Achsenrichtungen konjugiert sind. Ihr einfachster metrischer Repräsentant ist der Kreis mit $\mathfrak{x}_0$ als Nullpunkt. Eine zweite, häufig benutzte Darstellung ergibt sich, wenn man

$$\cos t = \frac{1 - \tau^2}{1 + \tau^2}, \qquad \sin t = \frac{2\tau}{1 + \tau^2}$$

setzt, d. h.

$$t = 2\,\mathrm{arc\,tg}\,\tau.$$

Beispiel 3. Sind die Koordinaten des Vektors $\mathfrak{x}$ in (1) durch

$$x^1 = \alpha + \beta t \qquad x^2 = p + qt + rt^2$$

gegeben, so beschreibt X eine Parabel, deren Achsenrichtung zu $\mathfrak{e}_2$ parallel ist. — Die allgemeine Parabel wird durch

$$\mathfrak{x} = (a + bt + ct^2)\,\mathfrak{e}_1 + (p + qt + rt^2)\mathfrak{e}_2$$

dargestellt; welches ist ihre Durchmesserrichtung?

Tangente. In jedem regulären Punkte X besitzt die Kurve (1) eine Tangente, die Grenzlage einer Sekante:

$$\bar{\mathfrak{x}} = \mathfrak{x} + v\dot{\mathfrak{x}}\,. \tag{2}$$

Der Vektor

$$\dot{\mathfrak{x}} = \frac{d\mathfrak{x}}{dt} \tag{3}$$

ist invariant gegenüber allen Affinitäten, hängt jedoch von der in weitem Maße willkürlichen Parameterdarstellung ab. Setzt man nämlich

$$t = t(\tau),$$

so wird die Kurve (1) durch den Parameter τ dargestellt und ihre Tangente durch

$$\bar{\mathfrak{x}} = \mathfrak{x} + w\frac{d\mathfrak{x}}{d\tau}, \tag{2'}$$

wobei

$$\frac{d\mathfrak{x}}{d\tau} = \dot{\mathfrak{x}}\frac{dt}{d\tau} \tag{4}$$

ist, d. h. einen Vektor darstellt, der sich von $\dot{\mathfrak{x}}$ durch einen skalaren, aber i. a. von Punkt zu Punkt wechselnden Faktor unterscheidet.

Deutet man $\dot{\mathfrak{x}}$ als Radiusvektor, so beschreibt sein Endpunkt $\dot{X}$ eine Kurve, die aber mit der Ausgangskurve in keiner näheren geometrischen Beziehung steht, da sie von der gewählten Parameterdarstellung abhängig ist. Wenn dagegen der Parameter t eine mit der Kurve affininvariante Größe ist, wird der Vektor $\dot{\mathfrak{x}}$ eine affininvariante Bedeutung haben.

Affinbogen. Ein solcher „natürlicher Parameter" ist in der metrischen Kurventheorie die Bogenlänge s, die durch die gegenüber Bewegungen invariante Gleichung

$$ds^2 = ((\dot{x}^1)^2 + (\dot{x}^2)^2)\,dt^2, \qquad s = \int ds$$

definiert wird. Die Bogenlänge ist bekanntlich geometrisch die Grenze, der die Länge eines beliebigen, der Kurve eingeschriebenen gebrochenen Linienzugs von einem festen Anfangspunkt bis zum Punkte $\mathfrak{x}(t)$ zustrebt, wenn die Anzahl der Ecken unbeschränkt wächst und der Abstand aufeinanderfolgender Teilpunkte unbeschränkt abnimmt. Das Bogendifferential ds, kurz und wohl unmißverständlich, aber ungenau, als der „Abstand" zweier „benachbarter Punkte" $\mathfrak{x}(t)$ und $\mathfrak{x}(t + dt)$ der Kurve bezeichnet, hängt nur von den ersten Differentialquotienten $\dot{x}^1(t)$ und $\dot{x}^2(t)$ der Koordinaten des Kurvenpunktes $\mathfrak{x}$ ab. Gegenüber Affinitäten, auch gegenüber inhaltstreuen, haben zwei Punkte keine Invariante; hier ist erst das Parallelogramm, das durch drei Punkte bestimmt ist, invariant. Liegen drei Punkte X, X', X'' auf der Kurve, so bestimmen die Vektoren XX', $X'X''$ eine „Plangröße", deren Maßzahl der doppelte Flächeninhalt des Dreiecks $XX'X''$ ist, und zwar wird:

Fig. 8.

$$\lim_{X', X'' \to X} \frac{2\triangle XX'X''}{\Delta t^3} = \begin{vmatrix} 1 & x^1 & x^2 \\ 0 & \dot{x}^1 & \dot{x}^2 \\ 0 & \ddot{x}^1 & \ddot{x}^2 \end{vmatrix} = \begin{vmatrix} \dot{x}^1 & \dot{x}^2 \\ \ddot{x}^1 & \ddot{x}^2 \end{vmatrix} = \dot{\mathfrak{x}} \times \ddot{\mathfrak{x}}.$$

Man setze nun

$$ds^3 = \begin{vmatrix} \dot{x}^1 & \dot{x}^2 \\ \ddot{x}^1 & \ddot{x}^2 \end{vmatrix} dt^3,$$

dann ist

$$(5) \qquad s = \int \begin{vmatrix} \dot{x}^1 & \dot{x}^2 \\ \ddot{x}^1 & \ddot{x}^2 \end{vmatrix}^{1/3} dt$$

eine gegenüber Scherungen invariante Größe, die man als natürlichen Parameter auf der Kurve einführen kann und als **Affinbogen** oder **Affinlänge** der Kurve bezeichnet. Der Darstellung durch den Affinbogen entzieht sich die gerade Linie, für die $s =$ konst. wird. Im folgenden bedeutet daher „Kurve" immer eine nicht geradlinige Kurve. Ist die Kurve durch diesen Parameter dargestellt

$$(1^*) \qquad \mathfrak{x} = \mathfrak{x}(s),$$

und bezeichnet man die Differentiation nach der Affinlänge durch einen Akzent

$$(3^*) \qquad \frac{d\mathfrak{x}}{ds} = \mathfrak{x}',$$

so ist

$$(6) \qquad [\mathfrak{x}' \times \mathfrak{x}''] = \begin{vmatrix} (x^1)' & (x^2)' \\ (x^1)'' & (x^2)'' \end{vmatrix} = 1.$$

Bemerkung 1. In der Regel wird es nicht möglich sein, den Affinbogen einer Kurve in endlicher Form darzustellen, da die in (5) steckende Quadratur nicht ausführbar ist. Dann bedeutet die auf eine Funktion $\varphi(t)$ ausgeführte „Differentiation nach dem Affinbogen" φ' keine Differentiation im gewöhnlichen Sinne, sondern die Operation

$$\varphi' = \frac{d\varphi}{dt} : \frac{ds}{dt} = \frac{\dot{\varphi}}{\dot{s}}.$$

Ebenso ist

$$\varphi'' = \left(\frac{\dot{\varphi}}{\dot{s}}\right)' = \frac{1}{\dot{s}}\left(\frac{\ddot{\varphi}}{\dot{s}} - \frac{\dot{\varphi}\ddot{s}}{\dot{s}^2}\right)$$

usw. Die „Differentiation nach dem Affinbogen" ist also auch dann eine „ausführbare" Operation, wenn die Kurve durch einen beliebigen Parameter t dargestellt ist.

Bemerkung 2. Während die Bogenlänge in der metrischen Geometrie eine unmittelbar einleuchtende geometrische Bedeutung hat, liegt eine solche für den Affinbogen nicht vor. Das erschwert für den Anfang die anschauliche Erfassung der affingeometrischen Tatsachen.

Bemerkung 3. Der Ausdruck von s ist entsprechend der Mehrdeutigkeit der dritten Wurzel dreideutig. Für reelle Kurven ist indes immer einer der drei Werte reell, und wir werden daher die naheliegende Übereinkunft treffen, daß für den reellen „Faden" der Kurve immer der reelle Wurzelwert gewählt werden soll.

Für analytische Kurven ohne reelle Punkte versagt diese Festsetzung; in diesem Falle wird ein beliebiger, aber immer derselbe Wert der Wurzel zu nehmen sein.

Bemerkung 4. Die „Differentiation nach dem Affinbogen" versagt in einem Wendepunkte der Kurve, in dem $ds = 0$ ist. Reguläre Kurvenstücke im Sinne der affinen Geometrie können daher nicht über den Wendepunkt hinaus fortgesetzt werden. Auf beiden Seiten eines gewöhnlichen Wendepunkts hat die Affinlänge entgegengesetzte Vorzeichen.

Beispiel 1. Die Kurve

$$(\alpha) \qquad \mathfrak{x} = at\,\mathfrak{e}_1 + bt^2\mathfrak{e}_2$$

oder

$$x^1 = at \qquad x^2 = bt^2$$

stellt eine Parabel dar, deren Durchmesser zu $\mathfrak{e}_2$ parallel sind, der Radiusvektor $\mathfrak{e}_1$ berührt die Kurve im Nullpunkt. Durch die (nicht inhaltstreue) Affinität

$$\bar{\mathfrak{e}}_1 = a\mathfrak{e}_1 \qquad \bar{\mathfrak{e}}_2 = 2b\mathfrak{e}_2$$
$$x^1 = a\bar{x}^1 \qquad x^2 = 2b\bar{x}^2$$

wird die Gleichung der Kurve

$$(\beta) \qquad \mathfrak{x} = t\bar{\mathfrak{e}}_1 + \tfrac{1}{2}t^2\bar{\mathfrak{e}}_2$$

und damit

$$(\gamma) \qquad ds = [\dot{\mathfrak{x}} \times \ddot{\mathfrak{x}}]^{\frac{1}{3}} dt = dt,$$

d. h. der Parameter t ist selbst die Affinlänge der Kurve (β).

Da jede Affinität sich aus einer Scherung und einer Ähnlichkeit zusammensetzen läßt, können die durch die Gleichungen (α) und (β) dargestellten Kurven als „ähnlich" bezeichnet werden: alle Parabeln sind einander ähnlich.

Beispiel 2. Die Ellipse läßt sich durch eine Affinität in der Form

$$\mathfrak{x} = \cos t \cdot \mathfrak{e}_1 + \sin t \cdot \mathfrak{e}_2$$

darstellen. Man zeige, daß $s = t$ wird.

Beispiel 3. Ebenso ist die Hyperbel

$$\mathfrak{x} = \mathfrak{Sin}\, t \cdot \mathfrak{e}_1 + \mathfrak{Cof}\, t \cdot \mathfrak{e}_2$$

auf ihre Affinlänge als Parameter bezogen.

Gegenüber allgemeinen Affinitäten gibt es nur drei „verschiedene" Kegelschnitte, „die" Parabel, „die" Ellipse, „die" Hyperbel, gegenüber Scherungen von jeder Art ∞^1 „ähnliche" Kurven, und zwar stehen die entsprechenden Affinbögen in einem konstanten Verhältnis.

§ 11. Das Tangentenbild.

Durch die Einführung des Affinbogens ist man in der Lage, auch im Affinen den Tangentenvektor zu normieren. Es ist nämlich

$$(7) \qquad \mathfrak{y} = \mathfrak{x}' = \frac{\dot{\mathfrak{x}}}{\dot{s}}$$

nicht nur gegenüber Scherungen, sondern auch gegenüber Änderungen des Parameters invariant. Heftet man $\mathfrak{y}$ als Radiusvektor im Nullpunkt an, so beschreibt der Endpunkt Y eine Kurve, die mit der gegebenen Kurve (X) affininvariant verknüpft ist und durch die Kurve (X) eindeutig bestimmt ist. Man bezeichnet sie als das Tangentenbild der gegebenen Kurve.

Ist umgekehrt $\mathfrak{y}$ gegeben, so ist dadurch die Kurve (X) bis auf Parallelverschiebungen bestimmt. Dies ergibt sich sofort, wenn $\mathfrak{y}$ durch den Parameter s dargestellt ist:

$$\mathfrak{x} = \int \mathfrak{y}\, ds. \tag{8}$$

Es ist:

$$\mathfrak{y} = \mathfrak{x}',$$

also

$$\mathfrak{y}' = \mathfrak{x}'',$$

und damit ist

$$\mathfrak{y} \times \mathfrak{y}' = \begin{vmatrix} y^1 & y^2 \\ (y^1)' & (y^2)' \end{vmatrix} = 1. \tag{9}$$

Wenn dagegen $\mathfrak{y}$ als Funktion eines beliebigen Parameters v gegeben ist:

$$\mathfrak{y} = \mathfrak{y}(v),$$

so kann man, wenn

$$\frac{d\mathfrak{y}}{dv} = \dot{\mathfrak{y}}$$

gesetzt wird, durch den Ansatz

$$ds = (\mathfrak{y} \times \dot{\mathfrak{y}})\, dv \tag{10}$$

den Affinbogen s der gesuchten Kurve (X) sofort finden; demnach erhält man in

$$\mathfrak{x} = \int \mathfrak{y}(\mathfrak{y} \times \dot{\mathfrak{y}})\, dv \tag{11}$$

die Darstellung derjenigen Kurve, deren Tangentenbild die Kurve Y ist.

Beispiel 1. Es gibt keine Kurve, deren Tangentenbild eine Gerade durch den Anfangspunkt ist. Sie müßte nämlich eine konstante Richtung besitzen, also selbst eine Gerade sein. Für eine Gerade ist aber das Tangentenbild nicht definiert.

Beispiel 2. Das Tangentenbild sei eine nicht durch den Nullpunkt gehende Gerade. Ihre Gleichungen können durch affine Transformation auf die Form

$$y^1 = 1 \qquad y^2 = t$$

gebracht werden. Demnach wird

$$ds = dt,$$

und

$$x^1 = t \qquad x^2 = \tfrac{1}{2} t^2,$$

d. h. die Kurve ist eine Parabel, deren Durchmesser zum Tangentenbild parallel sind.

Beispiel 3. Die Kurven, deren Tangentenbild eine Ellipse bzw. Hyperbel um den Nullpunkt als Mittelpunkt ist, sind wieder Ellipsen bzw. Hyperbeln.

Geometrische Deutung des Affinbogens im Tangentenbilde. Während eine einfache geometrische Erfassung des Affinbogens an der Kurve selbst nicht möglich ist, zeigt die Gleichung (9) ohne weiteres eine solche am Tangentenbilde. Da

$$\begin{vmatrix} y^1 & y^2 \\ dy^1 & dy^2 \end{vmatrix} = ds$$

wird, so ergibt sich, daß

$$\lim \frac{2\triangle OYY'}{\Delta s} = 1$$

ist, d. h. *der Affinbogen einer Kurve* (X) *ist der doppelte Flächeninhalt der vom Radiusvektor des Tangentenbildes* (Y) *überstrichenen Fläche.*

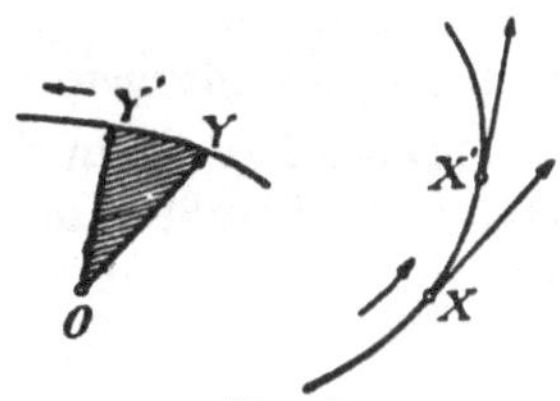

Fig. 9.

Oder anders ausgedrückt: Deutet man das Tangentenbild einer Kurve X als die Bahnkurve einer durch eine von O aus wirkende Zentralkraft erzeugten Bewegung eines Massenpunktes, so ist der Affinbogen zwischen zwei Punkten der Kurve X der Zeit, die zum Durchlaufen dieses Bogens erforderlich ist, proportional.

Nur für eine (leicht zu bestimmende) Klasse von Kurven (X) ist s auch die Affinlänge des Tangentenbildes Y. Trotzdem kann s auch für das allgemeine Tangentenbild als natürlicher Parameter gewählt werden, weil (Y) nur solchen Affinitäten unterliegt, die den Nullpunkt festlassen. Man kann überhaupt die Untergruppe aller Scherungen betrachten, die den Koordinatenanfang ungeändert lassen, und wird in diesem Falle auf den Ausdruck

$$\int (\mathfrak{y} \times \dot{\mathfrak{y}})\, dt$$

als natürlichen Parameter kommen. Es würde natürlich zulässig sein, auch in diesem Falle die Affinlänge einzuführen, indessen bedeutete dies nur eine überflüssige Erschwerung. Überhaupt ist der natürliche Parameter keineswegs eindeutig durch die Gruppe bestimmt, nur ergibt sich, daß jeder Gruppe ein besonders einfacher Parameter zukommt. Wir werden später, bei der Theorie der Raumkurven und weiter in der Flächentheorie von dieser Tatsache noch wiederholt Gebrauch machen.

§ 12. Geometrie der radialen Scherungen.

Für das Tangentenbild ist der Koordinatenanfang ein ausgezeichneter Punkt. Einer beliebigen Scherung der Kurve $\mathfrak{x}$ entspricht eine homogene Scherung der Kurve $\mathfrak{y}$. Die Gruppe der homogenen oder „radialen" Scherungen ist aber geometrisch wesentlich leichter zu überschauen und daher auch einfacher analytisch zu behandeln als die allgemeine Scherungsgruppe. Dies beruht darauf, daß hier schon zwei Punkte P und Q mit dem Anfangspunkte die fundamentale Scherungsinvariante bestimmen, die Maßzahl des Bivektors $OP \times OQ$. Daher hat man hier auch in dem Ausdruck der einfachsten Integralinvariante

$$s = \int (\mathfrak{y} \times \dot{\mathfrak{y}})\, dt \tag{10*}$$

nur Differentiale erster Ordnung und braucht nicht wie vorher bis zu Differentialen dritter Ordnung aufzusteigen. Da das Tangentenbild $\mathfrak{y}$ die Kurve $\mathfrak{x}$ bis auf Schiebungen eindeutig bestimmt, beide Kurven auf denselben natürlichen Parameter bezogen sind und daher die invarianten Gebilde, die mit der einen Kurve verknüpft sind, auch für die andere eine invariante Bedeutung haben, sei zunächst einmal die „Geometrie der radialen Scherungen“ in ihren Grundzügen entwickelt.

Diese hat schon deswegen ein besonderes Interesse, weil sie eine noch einfachere Struktur als die metrische hat, da hier die einfachste Integralinvariante s durch eine lineare Differentialform

$$ds = (\mathfrak{y} \times \dot{\mathfrak{y}})\, dt$$

gegeben ist. Ihre geometrische Bedeutung ist bereits als der doppelte Flächeninhalt der von dem Radiusvektor überstrichenen Fläche erkannt worden; man bezeichne s daher als „Sektor“ der Kurve $\mathfrak{y}$. Da der Anfangspunkt festgehalten wird, ist ein „natürliches“, d. h. mit den Punkten der Kurve kovariant verbundenes Koordinatensystem durch $\mathfrak{y}$ und

$$\mathfrak{z} = \mathfrak{y}' = \frac{d\mathfrak{y}}{ds} \tag{12}$$

gegeben. Dabei ist also $\mathfrak{z}$ der normierte Tangentenvektor der Kurve $\mathfrak{y}$; sein Endpunkt beschreibt daher im Sinne der radialen Scherungsgeometrie das Tangentenbild von $\mathfrak{y}$.

Da

$$\mathfrak{y} \times \mathfrak{y}' = 1, \tag{13}$$

also

$$\mathfrak{y} \times \mathfrak{y}'' = 0$$

ist, so ist der Vektor $\mathfrak{y}''$ kollinear zu $\mathfrak{y}$:

$$\mathfrak{y}'' + k\mathfrak{y} = 0. \tag{14}$$

Der Wert des Proportionalitätsfaktors k ergibt sich, indem man in (13) den Wert von $\mathfrak{y}$ einsetzt:

$$k = \mathfrak{y}' \times \mathfrak{y}''. \tag{15}$$

Man bezeichne die Invariante k als die „radiale Krümmung“ der Kurve (Y).

Zwischen einer Kurve (Y) und ihrem „radialen Tangentenbilde“ $\mathfrak{z}$ bestehen einfache geometrische Beziehungen. Da

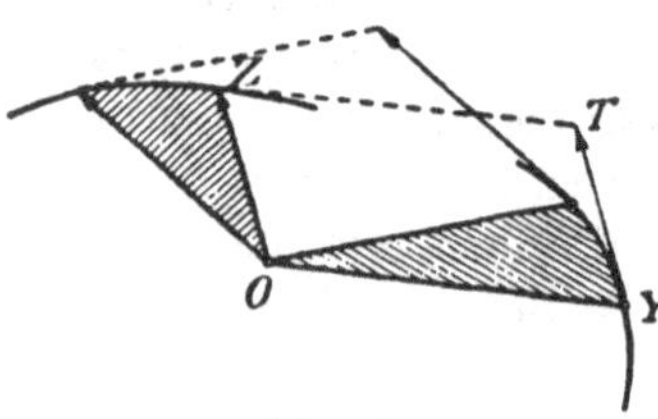

Fig. 10.

$$\mathfrak{y} \times \mathfrak{z} = 1 \tag{13}$$

ist, erhält man zu einem Punkte Y den zugehörigen Punkt Z dadurch, daß man durch O zur Tangente YT einen Parallelvektor derart konstruiert, daß der Flächeninhalt des von OY und OZ eingespannten Flächenstücks gleich Eins wird. Man überzeugt sich durch elementargeometrische Betrachtungen leicht davon, daß, wenn Y eine infinitesimale Bewegung ausführt, der Punkt Z sich parallel zu OY bewegt, was der Gleichung (14) entspricht.

Bezeichnet man den Sektor von (Z) mit σ, so ergibt sich

$$d\sigma = (\mathfrak{z} \times \mathfrak{z}')ds = k\,ds\,. \tag{16}$$

Die radiale Krümmung ist also der Grenzwert, dem das Verhältnis der von OZ bzw. OY überstrichenen Sektoren zustrebt, wenn die Endpunkte des Kurvenbogens (Y) zusammenfallen.

Konstruiert man in derselben Weise das radiale Tangentenbild von (Z):

$$(17) \qquad \mathfrak{u} = \frac{d\mathfrak{z}}{d\sigma} = \frac{1}{k}\mathfrak{z}' = -\mathfrak{y},$$

so erhält man die zu (Y) bezüglich des Anfangspunktes symmetrische Kurve (U), das Tangentenbild (V) von (U) ist symmetrisch zu (Z), und das Tangentenbild von (V) fällt mit (Y) zusammen. Man erhält also einen geschlossenen Zyklus von vier Kurven, von denen jede das radiale Tangentenbild der vorhergehenden ist. Beachtet man die Bedeutung der radialen Krümmung, so ergibt sich:

Das Produkt der radialen Krümmung einer ebenen Kurve und der ihres radialen Tangentenbildes ist immer gleich Eins.

Das radiale Tangentenbild (Z) einer Kurve (Y) wird, wie auch in der metrischen und der allgemeinen Scherungsgeometrie, durch Differentiationen gewonnen. Während dort aber die umgekehrte Aufgabe, d. h. die Bestimmung einer Kurve, die ein gegebenes Tangentenbild besitzt, die Ausführung von Quadraturen erfordert, sieht man hier:

Durch ihr radiales Tangentenbild ist eine Kurve eindeutig, und zwar durch Differentiation bestimmt.

Man erhält nämlich aus (Z) zunächst die Kurve U, die man nur noch am Anfangspunkt zu spiegeln hat, um (Y) zu erhalten.

Für die analytische Darstellung des beschriebenen Zusammenhangs wird man beachten, daß der Anfangspunkt eine ausgezeichnete Rolle spielt. Es liegt daher nahe, der Ebene eine euklidische Metrik aufzuprägen und in ihr Polarkoordinaten einzuführen. Dann wird jeder Punkt der Kurve Y durch seinen Radiusvektor

$$(18) \qquad \mathfrak{y} = r(\varphi)\,(\cos\varphi\,\mathfrak{e}_1 + \sin\varphi\,\mathfrak{e}_2)\,,$$

die Tangente durch die Stützfunktion

$$(19) \qquad y^1 \cos\lambda + y^2 \sin\lambda = p(\lambda)$$

dargestellt. Da der Berührungspunkt der Tangente auch die Gleichung

$$(20) \qquad -y^1 \sin\lambda + y^2 \cos\lambda = \dot{p} = \frac{dp}{d\lambda}$$

erfüllen muß, wird

$$(21) \qquad \begin{aligned} y^1 &= p\cos\lambda - \dot{p}\sin\lambda \\ y^2 &= p\sin\lambda + \dot{p}\cos\lambda\,, \end{aligned}$$

so daß zwischen (r, φ) und (p, λ) die folgenden Beziehungen bestehen:

$$(22) \qquad \begin{aligned} &r^2 = p^2 + \dot{p}^2, \quad r\dot{r} = \dot{p}(p + \ddot{p}) \\ &\varphi = \lambda + \psi, \end{aligned}$$

wobei

$$(23)\qquad \cos\psi = \frac{p}{r}, \quad \sin\psi = \frac{\dot p}{r}$$

gesetzt ist. Ferner wird

$$(24)\qquad \begin{aligned} \dot y^1 &= -(p+\ddot p)\sin\lambda \\ \dot y^2 &= (p+\ddot p)\cos\lambda \end{aligned}$$

und

$$(25)\qquad \begin{aligned} ds &= (\mathfrak{y}\times\dot{\mathfrak{y}})d\lambda = r^2 d\varphi \\ \dot s &= r^2\dot\varphi = p(p+\ddot p) \end{aligned}.$$

Hieraus ergibt sich die Darstellung des Tangentenbildes

$$\mathfrak{z} = \mathfrak{y}' = \frac{\dot{\mathfrak{y}}}{\dot s}$$

folgendermaßen:

$$(26)\qquad \begin{aligned} z^1 &= -\frac{1}{p}\sin\lambda = \bar r\cos\bar\varphi \\ z^2 &= \frac{1}{p}\cos\lambda = \bar r\sin\bar\varphi, \end{aligned}$$

so daß

$$(27)\qquad \begin{aligned} \bar r^2 &= \frac{1}{p^2} \\ \bar\varphi &= \tfrac{1}{2}\pi + \lambda, \end{aligned}$$

also

$$(28)\qquad \dot{\bar s} = \bar r^2\dot{\bar\varphi} = \frac{1}{p^2}.$$

Diese Gleichungen genügen, um alle Beziehungen, die zwischen einer Kurve $\mathfrak{y}$ und ihrem radialen Tangentenbild bestehen, durch ausführbare Rechnungen auszudrücken. Insbesondere ergibt sich die radiale Krümmung von (Y) durch die Gleichung

$$(29)\qquad k = \frac{\dot{\bar s}}{\dot s} = \frac{1}{p^3(p+\ddot p)}.$$

Beispiel 1. Ist Y eine Ellipse, deren Mittelpunkt im Nullpunkt liegt, so ist Z eine ähnliche konzentrische Ellipse.

Beispiel 2. Ist Y eine logarithmische Spirale, so ist ihr Tangentenbild wieder eine logarithmische Spirale. Das „eadem mutato resurgo" Jac. Bernoullis gilt also auch im Affinen!

§ 13. Die natürliche Gleichung einer Kurve in der Geometrie der radialen Scherungen.

Die Größen s und k haben eine von dem Koordinatensystem unabhängige Bedeutung; eine Beziehung zwischen ihnen

$$(30)\qquad k = k(s)$$

oder allgemeiner

(30a) $$\varphi(s, k) = 0$$

bzw.

(30 b) $$s = s(t) \qquad k = k(t)$$

bestimmt bis auf radiale Scherungen eindeutig eine ebene Kurve. Man bezeichnet sie daher als „natürliche Koordinaten" dieser Kurve und (30) als ihre „natürliche Gleichung". Von der natürlichen Gleichung kann man sofort zu einer Koordinatendarstellung übergehen, wenn man beachtet, daß infolge (14) die Koordinaten (y^1, y^2) der Kurve der Differentialgleichung

(31) $$y'' + ky = 0$$

genügen müssen, mit der Maßgabe, daß die Determinante

(32) $$\begin{vmatrix} y^1 & y^2 \\ y^{1'} & y^{2'} \end{vmatrix} = 1$$

sein muß. Aus der Theorie der linearen Differentialgleichungen ist aber bekannt, daß, wenn y^1, y^2 zwei unabhängige Lösungen der Gleichung (31) sind, jede weitere Lösung y durch dieses „Fundamentalsystem" homogen und linear ausgedrückt werden kann:

(33) $$y = c_1 y^1 + c_2 y^2,$$

wobei c_1, c_2 beliebige Konstanten sind. Der Übergang von einem Paar von Lösungen y^1, y^2 zu einem zweiten $\bar{y}^1, \bar{y}^2$ geschieht also vermöge (33) durch eine homogene Affinität. Durch eine passende Normierung kann man nun stets erreichen, daß sowohl für y^1, y^2 als auch für $\bar{y}^1, \bar{y}^2$ die Bedingung (32) erfüllt ist. Ist nämlich η^1, η^2 zunächst ein ganz beliebiges System von Lösungen der Gleichung (32), so ist jedenfalls

$$\eta^1 \eta^{2''} - \eta^2 \eta^{1''} = 0,$$

also

$$\eta^1 \eta^{2'} - \eta^2 \eta^{1'} = C;$$

die Größen

$$y^1 = \frac{1}{C} \eta^1$$

$$y^2 = \eta^2,$$

die gleichfalls Lösungen von (31) sind, genügen dann der Bedingung (32).

Nun ist bekannt, daß jede homogene lineare Differentialgleichung

$$\ddot{y} + \lambda(t)\, \dot{y} + \mu(t)\, y = 0$$

sich durch eine Änderung der unabhängigen Veränderlichen

$$s = \int e^{-\int \lambda\, dt}\, dt$$

in die Form (31) überführen läßt. Dies kommt geometrisch darauf hinaus, daß man von der Darstellung der Kurve (30 b) in natürlichen Koordinaten zu der Darstellung (30) übergeht. Daraus ergibt sich:

Die Theorie ebener Kurven in der Geometrie der radialen Scherungen ist das geometrische Bild der Theorie der homogenen linearen Differentialgleichungen zweiter Ordnung.

Beispiel 1. $k = \varkappa^2$, $\varkappa$ = konst. Ein normiertes Lösungspaar ist

$$y^1 = \frac{1}{\varkappa} \cos \varkappa s, \quad y^2 = \frac{1}{\varkappa} \sin \varkappa s;$$

die Kurve ist eine Ellipse um den Nullpunkt.

Beispiel 2. Die Koordinatendarstellung der Kurve $k = \frac{-2}{s^2}$

$$y^1 = s^2, \quad y^2 = -\frac{1}{3s}.$$

Beispiel 3. Für $k = -\frac{6}{s^2}$ ergibt sich

$$y^1 = s^3 \quad y^2 = -\frac{1}{5s^2}.$$

Mechanische Deutung. Die Gleichung (31) ist aus den Elementen der Mechanik wohlbekannt: sie stellt die Bahnkurve eines Punktes von der Masse Eins unter dem Einfluß einer nach dem Nullpunkt gerichteten Kraft dar. Dabei hat s die Bedeutung der Zeit. Das Tangentenbild $\mathfrak{z}$ ist dabei nichts anderes als der Hodograph der Geschwindigkeit, und die Wechselbeziehung der Kurven $\mathfrak{y}$ und $\mathfrak{z}$ sind die wohlbekannten Beziehungen zwischen Bahnkurve und Geschwindigkeitshodograph bei einer Zentralbewegung.

Die Geometrie der Kurven in der radialen Scherungsgeometrie findet ihr mechanisches Bild in der Geometrie der Bahnkurven der Zentralbewegung.

Die Normierung der Koordinaten bedeutet nichts anderes als die Einführung einer solchen Flächeneinheit, daß die Maßzahl des in der Zeit s überstrichenen Sektors gleich $\frac{1}{2} s$ wird.

§ 14. Die Affinnormale.

Nach diesem Exkurs in die Geometrie der radialen Scherungen kehren wir zur allgemeinen Scherungsgeometrie zurück.

Auch hier ist die Tangente nicht die einzige Gerade, die in einem Kurvenpunkte mit der Kurve affinkovariant verknüpft ist, d. h. die sich bei affiner Transformation wieder in die entsprechende Gerade der transformierten Kurve verwandelt. Analytisch ist das selbstverständlich, da ja natürlich nicht nur $\mathfrak{x}'$, sondern auch $\mathfrak{x}''$, $\mathfrak{x}'''$, ... zu $\mathfrak{x}$ kovariante Vektoren darstellen, ebenso wie alle Vektoren

$$\tilde{\mathfrak{x}} = \lambda \mathfrak{x}' + \mu \mathfrak{x}'' + \nu \mathfrak{x}''' \ldots,$$

die sich aus ihnen linear darstellen lassen, wobei die Koeffizienten $\lambda, \mu, \nu, \ldots$ als Funktionen von s gegeben sind. Von diesen unendlich vielen Vektoren werden indessen immer drei linear abhängig sein, da dies für je drei Vektoren der Ebene gilt. Wählt man von ihnen irgend zwei aus, die nicht kollinear sind, so kann man jeden Punkt der Kurve mit einem System von Koordinatenachsen verknüpfen, die man, da sie nur von der Kurve, nicht von dem ursprünglich gewählten Koordinatensystem abhängen, als „natürliche Koordinaten“ der Kurve bezeichnet. Die weitgehende Willkür in der Wahl eines solchen natürlichen Koordinatensystems wird durch die geometrisch naheliegende Forderung eingeschränkt, daß die Richtungen seiner Achsen eine möglichst einfache geometrische Bedeutung haben sollen.

In der metrischen Geometrie bietet sich ganz naturgemäß das System von Tangente und Normale; in der affinen Geometrie ist nun zwar die Tangente zur Kurve kovariant, die Normale aber transformiert sich kontravariant, dieses Achsensystem ist daher unbrauchbar. Man wird daher wohl die Tangentenrichtung $\mathfrak{x}'$ als den einen Grundvektor nehmen können, muß aber den zweiten Einheitsvektor in anderer Weise festlegen als in der euklidischen Metrik. Der nächst $\mathfrak{x}'$ einfachste zu $\mathfrak{x}$ kogrediente Vektor ist offenbar der Vektor $\mathfrak{x}''$, der auch niemals in die Richtung von $\mathfrak{x}'$ fallen kann, da ja der Festsetzung nach auf dem betrachteten regulären Kurvenstück dauernd

$$\mathfrak{x}' \times \mathfrak{x}'' = 1$$

sein muß, d. h. das von $\mathfrak{x}'$, $\mathfrak{x}''$ eingespannte Flächenstück ist stets inhaltsgleich dem von den Einheitsvektoren $\mathfrak{e}_1$, $\mathfrak{e}_2$ bestimmten Parallelogramm. Daraus ergibt sich ohne weiteres, daß man von dem gegebenen Koordinatensystem $\mathfrak{e}_1$, $\mathfrak{e}_2$ immer durch eine Scherung zu dem Koordinatensystem mit dem Anfangspunkte X und den Einheitsvektoren $\mathfrak{x}'$, $\mathfrak{x}''$ übergehen kann. Da somit der Vektor $\mathfrak{x}''$ hier dieselbe Rolle spielt wie die Normale in der klassischen Geometrie, so liegt es nahe, ihn als den Affinnormalvektor und die Gerade

$$\bar{\mathfrak{x}} = \mathfrak{x} + u\mathfrak{x}''$$

als die Affinnormale im Punkte $\mathfrak{x}$ zu bezeichnen. Weiter wird man die Kurve (Z), die vom Endpunkte des Radiusvektors

$$\mathfrak{z} = \mathfrak{x}'' \tag{34}$$

beschrieben wird, als das Affinnormalenbild der Kurve (X) bezeichnen.

Da das Tangentenbild (Y) in der Geometrie der homogenen Scherungen dieselbe einfachste Integralinvariante s besitzt wie die Kurve (X) in der allgemeinen Scherungsgeometrie, so ergibt sich, daß der Vektor $\mathfrak{z}$ in (34) dieselbe Bedeutung hat wie in (12), daß aber das Affinnormalenbild der Kurve (X) dieselbe Kurve ist wie das Tangentenbild von (Y) im Bereiche der radialen Scherungen. Aus der in § 12 hergeleiteten Wechselbeziehung zwischen den Kurven (Y) und (Z) und der Tatsache, daß eine jede Kurve, als Tangentenbild einer anderen betrachtet, diese bis auf Schiebungen eindeutig bestimmt, folgt, *daß man zu jeder Kurve* (Y) *eine bis auf Schiebungen eindeutig bestimmte Kurve* (X) *so bestimmen kann, daß in entsprechenden Punkten die Tangenten der einen Kurve zu den Affinnormalen der zweiten parallel sind.*

Geometrische Einführung der Affinnormale. Die bisher rein analytisch erfolgte Einführung der Affinnormale befriedigt vom geometrischen Standpunkt nicht recht, weil man aus ihr weder eine einfache Konstruktion dieser Geraden in einem gegebenen Punkte der Kurve noch irgendwelche ihrer geometrischen Beziehungen zur Kurve ablesen kann; beschränkt man sich auf die analytische Definition, so werden ihre Eigenschaften und Beziehungen nur als zufällige Rechenergebnisse gewonnen, nicht als anschaulich einleuchtende Tatsachen erkannt. Ein in diesem Sinne vertieftes Verständnis ergibt sich nun sehr einfach durch eine geometrische Analyse der bisherigen Rechnungen.

Fig. 11.

Man denke sich die Kurve X auf ihren Affinbogen s als Parameter bezogen:

$$\mathfrak{x} = \mathfrak{x}(s)$$

und auf der Kurve die Punkte $X, X', X'', \ldots$ festgelegt, die den Parameterwerten

$$s, (s + \Delta s), (s + \Delta s) + \Delta(s + \Delta s), \ldots$$

entsprechen. Dann ist nach der Definitionsgleichung (5)

$$\lim \frac{2 \triangle X X' X''}{\triangle s^3} = 1$$

$$\lim \frac{2 \triangle X' X'' X'''}{\triangle s^3} = 1$$

und demnach

$$\lim \frac{\triangle X\, X'\, X''}{\triangle X' X'' X'''} = 1\,.$$

Die Dreiecke $XX'X''$ und $X'X''X'''$ haben dieselbe Grundlinie $X'X''$ und das Verhältnis ihrer Flächen wird beim Übergang zur Grenze 1. Daraus folgt, daß die Verbindungslinie ihrer Spitzen XX''' zu $X'X''$ parallel wird. Man wird also ein anschauliches Bild von einer auf ihre Affinlänge bezogenen Kurve dadurch erhalten, daß man der Kurve ein Vieleck derart einbeschreibt, daß jede Diagonale, die zwei, durch zwei Eckpunkte X', X'' getrennte, Ecken X und X''' verbindet, zu der dazwischenliegenden Seite $X'X''$ parallel wird. Man erkennt leicht, daß bei dieser Konstruktion drei Punkte X, X', X'' willkürlich angenommen werden können, daß dann aber jeder weitere Punkt X''' durch die drei vorangehenden eindeutig bestimmt ist. Man sieht ferner, daß diese Konstruktion affinen Charakter trägt.

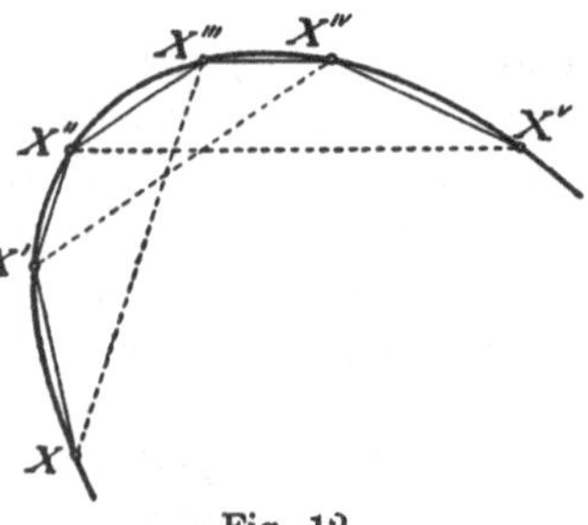

Fig. 12.

Betrachtet man nun ein derartiges eingeschriebenes Trapez $XX'X''X'''$, so erkennt man, daß zwei seiner Diagonalen XX'' und $X'X'''$ Sehnen der Kurve sind, die dritte, PQ, dagegen die parallelen Sehnen $X'X''$ und XX''' halbiert. Geht man zur Grenze über, d. h. läßt man X', X'' und X''' nach X rücken, so werden fünf seiner Seiten mit der Tangente in X zusammenfallen, während PQ einer festen, davon verschiedenen Grenze zustrebt. Diese läßt sich geometrisch in mannigfacher Weise kennzeichnen. Betrachtet man etwa die Gesamtheit der zur Tangente in X parallelen Sehnen, so liegen ihre Mittelpunkte auf einer Kurve, die die Kurve (X) im Punkte X schneidet und dort die Grenzlage von PQ zur Tangente hat. Daß diese Grenzlage mit der Affinnormalen zusammenfällt, hat W. Blaschke[1]) nachgewiesen. Wir begnügen uns mit diesem Hinweis.

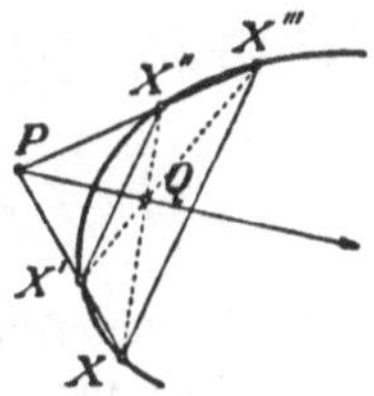

Fig. 13.

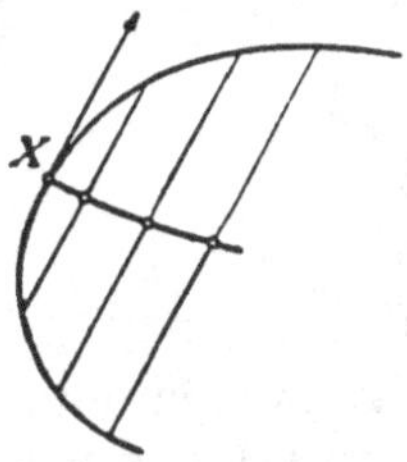

Fig. 14.

Eine andere Auffassung desselben Grenzübergangs führt sofort auf weitere Eigenschaften der so bestimmten Affinnormalrichtung. Durch die vier Endpunkte X, X'''; X', X'' zweier parallelen Sehnen der Kurve ist ein Büschel von Kegelschnitten bestimmt, für die die Sehnenrichtung und die Richtung PQ konjugiert sind. Die Mittelpunkte aller dieser Kegelschnitte liegen auf der Geraden PQ. In dem Büschel liegt eine nicht ausartende Parabel, deren uneigentlicher Punkt ebenfalls auf PQ liegt. Läßt man die vier Punkte zusammenfallen, so erhält man die Gesamtheit aller die gegebene Kurve im Punkte X in dritter Ordnung berührenden Kegelschnitte, unter ihnen die Schmiegungsparabel der Kurve. Dabei geht PQ in den Durchmesser der Schmiegungsparabel über. Daß dieser Durchmesser mit der vorher definierten Affinnormale übereinstimmt, ist nachgewiesen, wenn man weiß, daß

1. die Affinnormale einer Parabel mit ihrem Durchmesser zusammenfällt,
2. alle sich in dritter Ordnung berührenden Kurven dieselbe Affinnormale besitzen.

Der zu zweit geforderte Nachweis, der anschaulich schon in dem beschriebenen Grenzübergang gegeben ist, ist auch durch Rechnung leicht zu führen. Zwei Kurven $\mathfrak{x}(t)$ und $\bar{\mathfrak{x}}(t)$ haben dann im Punkte $t = t_0$ eine Berührung dritter Ordnung, wenn die Differenz der Vektoren

$$\bar{\mathfrak{x}}(t_0 + h) - \mathfrak{x}(t_0 + h)$$

für $h = 0$ von vierter Ordnung verschwindet, wenn also in den Taylorschen Entwicklungen ihrer Koordinaten die Koeffizienten von h^0, h^1, h^2, h^3 übereinstimmen. Dazu ist notwendig, daß

$$\mathfrak{x}(t_0) = \bar{\mathfrak{x}}(t_0), \quad \dot{\mathfrak{x}}(t_0) = \dot{\bar{\mathfrak{x}}}(t_0),$$
$$\ddot{\mathfrak{x}}(t_0) = \ddot{\bar{\mathfrak{x}}}(t_0), \quad \dddot{\mathfrak{x}}(t_0) = \dddot{\bar{\mathfrak{x}}}(t_0)$$

ist.

Nun ist aber

[1]) W. Blaschke, Affine Differentialgeometrie, Berlin 1923, S. 15.

$$(35)\qquad \begin{cases} \mathfrak{x}' = \dfrac{d\mathfrak{x}}{ds} = \tau\dot{\mathfrak{x}} \\ \mathfrak{x}'' = \dfrac{d\mathfrak{x}'}{ds} = \tau^2\ddot{\mathfrak{x}} + \tau\dot{\tau}\dot{\mathfrak{x}}, \end{cases}$$

und

wobei

$$(36)\qquad \tau = (\dot{\mathfrak{x}} \times \ddot{\mathfrak{x}})^{-\frac{1}{3}}$$

und ebenso

$$(37)\qquad \dot{\tau} = -\tfrac{1}{3}\tau^4(\dot{\mathfrak{x}} \times \dddot{\mathfrak{x}})$$

für beide Kurven im Punkte $t = t_0$ denselben Wert hat. Daraus folgt, daß in der Tat zwei sich in dritter Ordnung berührende Kurven dort nicht nur denselben Tangentenvektor $\mathfrak{x}'$, sondern auch denselben Affinnormalenvektor $\mathfrak{x}''$ besitzen.

Es bleibt nur noch der rechnerische Nachweis zu liefern, daß für die Schmiegungsparabel der Affinnormalvektor in die Durchmesserrichtung fällt.

Die Affinnormale bei der Parabel. Es ist bereits gezeigt worden, daß jede Parabel der Einheitsparabel affin äquivalent ist

$$\mathfrak{x} = s\mathfrak{e}_1 + \tfrac{1}{2}s^2\mathfrak{e}_2,$$

die in dieser Form auf ihren Affinbogen s bezogen ist. Daraus ergibt sich sofort

$$\mathfrak{x}' = \mathfrak{e}_1 + s\mathfrak{e}_2$$

als Tangentenbild und

$$\mathfrak{x}'' = \mathfrak{e}_2,$$

woraus abzulesen ist, daß in der Tat die Affinnormalen einer Parabel in allen ihren Punkten untereinander parallel, und zwar parallel zu ihrer Durchmesserrichtung sind.

Die Affinnormale der Mittelpunktskegelschnitte. Aus der geometrischen Definition der Affinnormale ergab sich, daß diese durch den Mittelpunkt eines jeden Kegelschnitts geht, der die gegebene Kurve in dritter Ordnung berührt. Ist die Kurve selbst ein Kegelschnitt, so folgt daraus, daß **alle Affinnormalen eines Kegelschnitts sich in seinem Mittelpunkt schneiden.** — Natürlich kann dies auch analytisch sofort ausgerechnet werden; diese einfache Rechnung sei als Übungsaufgabe dem Leser überlassen.

§ 15. Affinevolute und Schmiegungskegelschnitt. Affinkrümmung. Natürliche Gleichung.

Konstruiert man in jedem Punkte der Kurve X die Affinnormale, so bildet ihre Gesamtheit eine Schar von Geraden, die bei der Parabel zueinander parallel sind, bei den übrigen Kegelschnitten sich in einem Punkte, dem Mittelpunkte, schneiden, bei jeder anderen Kurve dagegen eine zweite Kurve $(\widetilde{X})$ umhüllen. Man bezeichnet diese als die **Affinevolute** der Kurve X. Ihre Punkte ergeben sich aus der Konstruktion der Affinnormalen (Fig. 13) durch einen leicht übersehbaren Grenzübergang. Fünf aufeinanderfolgende Punkte X, X', X'', X''', X^{IV} des eingeschriebenen Vielecks bestimmen zwei der Kurve eingeschriebene Trapeze; führt man die dort beschriebene Konstruktion der Richtung PQ für diese aus, so werden die beiden erhaltenen Geraden PQ und $P'Q'$ dann zueinander parallel, wenn die fünf Punkte X auf einer Parabel liegen, sonst schneiden sie sich in dem Mittelpunkte $\bar{X}$ des durch die Punkte X bestimmten Kegelschnitts. Geht man wieder zur Grenze über, indem man alle Punkte zusammenfallen läßt, so gehen die Geraden PQ in die Affinnormalen der gegebenen Kurve über, ihr Schnittpunkt nimmt eine bestimmte Grenzlage an: er fällt in den Mittelpunkt des S c h m i e g u n g s k e g e l s c h n i t t s, d. h. derjenigen Kurve zweiter Ordnung, die mit der Kurve X eine möglichst innige, eine Berührung vierter Ordnung hat.

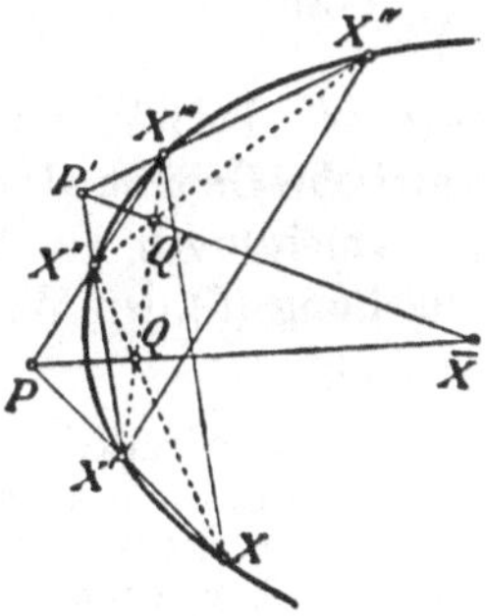

Fig. 15.

Die Affinevolute einer Kurve ist der Ort der Mittelpunkte ihrer Schmiegungskegelschnitte.

Den Radiusvektor $\tilde{\mathfrak{x}}$ der Affinevolute $\tilde{X}$ erhält man durch die Überlegung, daß der Punkt $\tilde{X}$ auf der Affinnormalen der Kurve $\mathfrak{x}$ liegt, also

$$\tilde{\mathfrak{x}} = \mathfrak{x} + u\mathfrak{x}'' \tag{38}$$

sein muß, und daß die Tangente der Kurve $\tilde{\mathfrak{x}}$ in die Richtung der Affinnormalen $\mathfrak{x}''$ fällt:

$$\tilde{\mathfrak{x}}' = \mathfrak{x}' + u\mathfrak{x}''' + u'\mathfrak{x}''. \tag{39}$$

Da aber

$$\mathfrak{x}' \times \mathfrak{x}'' = 1 \tag{6}$$

ist, so wird

$$\mathfrak{x}' \times \mathfrak{x}''' = 0, \tag{40}$$

d. h.

$$\mathfrak{x}''' + \mathfrak{k}\mathfrak{x}' = 0. \tag{41}$$

Die Ableitung des Affinnormalvektors nach dem Affinbogen ist ein zur Tangente paralleler Vektor.

Die Gleichung (41) ist nur in der Form von (14) verschieden.

Der Vektor $\mathfrak{x}' + u\mathfrak{x}'''$ in (39) ist, wie $\mathfrak{x}'''$ selbst, bei beliebigem u stets der Tangente $\mathfrak{x}'$ parallel. Für die Kurve, deren Tangente zu $\mathfrak{x}''$ parallel sein soll, muß aber diese Komponente verschwinden; es muß daher

$$\mathfrak{x}' + u\mathfrak{x}''' = 0,$$

d. h.

$$u = \frac{1}{\mathfrak{k}}$$

werden.

Demgemäß wird die Affinevolute durch

$$(42)\qquad \boxed{\tilde{\mathfrak{x}} = \mathfrak{x} + \frac{1}{\mathfrak{k}}\,\mathfrak{x}''}$$

gegeben. Den Ausdruck $\mathfrak{k}$ bezeichnet man in Anlehnung an das entsprechende metrische Gebilde als die Affinkrümmung der Kurve X; sie läßt sich durch die Ableitungen des Vektors $\mathfrak{x}$ ohne weiteres darstellen, indem man in die Gleichung (6) den Wert von $\mathfrak{x}'$ mittels (41) durch $\mathfrak{x}'''$ ersetzt:

$$(43)\qquad \mathfrak{k} = \mathfrak{x}'' \times \mathfrak{x}'''.$$

Der Ausdruck für $\mathfrak{k}$, der in (43) durch Ableitungen nach der Affinlänge gegeben ist, kann natürlich auch für jede beliebige Parameterdarstellung gewonnen werden. Zu dem Zwecke wird man zu den Gleichungen (35), die $\mathfrak{x}'$ und $\mathfrak{x}''$ als Funktionen von t ergeben, noch hinzunehmen

$$\mathfrak{x}''' = \tau^3\dddot{\mathfrak{x}} + 3\tau^2\dot{\tau}\ddot{\mathfrak{x}} + \tfrac{1}{2}\,\tau(\ddot{\tau^2})\dot{\mathfrak{x}}\,.$$

Daraus folgt

$$(43\text{a})\qquad \mathfrak{k} = \tau^5(\ddot{\mathfrak{x}} \times \dddot{\mathfrak{x}}) - \tfrac{1}{2}\,(\ddot{\tau^2})\,.$$

Die durch (43) eingeführte Größe $\mathfrak{k}$ ist identisch mit der in § 12 durch die Gleichung (15) definierten Radialkrümmung k von (Y):

Die Affinkrümmung einer Kurve (X) ist gleich der Radialkrümmung ihres Tangentenbildes.

Parallelkurven. Setzt man in der Gleichung (38) $u = a$ konstant, so haben alle Kurven

$$\tilde{\mathfrak{x}} = \mathfrak{x} + a\mathfrak{x}''$$

in entsprechenden Punkten parallele Tangenten

$$\tilde{\mathfrak{x}}' = (1 - a\mathfrak{k})\mathfrak{x}'.$$

Sie haben aber keineswegs dieselbe Affinnormale bzw. Affinevolute. Dies tritt nur ein, wenn $\mathfrak{k}$ = konst. ist. Man zeige dies sowohl durch Rechnung als auch durch geometrische Analyse des Grenzprozesses, durch den die Affinnormale erhalten wird.

Die geometrische Deutung der Affinkrümmung. Alle Affininvarianten in der ebenen Geometrie müssen sich durch die einfachsten, d. h. durch Flächengrößen, die mit der Kurve in Beziehung stehen, ausdrücken lassen. So war k bereits in § 12 als der Grenzwert definiert, dem das Verhältnis der von $\mathfrak{y}$ und $\mathfrak{z}$ überstrichenen Sektoren zustrebt. Der Affinkrümmungsmittelpunkt $\tilde{X}$ führt auf eine neue Deutung. Die Gleichung (43) läßt sich unter Benutzung von (6) auch folgendermaßen schreiben:

$$\mathfrak{x}' \times \frac{1}{\mathfrak{k}}\,\mathfrak{x}'' = \frac{1}{\mathfrak{k}}\,.$$

Der Vektor $\frac{1}{\mathfrak{k}}\,\mathfrak{x}''$ ist aber $X\tilde{X}$. Betrachtet man nun das zwischen $X\tilde{X}$ und $X'\tilde{X}$ ausgespannte Flächenstück (X' ein zweiter Punkt der Kurve (X)), so ist bekanntlich

$$\lim_{X' \to X} \frac{XX'}{\Delta s} = \mathfrak{x}'$$

und weiter

$$\lim_{X' \to X} \frac{2 \triangle X X' \tilde{X}}{\Delta s} = \frac{1}{\mathfrak{k}}.$$

Das Affinnormalenbild. Bereits in § 12 war die Kurve (Z), die durch Verpflanzung des Affinnormalenvektors $\mathfrak{z} = \mathfrak{x}''$ nach dem Anfangspunkte erzeugt wird, als Affinnormalenbild der Kurve (X) eingeführt und gezeigt worden, daß das Affinnormalenbild der Kurve (X) mit dem radialen Tangentenbild ihres Tangentenbildes (Y) identisch ist. Es war weiter schon erkannt, daß die Kurve $(\bar{X})$, für die (Z) das Tangentenbild ist, der Kurve (X) so zugeordnet ist, daß in entsprechenden Punkten die Affinnormalen der einen parallel zu den Tangenten der zweiten Kurve sind. Da die radiale Krümmung $\bar{k}$ von (Z) gleich $\frac{1}{\mathfrak{k}}$ ist, ergibt sich nun:

Das Produkt der Affinkrümmungen zweier Kurven (X) *und* $(\bar{X})$, *die sich so zugeordnet sind, daß die Affinnormalen der einen den Tangenten der anderen parallel sind, ist in entsprechenden Punkten immer gleich Eins.*

Die Affinevolvente. Es liegt nahe, als Affinevolvente einer Kurve (X) eine Kurve $(\tilde{X})$ zu benennen, deren Evolute (X) selbst ist. Geometrisch würde dies darauf hinauskommen, auf den Tangenten

$$\tilde{\mathfrak{x}} = \mathfrak{x} + u\mathfrak{x}'$$

der Kurve (X) solche Punkte $\tilde{X}$ zu bestimmen, daß die von den Punkten $u = u(s)$ beschriebenen Kurven Schmiegungskegelschnitte besitzen, deren Mittelpunkte die zugehörigen Punkte (X) sind. Diese geometrische Fassung der Aufgabe läßt schon erkennen, daß es sich um eine nicht ganz einfache Fragestellung handelt, und in der Tat führt die Rechnung auf eine Differentialgleichung zweiter Ordnung für $u(s)$, deren verwickelter Bau die Lösung der Aufgabe auch schon in den einfachsten Fällen als aussichtslos erscheinen läßt.

Leichter zugänglich ist eine andere von (X) abgeleitete Kurve, die W. Blaschke als Affinevolvente einführt: Man konstruiere in jedem Punkte der Kurve (X) die Schmiegungsparabel und bestimme auf ihr einen solchen Punkt $\tilde{X}$, daß die Affinlänge der Parabel von $\tilde{X}$ bis X gleich der Affinlänge der Kurve (X) ist. Der Radiusvektor von $\tilde{X}$ ist dann folgendermaßen bestimmt:

$$\tilde{\mathfrak{x}} = \mathfrak{x} - s\mathfrak{x}' + \tfrac{1}{2} s^2 \mathfrak{x}''. \tag{44}$$

Man erhält den Punkt $\tilde{X}$ dadurch, daß man auf der Tangente von X den Punkt ξ mit der Abszisse $(-s)$ aufsucht und die durch ξ gehende Parallele zur Affinnormalen mit der Schmiegungsparabel schneidet.

Da sich aus (44)

$$\frac{d\tilde{\mathfrak{x}}}{ds} = -\frac{1}{2}\mathfrak{k} s^2 \mathfrak{x}'$$

ergibt, so folgt, daß die Blaschkesche Evolvente zur Ausgangskurve parallel ist. Da der Anfangspunkt der Zählung von s willkürlich ist, so gibt es ∞^1

Blaschkesche Evolventen, die zusammen mit den Schmiegungsparabeln selbst ein bemerkenswertes ebenes Kurvennetz bestimmen. Seine nähere Untersuchung bietet eine lohnende Übungsaufgabe.

Aufgabe. Man untersuche die „radiale Affinevolvente“:

$$\tilde{\mathfrak{y}} = \mathfrak{y} - s\mathfrak{y}'.$$

Die Gleichungen der Schmiegungsparabel und der Schmiegungskegelschnitte. Es ist bereits dargetan worden, daß eine Kurve und ihre Schmiegungsparabel jeweils die Tangente und Affinnormale gemeinsam haben. Infolgedessen ist die Gleichung der Schmiegungsparabel im Punkte $\mathfrak{x}_0$:

$$\tilde{\mathfrak{x}} = \mathfrak{x}_0 + s\mathfrak{x}_0' + \tfrac{1}{2} s^2 \mathfrak{x}_0'',$$

d. h. wenn ξ^1, ξ^2 die Koordinaten des Punktes $\tilde{\mathfrak{x}}$ im Bezugssystem mit dem Anfangspunkt $\mathfrak{x}_0$ und den Grundvektoren $\mathfrak{x}_0', \mathfrak{x}_0''$ sind, so wird

$$\xi^1 = s \qquad \xi^2 = \tfrac{1}{2} s^2,$$

so daß die Gleichung der Schmiegungsparabel

$$\boxed{2\xi^2 = (\xi^1)^2} \tag{45}$$

lautet.

Der Schmiegungskegelschnitt, d. h. der Kegelschnitt mit einer Berührung 4. Ordnung, hat mit der Schmiegungsparabel eine Berührung dritter Ordnung gemeinsam, außerdem ist sein Mittelpunkt der Endpunkt des Vektors $\mathfrak{x} + \frac{1}{\mathfrak{k}}\,\mathfrak{x}''$; demnach ist seine Gleichung von der Form

$$(\xi^1)^2 = 2\,\xi^2 + \lambda(\xi^2)^2.$$

Dabei ist λ so zu bestimmen, daß auch der Punkt $\xi^1 = 0$, $\xi^2 = 2\frac{1}{\mathfrak{k}}$ auf dem Kegelschnitt liegt, d. h.

$$0 = 2 + \frac{2\lambda}{\mathfrak{k}}$$

$$\lambda = -\mathfrak{k}.$$

Die Gleichung des Schmiegungskegelschnitts lautet demnach

$$\boxed{(\xi^1)^2 = 2\xi^2 - \mathfrak{k}(\xi^2)^2.} \tag{46}$$

Die natürliche Gleichung. Ist zwischen der Affinlänge und der Affinkrümmung einer ebenen Kurve eine Beziehung

$$\mathfrak{k} = \mathfrak{k}(s) \tag{47}$$

gegeben, so ist die Kurve bis auf inhaltstreue Affinitäten eindeutig bestimmt. In der Tat gilt ja für ihre Koordinaten die Gleichung

$$x''' + \mathfrak{k}x' = 0, \tag{48}$$

die immer eine Lösung $x^0 = 1$ besitzt. Man wird daher die Gleichung (47) als die natürliche Gleichung der Kurve bezeichnen.

Die natürliche Gleichung (47) *einer Kurve in der allgemeinen Scherungsgeometrie stimmt mit der natürlichen Gleichung* (30) *ihres Tangentenbildes in der Geometrie der homogenen Scherungen überein.*

Um die Koordinatendarstellung zu erhalten, wird man daher nur das Tangentenbild zu finden, d. h. die Gleichung

$$y'' + \mathfrak{k} y = 0 \tag{31}$$

zu integrieren haben. Hat man von dieser zwei unabhängige durch die Bedingung (32) normierte Lösungen y^1, y^2 gefunden, so ergibt sich

$$x^1 = \int y^1 ds \qquad x^2 = \int y^2 ds$$

durch Quadraturen.

§ 16. Weitere Fragestellungen.

Die ebene Kurve in Linienkoordinaten. Bisher haben wir ausschließlich Punktkoordinaten oder nach der Bezeichnung, die im ersten Kapitel eingeführt worden ist, kontravariante Koordinaten benutzt. Dies ist auch der Einfachheit der hier vorliegenden Verhältnisse durchaus angemessen und trägt der Tatsache Rechnung, daß man eine Kurve gemeinhin als Punktgebilde aufzufassen gewöhnt ist.

Es steht aber nichts im Wege, auch Linienkoordinaten einzuführen, eine Kurve also durch Umhüllung von ∞^1 geraden Linien zu erzeugen. Dabei stellt es sich heraus, daß bei zweckmäßiger Normierung die Entwicklungen in weitgehendem Maße den bisher durchgeführten Rechnungen parallel verlaufen. Die Koordinaten $\bar{x}^1 \bar{x}^2$ eines Punktes der Tangente der Kurve X

$$\bar{\mathfrak{x}} = \mathfrak{x} + w \dot{\mathfrak{x}}$$

sind durch die Gleichung

$$\begin{vmatrix} \bar{x}^1 & \bar{x}^2 \\ \dot{x}^1 & \dot{x}^2 \end{vmatrix} = \begin{vmatrix} x^1 & x^2 \\ \dot{x}^1 & \dot{x}^2 \end{vmatrix}$$

verknüpft; diese kann in der Form

$$u_1 x^1 + u_2 x^2 = u_0$$

geschrieben werden, wobei

$$u_1 = \lambda \dot{x}^2 \qquad u_2 = -\lambda \dot{x}^1$$

$$u_0 = \lambda (x^1 \dot{x}^2 - x^2 \dot{x}^1) = \lambda (\mathfrak{x} \times \dot{\mathfrak{x}})$$

gesetzt ist. Für den Bereich der homogenen Scherungen sei

$$\lambda = \frac{1}{x^1 \dot{x}^2 - x^2 \dot{x}^1}$$

gesetzt. Dann stellt, wenn man die kontravarianten Einheitsvektoren mit den kovarianten zusammenfallen läßt, der Vektor

$$\mathfrak{u} = u_1 \mathfrak{e}^1 + u_2 \mathfrak{e}^2$$

das um $\frac{1}{2}\pi$ gedrehte Tangentenbild dar, während wegen

$$u_1 x^1 + u_2 x^2 = 1$$

die Punkte $\mathfrak{u}$ und $\mathfrak{x}$ gegenüber dem Einheitskreise reziproke Pole sind. Damit ist eine bekannte Eigenschaft des Hodographen für Zentralbewegung wiedergefunden.

In der Geometrie der allgemeinen Scherungen wird man

$$\lambda = \frac{1}{\dot{x}^1 \ddot{x}^2 - \dot{x}^2 \ddot{x}^1}$$

setzen; dann ergibt sich nach Einführung der Affinlänge als Parameter für u^1, u^2 die Differentialgleichung

$$u''' + \mathfrak{k} u' = 0$$

und für

$$u_0 = \begin{vmatrix} x^1 & x^2 \\ (x^1)' & (x^2)' \end{vmatrix} = (\mathfrak{x} \times \mathfrak{x}')$$

$$u_0'' + \mathfrak{k} u_0 = 1.$$

Evolutoiden. Die Entwicklungen dieses Kapitels geben das naturgemäße Handwerkszeug, die Theorie der ebenen Kurven in ähnlicher Weise auszubauen, wie es seit langem für die metrische Geometrie geschehen ist [1]). Ein Beispiel dafür bietet die Theorie der Evolutoiden. Gegeben sei eine auf ihre Affinlänge bezogene Kurve $\mathfrak{x}(s)$. Man ziehe durch jeden Punkt der Kurve eine Gerade, die mit dem begleitenden Koordinatensystem affininvariant verknüpft ist

$$\mathfrak{z} = \mathfrak{x} + t(\mathfrak{x}'' + p\mathfrak{x}'), \qquad p = \text{konst.}$$

Dann umhüllen diese Geraden eine Kurve, die als „Affinevolutoide" bezeichnet sei. Für $p = 0$ ergibt sich die Evolute, für $p \to \infty$ die Kurve $\mathfrak{x}$ selbst. Für die Hüllkurve $\mathfrak{z}$ muß

$$\frac{d\mathfrak{z}}{ds} = \lambda(\mathfrak{x}'' + p\mathfrak{x}')$$

werden, woraus sich nach leichter Rechnung

$$t = \frac{1}{p^2 + \mathfrak{k}}$$

ergibt. Setzt man

$$\mathfrak{z} = \mathfrak{x} + \xi^1 \mathfrak{x}' + \xi^2 \mathfrak{x}'',$$

so wird

$$\xi^1 = \frac{p}{p^2 + \mathfrak{k}}, \qquad \xi^2 = \frac{1}{p^2 + \mathfrak{k}},$$

so daß die einem festen Punkte von $\mathfrak{x}$ zugeordneten Punkte sämtlicher Evolutoiden auf der Kurve

$$(\xi^1)^2 + \mathfrak{k}(\xi^2)^2 = \xi^2$$

liegen, d. h. auf dem Kegelschnitt, der aus dem Schmiegungskegelschnitt der Kurve $\mathfrak{x}$ durch ähnliche Verkleinerung im Verhältnis 1:2 vom Punkte $\mathfrak{x}$ aus entsteht.

Eine andere Gruppe von Fragestellungen betrifft die Kinematik der affinveränderlichen Systeme in der Ebene, die von M. Krause und seinen Schülern weit ausgebaut worden ist [2]). Es sei $\mathfrak{x} = \mathfrak{x}(t)$ eine Kurve, $\mathfrak{x}_1(t)$, $\mathfrak{x}_2(t)$ zwei Vektoren, dann stellt die Gleichung

---

[1]) Vgl. etwa die ausführliche Darstellung von Aoust, Analyse infinitésimale des courbes planes, Paris 1873, und G. Loria, Spezielle ebene Kurven, Leipzig 1902.

[2]) M. Krause, Analysis der ebenen Bewegung, Berlin u. Leipzig 1920.

$$\mathfrak{y} = \mathfrak{x} + \xi^i \mathfrak{x}_i$$

eine stetige „Bewegung eines affin-veränderlichen Systems" dar. Die „Bahnkurven" dieser Bewegung sind durch konstante ξ^1, ξ^2 gegeben, die „Hüllbahnkurve" einer durch ihre „magische Gleichung"

$$\xi^1 \sin \varepsilon - \xi^2 \cos \varepsilon = p$$

gegebene Geraden (ε = konst. p = konst.) ist dadurch bestimmt, daß für ihre Punkte

$$\dot{\mathfrak{y}} = \frac{d\mathfrak{y}}{dt} = \lambda(\mathfrak{x}_1 \cos \varepsilon + \mathfrak{x}_2 \sin \varepsilon),$$

d. h. parallel zum Richtungsvektor der Geraden in dem „festen System" ($\mathfrak{e}_1, \mathfrak{e}_2$) wird. Die Durchführung der Rechnung, die sachlich keine Schwierigkeiten bereitet, sei dem Leser überlassen. Dabei ist nur zu beachten, daß alle Vektoren der Ebene, z. B.

$$\mathfrak{x} = P^1 \mathfrak{x}_1 + P^2 \mathfrak{x}_2,$$

sich durch $\mathfrak{x}_1, \mathfrak{x}_2$ homogen und linear ausdrücken lassen.

Zweiter Teil.

Affine Geometrie des Raumes.

Erstes Kapitel.

Grundlagen.

§ 17. Räumliche Affinitäten.

Auch der Raum läßt eine Gruppe von Affinitäten zu, die allerdings nicht so einfach wie in der Ebene anschaulich als Parallelprojektionen aufgefaßt werden können. Wir haben eben nur einen Anschauungsraum zur Verfügung, in dem die beiden affinen Räume eingebettet sind. Ein einfaches Beispiel affiner Räume bietet jene besondere Reliefperspektive, bei der parallele Geraden in Parallelen übergeführt werden. Allgemein ist die räumliche Affinität dadurch gekennzeichnet, daß gerade Linien wieder in gerade Linien transformiert werden, und zwar parallele Geraden in Parallelen. Daraus schon folgt, daß zwei entsprechende Ebenen in affinen Räumen gleichfalls affin sind. Eine naturgemäße Erweiterung der für die Ebene ausführlich entwickelten Analyse gibt die Begründung der folgenden anschaulich einleuchtenden Tatsachen.

Ein Punkt X des Raumes läßt sich nach Annahme eines Nullpunktes 0 durch den Radiusvektor

$$\mathfrak{x} = 0X$$

festlegen. Bezieht man den Raum durch Auszeichnung dreier beliebiger, aber nicht komplanarer Vektoren $\mathfrak{e}_1, \mathfrak{e}_2, \mathfrak{e}_3$ auf ein „Parallelkoordinatensystem", so wird

$$\mathfrak{x} = x^1\mathfrak{e}_1 + x^2\mathfrak{e}_2 + x^3\mathfrak{e}_3 = x^\alpha\mathfrak{e}_\alpha \tag{1}$$

in drei Komponenten nach den Achsenrichtungen zerlegt, und die Maßzahlen x^α heißen die „Koordinaten" des Punktes X. Schreibt man jedem der drei Grundvektoren $\mathfrak{e}_\alpha$ eine bestimmte Länge[1]) zu, so hat man auch hier auf jeder der Koordinatenachsen eine „Metrik" festgelegt, dagegen ist nichts über die Metrik in irgendeiner andern Richtung ausgesagt, so daß für jede Richtung der Einheitsvektor beliebig gewählt werden kann.

Umgekehrt wird ein Zahlentripel (x^1, x^2, x^3) als ein Punkt im Raume gedeutet werden können, nachdem man den Koordinatenanfang 0 und die

[1]) Die nicht gleich Eins zu sein braucht!

Grundvektoren beliebig (letztere aber nicht komplanar) gewählt hat. Eine andere Wahl des Koordinatensystems bedeutet eine affine Transformation des Raumes, wenn man festsetzt, daß Punkte, die in beiden Systemen dieselben Koordinaten haben, sich entsprechen.

Alle Eigenschaften des Raumes, die von einer solchen „Koordinatentransformation" unabhängig sind, gehören zum Bereiche der affinen Raumgeometrie.

Läßt man die Grundvektoren ungeändert und verschiebt nur den Nullpunkt von 0 nach $\bar{0}$, so wird

$$\mathfrak{x} = \mathfrak{a} + \bar{\mathfrak{x}} \tag{2}$$

werden, wobei $\mathfrak{a}$ den Radiusvektor des Punktes $\bar{0}$ im ursprünglich gegebenen System bedeutet. Es ist offenbar, daß diese „Schiebungen" für sich eine Gruppe, eine Untergruppe der allgemeinen Affinitäten, bilden. Ebenso bilden alle Affinitäten eine Gruppe, bei denen der Nullpunkt ungeändert bleibt und die Grundvektoren neu gewählt werden. Die analytische Darstellung der Transformationen dieser Gruppe der *homogenen* oder *radialen Affinitäten* wird durch die Bemerkung geliefert, daß jeder Radiusvektor des Raumes sich durch die Formel (1) ausdrücken läßt, also auch die „neuen" Grundvektoren $\bar{\mathfrak{e}}_\lambda$ durch die gegebenen Grundvektoren $\mathfrak{e}_\alpha$, so daß:

$$\bar{\mathfrak{e}}_\lambda = a_\lambda^\alpha \mathfrak{e}_\alpha \qquad (\lambda, \alpha = 1, 2, 3) \tag{3}$$

sein muß [1]). (Dem Anfänger ist anzuraten, die Formeln des Systems (2) auch wirklich ausführlich zu schreiben, um sich mit dem Sinn der abgekürzten Schreibweise gründlich vertraut zu machen.)

Jede beliebige Affinität läßt sich durch eine Aufeinanderfolge einer Schiebung (2) und einer radialen Affinität (3) darstellen. Da die Schiebungen nur eine für den geometrischen Sachverhalt unwesentliche Verwickelung der Formeln herbeiführen, berücksichtigen wir in der folgenden Rechnung nur die radialen Affinitäten. Ein Radiusvektor $0X = \mathfrak{x}$ läßt sich sowohl im ursprünglichen wie auch im neuen System durch die Koordinaten (x^α) bzw. $(\bar{x}^\lambda)$ seines Endpunktes X darstellen:

$$\mathfrak{x} = x^\alpha \mathfrak{e}_\alpha = \bar{x}^\lambda \bar{\mathfrak{e}}_\lambda. \tag{4}$$

Setzt man nun aus (3) die Werte von $\bar{\mathfrak{e}}_\lambda$ in diese Gleichung ein, so folgt

$$\mathfrak{x} = a_\lambda^\alpha \bar{x}^\lambda \mathfrak{e}_\alpha\,, \tag{5}$$

so daß die Koordinaten durch die homogene lineare Substitution

$$x^\alpha = a_\lambda^\alpha \bar{x}^\lambda \tag{3'}$$

transformiert werden.

Man erkennt, daß genau so wie in der Ebene die Grundvektoren des Koordinatensystems und die Koordinaten eines Punktes bei einer radialen

---

[1]) Hier wie immer in Zukunft sollen griechische Buchstaben $\alpha, \lambda, \ldots$ als Marken stets die Werte von 1 ... 3 annehmen, lateinische dagegen nur die Werte 1 und 2.

Affinität durch ein Paar kontragredienter Substitutionen ineinander übergehen, und wir werden wie damals Größen, die sich wie die Grundvektoren transformieren, als kovariant, Größen, die sich wie die Koordinaten transformieren, als kontravariant bezeichnen.

Die Gruppe der homogenen Affinitäten („radiale" Affinitäten). Ist

$$\bar{\mathfrak{e}}_\lambda = a_\lambda^\alpha \mathfrak{e}_\alpha, \qquad x^\alpha = a_\lambda^\alpha \bar{x}^\lambda \tag{3}$$

eine Affinität und ebenso

$$\bar{\bar{\mathfrak{e}}}_\mu = b_\mu^\beta \bar{\mathfrak{e}}_\beta, \qquad \bar{x}^\beta = b_\mu^\beta \bar{\bar{x}}^\mu, \tag{6}$$

so ist auch

$$\bar{\bar{\mathfrak{e}}}_\mu = a_\lambda^\alpha b_\mu^\lambda \mathfrak{e}_\alpha = c_\mu^\alpha \mathfrak{e}_\alpha; \qquad x^\alpha = a_\lambda^\alpha b_\mu^\lambda \bar{\bar{x}}^\mu = c_\mu^\alpha \bar{\bar{x}}^\mu \tag{7}$$

eine Affinität, deren Koeffizienten

$$c_\mu^\alpha = a_\lambda^\alpha b_\mu^\lambda$$

sind. Aus dem Bildungsgesetz der Koeffizienten c_μ^α ergibt sich, daß ihre Determinante c gleich dem Produkt der Determinanten a und b der beiden „komponierten" Substitutionen ist:

$$\boxed{c = ab}\,. \tag{8}$$

Wenn nun die Determinanten von a_λ^α und b_μ^β beide gleich Eins sind, so wird auch

$$c = 1,$$

d. h.:

Die radialen Affinitäten bilden eine Gruppe; eine Untergruppe wird von den Affinitäten gebildet, deren Determinante gleich Eins ist.

Die geometrische Kennzeichnung dieser für die Affingeometrie bedeutsamen Untergruppe wird später gewonnen werden; wir wollen sie als Scherungen bezeichnen.

Die inverse Transformation einer gegebenen Affinität (3) ist diejenige Affinität (6), deren Koeffizienten so zu bestimmen sind, daß in (7)

$$c_\mu^\alpha = \begin{cases} 1 & \text{für} \quad \mu = \alpha \\ 0 & \qquad\ \ \mu \neq \alpha. \end{cases} \tag{9}$$

Die Koeffizienten b_μ^λ genügen also den neun Gleichungen

$$a_\lambda^\alpha b_\mu^\lambda = \begin{cases} 1 & \alpha = \mu \\ 0 & \alpha \neq \mu. \end{cases} \tag{10}$$

Man weiß aus der Theorie der Determinanten, daß dann b_μ^λ das Komplement des Gliedes a_λ^μ in der Determinante a sein muß, d. h.

$$b_1^1 = \frac{1}{a}\begin{vmatrix} a_2^2 & a_3^2 \\ a_2^3 & a_3^3 \end{vmatrix}, \quad b_1^2 = \frac{1}{a}\begin{vmatrix} a_3^2 & a_1^2 \\ a_3^3 & a_1^3 \end{vmatrix}, \ \ldots.$$

Diese inverse Affinität ist also immer dann und nur dann eindeutig bestimmt, wenn die Determinante a der gegebenen Affinität von Null verschieden ist.

Kontravariante und kovariante Vektoren. Tensoren. Da das System der Grundvektoren $\mathfrak{e}_\alpha$ ganz willkürlich gewählt und durch ein beliebiges anderes Tripel $\bar{\mathfrak{e}}_\lambda$ ersetzt werden kann, spielt seine Bezeichnung keine Rolle, und man nennt daher den Vektor

$$\mathfrak{x} = x^\alpha \mathfrak{e}_\alpha$$

schlechthin den Vektor (x^1, x^2, x^3). Drei Zahlen (x^α) werden bei dieser abgekürzten Bezeichnung als Vektor bezeichnet, wenn sie sich wie in (3) transformieren, und zwar, da sie einer kontravarianten Affinität unterworfen sind, bezeichnet man (x^α) als einen „kontravarianten Vektor".

Diese Bezeichnung muß aber recht verstanden und darf nur mit Vorsicht benutzt werden: ein Radiusvektor ist gegenüber radialen Affinitäten immer eine Invariante, und nur seine Koordinaten transformieren sich kontravariant zu den einmal gewählten Grundvektoren $\mathfrak{e}_\alpha$. Sie führt auch zu Unklarheiten, da ja danach auch der Grundvektor $x^\alpha \mathfrak{e}_\alpha$ ($x^\alpha = 1$, $x^\nu = 0$, $\nu \neq \alpha$) als kontravariant zu bezeichnen wäre. Ein einzelner Vektor ist ebensowenig kovariant bzw. kontravariant wie ein einzelner Skalar. Erst ein System von drei Vektoren bzw. Skalaren gestattet eine kovariante oder kontravariante Transformation.

Wie man jedes System von drei Zahlen ξ^α als einen kontravarianten Vektor deuten kann, wird man solche Zahlentripel u_λ, die sich wie die Grundvektoren, also kovariant, transformieren, einen „kovarianten Vektor" nennen können. Diese Bezeichnung setzt ein kontravariantes System von Einheitsvektoren $\mathfrak{e}^\lambda$ voraus, in dem der Vektor $\mathfrak{u}$ in der Form

$$\mathfrak{u} = u_\lambda \mathfrak{e}^\lambda$$

dargestellt wird.

Sind zwei kontravariante Tripel (x^α), (y^β) gegeben, und bildet man die neun Produkte $x^\alpha y^\beta$, so bilden diese ein Größensystem, das sich bei der Affinität (3) ebenfalls linear transformiert:

$$x^\alpha y^\beta = a^\alpha_\lambda a^\beta_\mu \bar{x}^\lambda \bar{y}^\mu .$$

Solche Systeme von neun Größen $A^{\alpha\beta}$, die sich wie die Produkte $x^\alpha y^\beta$ verhalten:

$$A^{\alpha\beta} = a^\alpha_\lambda a^\beta_\mu \bar{A}^{\lambda\mu}$$

werden uns in der affinen Geometrie des Raumes häufig entgegentreten; wir bezeichnen sie entsprechend den gleichartigen Gebilden in der Ebene als „kontravariante Tensoren zweiter Stufe", und analog heißt ein Zahlensystem $A_{\lambda\mu}$, das sich wie die Produkte $u_\lambda v_\mu$ der Koordinaten zweier kovarianter Vektoren transformiert:

$$\bar{A}_{\lambda\mu} = a^\alpha_\lambda a^\beta_\mu A_{\alpha\beta}$$

ein „kovarianter Tensor zweiter Stufe". Endlich wird man ein Größensystem A^α_λ als einen „gemischten Tensor zweiter Stufe" bezeichnen, wenn es sich wie die Produkte $x^\alpha u_\lambda$ der Koordinaten eines kontravarianten und eines kovarianten Vektors verhält. Wir erkennen, daß die Ergebnisse des ersten Kapitels auch hier völlig ungeändert erhalten bleiben, daß wir auch hier Tensoren dritter und höherer Stufe in derselben Weise einführen können. Überhaupt ist der Begriff und das Rechnen mit Tensoren unabhängig von der Dimensionenzahl. Wir können daher davon absehen, noch einmal ausführlich den ganzen Sachverhalt darzustellen, und überlassen es dem Leser, sich durch Nachrechnen davon zu überzeugen.

Die Ebene im affinen Raum. Zwei Punkte X_1, X_2 im Raume bestimmen mit dem Anfangspunkt 0 eine Ebene und in dieser zwei Radienvektoren $0X_1 = \mathfrak{x}_1$ und $0X_2 = \mathfrak{x}_2$; jeder weitere Punkt X der Ebene ist dann durch seinen Radiusvektor

$$\mathfrak{x} = \xi^1 \mathfrak{x}_1 + \xi^2 \mathfrak{x}_2 = \xi^i \mathfrak{x}_i \tag{11}$$

festgelegt. Die Zahlgrößen ξ^1 und ξ^2 sind nichts anderes als die Koordinanten des Punktes X in dieser Ebene, bezogen auf den Nullpunkt 0 und die Grundvektoren

$$\begin{aligned} \mathfrak{x}_1 &= x_1^1 \mathfrak{e}_1 + x_1^2 \mathfrak{e}_2 + x_1^3 \mathfrak{e}_3 = x_1^\alpha \mathfrak{e}_\alpha \\ \mathfrak{x}_2 &= x_2^1 \mathfrak{e}_1 + x_2^2 \mathfrak{e}_2 + x_2^3 \mathfrak{e}_3 = x_2^\alpha \mathfrak{e}_\alpha \end{aligned} \tag{12}$$

Man kann den Sachverhalt auch so auffassen, daß alle Punkte des Raumes mit den Koordinaten $(\xi^1 \xi^2 \xi^3)$ durch eine ausgeartete Affinität $\xi^3 = 0$ auf die Ebene $0X_1X_2$ „projiziert“ sind; d. h. allen Punkten des Raumes mit denselben Koordinaten ξ^1, ξ^2 ist ein und derselbe Punkt der Ebene zugeordnet.

Für die Geometrie in einer Ebene des affinen Raumes gelten also alle Ergebnisse, die wir früher für die affine Geometrie in der Ebene gefunden hatten, wobei wir zwei beliebige nicht kollineare Vektoren $\mathfrak{x}_1$, $\mathfrak{x}_2$ der Ebene als Grundvektoren einführen können.

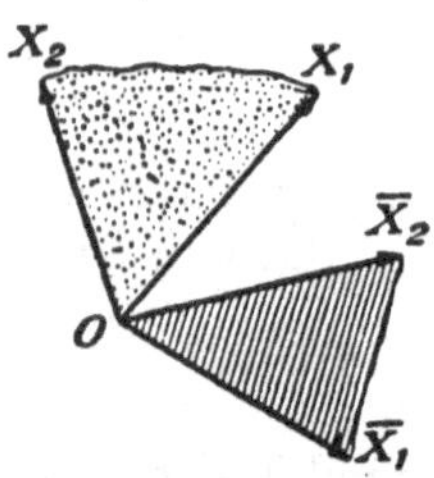

Fig. 16.

Sind zwei Ebenen OX_1X_2 und $O\tilde{X}_1\tilde{X}_2$ gegeben, so werden die Ebenen affin aufeinander bezogen sein, wenn man diejenigen Punkte sich entsprechen läßt, die in beiden dieselben Koordinaten besitzen:

$$\mathfrak{x} = \xi^1 \mathfrak{x}_1 + \xi^2 \mathfrak{x}_2$$

und

$$\tilde{\mathfrak{x}} = \xi^1 \tilde{\mathfrak{x}}_1 + \xi^2 \tilde{\mathfrak{x}}_2.$$

Innerhalb des affinen Raumes können, da ja die Grundvektoren beider Ebenen völlig unabhängig voneinander gewählt werden, zwei Ebenen noch auf mehrfach unendlich viele Arten affin aufeinander bezogen werden, und diese Beziehung ist ihrer Natur nach invariant für jede auf den ganzen Raum ausgeübte affine Transformation. Fallen die beiden Ebenen zusammen oder sind sie parallel, so kommen wir auf die im vorigen Kapitel betrachtete affine Beziehung einer Ebene auf sich selbst zurück. Dann kann man die Parallelität, Orthogonalität usw. ohne weiteres durch kovariante bzw. kontravariante Beziehungen zwischen den Koordinaten zum Ausdruck bringen. Schneiden sich dagegen die Ebenen, so hat es schlechterdings zunächst keinen Sinn, zwei Richtungen in den beiden Ebenen miteinander zu vergleichen und etwa als „parallel“ zu bezeichnen. Es gibt allerdings ein Paar entgegengesetzte ausgezeichnete Richtungen: die der Vektoren, die in die Schnittlinie fallen. Es liegt nahe, diese Richtung sich in beiden Ebenen entsprechen zu lassen. Dann ist nach Einführung eines metrischen Grundtensors auch die dazu orthogonale Richtung definiert, und wenn man die Vektoren, die in dieser Richtung sich entsprechen, einander zuordnet, so hat man einen „affinen Zusammenhang“ zwischen beiden Ebenen konstruiert. Dies ist aber nicht die einzige und vielfach nicht einmal die sachgemäßeste Möglichkeit, die beiden Ebenen aufeinander zu beziehen. Es wird daher darauf ankommen, die analytischen Beziehungen, die einen solchen affinen Zusammenhang zweier Ebenen vermitteln, ausführlich zu entwickeln. Diese grundlegend wichtige Aufgabe sei hier zunächst erst gestellt; ihre Lösung sei einem besonderen Kapitel vorbehalten.

§ 18. Der Bivektor.

Wie aus dem ersten Kapitel bereits bekannt ist, bestimmen zwei Radienvektoren $\mathfrak{x}_1, \mathfrak{x}_2$ eine geometrische Größe höherer Ordnung, das Parallelogramm, das zwischen ihnen ausgespannt werden kann. Diese „Flächengröße" ist durch ihre Stellung und ihren Umlaufsinn völlig bestimmt. Wir bezeichnen sie als „Bivektor" $\mathfrak{x}_{12}$, und dieser ist identisch mit dem „äußeren Produkt"

$$\mathfrak{x}_{12} = \mathfrak{x}_1 \times \mathfrak{x}_2 \tag{13}$$

der beiden Vektoren. Dieser Begriff ist bereits im ersten Kapitel eingeführt worden und seine Rechengesetze sind begründet. Insbesondere war

$$\mathfrak{x}_2 \times \mathfrak{x}_1 = -\mathfrak{x}_1 \times \mathfrak{x}_2, \tag{14}$$

also

$$\mathfrak{x}_i \times \mathfrak{x}_i = 0. \tag{15}$$

Dabei bedeutete geometrisch die Änderung der Reihenfolge der Faktoren die Umkehrung des Umlaufsinns des Flächenstücks.

Sind $\mathfrak{x}, \mathfrak{y}$ zwei beliebige Vektoren der Ebene OX_1X_2

$$\begin{aligned} \mathfrak{x} &= \xi^i \mathfrak{x}_i \\ \mathfrak{y} &= \eta^k \mathfrak{x}_k, \end{aligned} \tag{16}$$

so wird der Bivektor

$$\mathfrak{x} \times \mathfrak{y} = (\xi^1 \eta^2 - \xi^2 \eta^1)\, \mathfrak{x}_{12}, \tag{17}$$

d. h. alle Bivektoren einer Ebene (oder paralleler Ebenen) lassen sich als Vielfache eines und desselben Bivektors $\mathfrak{x}_{12}$, des von den Grundvektoren $\mathfrak{x}_1, \mathfrak{x}_2$ eingespannten Flächenstücks, darstellen. In der Geometrie der Ebene hatten wir die Bivektoren als Vielfache derselben Einheit kennengelernt und daher als skalare Größen behandeln können.

Anders liegt die Sache im Raume. Der durch die beiden Vektoren

$$\mathfrak{x}_i = x_i^\alpha \mathfrak{e}_\alpha \qquad (i = 1, 2;\ \alpha = 1, 2, 3) \tag{18}$$

bestimmte Bivektor

$$\mathfrak{x}_{12} = \mathfrak{x}_1 \times \mathfrak{x}_2 = x_1^\alpha x_2^\beta \mathfrak{e}_{\alpha\beta} \tag{19}$$

scheint zunächst in neun Komponenten nach den Bivektoren $\mathfrak{e}_{11}, \mathfrak{e}_{12}, \ldots, \mathfrak{e}_{33}$ zerlegt zu sein, wobei die $\mathfrak{e}_{\alpha\beta}$ einen kovarianten, die Koordinaten $x_1^\alpha x_2^\beta$ einen kontravarianten Tensor zweiter Stufe bilden. Da aber wegen (14) und (15)

$$\begin{gathered} \mathfrak{e}_{21} = -\mathfrak{e}_{12}, \qquad \mathfrak{e}_{32} = -\mathfrak{e}_{23}, \qquad \mathfrak{e}_{13} = -\mathfrak{e}_{31}, \\ \mathfrak{e}_{11} = \mathfrak{e}_{22} = \mathfrak{e}_{33} = 0 \end{gathered} \tag{20}$$

ist, läßt sich (19) in der Form

$$
\begin{aligned}
\mathfrak{x}_{12} = \mathfrak{x}_1 \times \mathfrak{x}_2 = (x_1^2 x_2^3 - x_1^3 x_2^2)\mathfrak{e}_{23}& \\
+ (x_1^3 x_2^1 - x_1^1 x_2^3)\mathfrak{e}_{31}& \\
+ (x_1^1 x_2^2 - x_1^2 x_2^1)\mathfrak{e}_{12}&
\end{aligned} \tag{21}
$$

schreiben, oder als Determinante:

$$
\mathfrak{x}_{12} = \begin{vmatrix} \mathfrak{e}_{23} & \mathfrak{e}_{31} & \mathfrak{e}_{12} \\ x_1^1 & x_1^2 & x_1^3 \\ x_2^1 & x_2^2 & x_2^3 \end{vmatrix}. \tag{21'}
$$

Aus der geometrischen Definition ergab sich, daß ein Bivektor $\mathfrak{y}_1 \times \mathfrak{y}_2$ dann und nur dann ein Vielfaches von $\mathfrak{x}_1 \times \mathfrak{x}_2$ ist, wenn die vier Vektoren $\mathfrak{x}_i$, $\mathfrak{y}_k$ komplanar sind. Man zeige dies durch direkte Ausrechnung.

Die Gleichung (21) besagt, daß die Gesamtheit $\mathfrak{x}_{12}$ aller Bivektoren des Raumes sich homogen und linear durch drei Grundbivektoren $\mathfrak{e}_{23}$, $\mathfrak{e}_{31}$, $\mathfrak{e}_{12}$ darstellen läßt, daß sie durch Zahlentripel von Koordinaten

$$
x_1 = \begin{vmatrix} x_1^2 & x_1^3 \\ x_2^2 & x_2^3 \end{vmatrix}, \quad x_2 = \begin{vmatrix} x_1^3 & x_1^1 \\ x_2^3 & x_2^1 \end{vmatrix}, \quad x_3 = \begin{vmatrix} x_1^1 & x_1^2 \\ x_2^1 & x_2^2 \end{vmatrix} \tag{22}
$$

ausgedrückt werden. Derartige Größen hatten wir aber als räumliche Vektoren definiert. Ändert man noch die Bezeichnung des Bezugssystems ab und setzt

$$
\mathfrak{e}_{23} = \mathfrak{e}^1, \qquad \mathfrak{e}_{31} = \mathfrak{e}^2, \qquad \mathfrak{e}_{12} = \mathfrak{e}^3, \tag{23}
$$

so ist auch formal der Bivektor (21) als Vektor

$$
\mathfrak{x} = x_1 \mathfrak{e}^1 + x_2 \mathfrak{e}^2 + x_3 \mathfrak{e}^3 = x_\lambda \mathfrak{e}^\lambda \tag{24}
$$

geschrieben.

Nimmt man „einen Raum" mit dem Koordinatensystem $(\mathfrak{e}^\lambda)$ an, so sind die Vektoren dieses Raumes eineindeutig den Bivektoren des Raumes $(\mathfrak{e}_\alpha)$ zugeordnet. Es ist nun noch zu untersuchen, wie sich die Vektoren des Raumes $(\mathfrak{e}^\lambda)$ verhalten, wenn der Raum $(\mathfrak{e}_\alpha)$ einer Affinität (3) unterworfen wird, oder, was dasselbe ist, wie sich die Bivektoren gegenüber Affinitäten der Vektoren transformieren.

L i n e a r e T r a n s f o r m a t i o n d e r B i v e k t o r e n. In der Bezeichnung der Formeln (22) und (23) ist das Ergebnis bereits vorweggenommen: die Grundvektoren $\mathfrak{e}^\lambda$ transformieren sich kontravariant, die Koordinaten x_λ kovariant. Dies zeigt man leicht durch Ausrechnung. Aus den Transformationsformeln

$$
\bar{\mathfrak{e}}_\beta = a_\beta^\alpha \mathfrak{e}_\alpha \qquad x^\alpha = a_\beta^\alpha \bar{x}^\beta \tag{3}
$$

ergibt sich sofort:

$$
\begin{aligned}
\bar{\mathfrak{e}}^\lambda = \bar{\mathfrak{e}}_{\mu\nu} &= (\bar{\mathfrak{e}}_\mu \times \bar{\mathfrak{e}}_\nu) = a_\mu^\alpha a_\nu^\beta (\mathfrak{e}_\alpha \times \mathfrak{e}_\beta) \\
&= (a_\mu^\alpha a_\nu^\beta - a_\mu^\beta a_\nu^\alpha)\, \mathfrak{e}_{\alpha\beta} \\
&= (a_\mu^\alpha a_\nu^\beta - a_\mu^\beta a_\nu^\alpha)\, \mathfrak{e}^\gamma
\end{aligned}
$$

oder:

$$
\bar{\mathfrak{e}}^\lambda = \begin{vmatrix} \mathfrak{e}^1 & \mathfrak{e}^2 & \mathfrak{e}^3 \\ a_\mu^1 & a_\mu^2 & a_\mu^3 \\ a_\nu^1 & a_\nu^2 & a_\nu^3 \end{vmatrix}. \tag{25}
$$

Dabei bedeuten λ, μ, ν und α, β, γ unabhängig voneinander die Marken 1, 2, 3 in dieser Reihenfolge oder irgendeiner zyklischen Vertauschung. Schreibt man die letzte Formel

$$(25') \qquad \bar{e}^\lambda = A^\lambda_\varrho e^\varrho,$$

so ist der Koeffizient A^λ_ϱ die zu dem Gliede a^ϱ_λ der Determinante

$$(26) \qquad a = |a^\lambda_\varrho|$$

gehörige Unterdeterminante; es ist also

$$(27) \qquad A^\lambda_\varrho a^\sigma_\lambda = \begin{cases} a & (\varrho = \sigma) \\ 0 & (\varrho \neq \sigma) \end{cases}.$$

Multipliziert man die drei Gleichungen (25′) auf beiden Seiten mit den Faktoren a^σ_λ und addiert, so ergibt sich unter Berücksichtigung von (27):

$$(28) \qquad e^\sigma = \frac{a^\sigma_\lambda}{a} \bar{e}^\lambda$$

und durch eine ganz entsprechende Rechnung

$$(29) \qquad \bar{x}_\lambda = \frac{a^\sigma_\lambda}{a} x_\sigma .$$

Ist die Affinität (3) eine raumtreue Affinität oder „Scherung"

$$(30) \qquad a = 1,$$

so transformieren sich die Grundvektoren e^σ kontragredient und die Koordinaten x_σ kogredient zu dem Grundsystem e_α; für allgemeine Affinitäten käme noch eine Ähnlichkeitstransformation, eine „Streckung" vom Nullpunkte aus im Verhältnis $1 : a$ hinzu; für „ausgeartete Affinitäten" $a = 0$ ist eine Bestimmung eines Tripels e_σ nicht möglich, was von vornherein zu erwarten war, da ja hier der transformierte „Raum" sich auf eine Ebene zusammenzieht. Wir beschränken uns hier, wie immer, auf raumtreue Affinitäten.

Bivektoren im Raume des kontravarianten Bezugssystems (e^λ). Die beiden Räume mit den Grundvektoren (e_α) und (e^λ) waren durch die Beziehung verknüpft, daß die Bivektoren des ersten den Vektoren des zweiten eineindeutig zugeordnet wurden. Nun kann man auch im zweiten Raume die Bivektoren durch drei unabhängige Grundbivektoren

$$(31) \qquad e^{\lambda\mu} = e^\lambda \times e^\mu$$

darstellen. Diese Bivektoren werden sich auch hier zu den Grundvektoren e^λ kontragredient transformieren, also kogredient zu den kovarianten Grundvektoren e_α. Damit ist also die Beziehung der beiden Räume völlig wechselseitig, wenn man

$$(32) \qquad e^{23} = e_1, \quad e^{31} = e_2, \quad e^{12} = e_3$$

setzt.

Dies gibt dann für die Grundvektoren die Definition des vierfachen Vektorprodukts

$$(33) \qquad (e_\alpha \times e_\beta) \times (e_\beta \times e_\gamma) = e_\beta ,$$

wenn α, β, γ die Zahlen 1, 2, 3 in dieser Reihenfolge oder in zyklischer Vertauschung bedeuten.

Der doppelt überlagerte Raum. Wir denken uns nunmehr die beiden Räume $(\mathfrak{e}_\alpha)$ und $(\mathfrak{e}^\lambda)$ ineinander gelagert und den Radiusvektor $\mathfrak{x}$ sowohl in dem ersten als auch in dem zweiten Raum in Komponenten zerlegt:

$$\mathfrak{x} = x^\alpha \mathfrak{e}_\alpha = x_\lambda \mathfrak{e}^\lambda . \tag{34}$$

Dann sind die räumlichen Felder $(\mathfrak{e}_\alpha)$ und $(\mathfrak{e}^\lambda)$ so miteinander gekoppelt, daß bei einer raumtreuen Affinität

$$\bar{\mathfrak{e}}_\beta = a_\beta^\alpha \mathfrak{e}_\alpha, \qquad x^\alpha = a_\beta^\alpha \bar{x}^\beta \tag{3}$$

des einen das zweite der kontragredienten Affinität

$$\mathfrak{e}^\alpha = a_\beta^\alpha \bar{\mathfrak{e}}^\beta \tag{28}$$

$$\bar{x}_\beta = a_\beta^\varkappa x_\varkappa \tag{29}$$

unterliegt. Daraus folgt, daß die kontravarianten Koordinaten x^α und die kovarianten Koordinaten x_α desselben Vektors $\mathfrak{x}$ miteinander durch die Beziehung

$$\bar{x}_\lambda \bar{x}^\lambda = a_\lambda^\alpha x_\alpha \bar{x}^\lambda = (a_\lambda^\alpha \bar{x}^\lambda) x_\alpha = x_\alpha x^\alpha \tag{35}$$

verknüpft sind, d. h. der Ausdruck

$$(\mathfrak{x}\mathfrak{x}) = (\mathfrak{x})^2 = x_\alpha x^\alpha \tag{35'}$$

ist eine Invariante. Dasselbe gilt, wenn zu $\mathfrak{x}$ ein zweiter Vektor

$$\mathfrak{y} = y^\alpha \mathfrak{e}_\alpha = y_\lambda \mathfrak{e}^\lambda \tag{36}$$

hinzugenommen wird, für den Ausdruck

$$(\mathfrak{x}\mathfrak{y}) = x^\alpha y_\alpha = x_\lambda y^\lambda = (\mathfrak{y}\mathfrak{x}). \tag{37}$$

Man bezeichnet den Skalar $(\mathfrak{x}\mathfrak{y})$, wie im zweidimensionalen Fall, als das „**skalare Produkt**" der Vektoren $\mathfrak{x}$ und $\mathfrak{y}$ und benutzt ihn zur Einführung einer Metrik der Strecken- und Winkelgrößen. Es sei $(\mathfrak{x}^2)$ als das Quadrat der Länge der Vektors $\mathfrak{x}$ definiert, während der Winkel φ der beiden Vektoren durch

$$\cos\varphi = \frac{(\mathfrak{x}\mathfrak{y})}{\sqrt{(\mathfrak{x}\mathfrak{x})}\sqrt{(\mathfrak{y}\mathfrak{y})}} \tag{38}$$

erklärt wird, und man weiß, daß diese Größen invariant sind, wenn man die beiden ineinanderliegenden räumlichen Felder einem Paar zueinander kontragredienter Transformationen (3) bzw. (28), (29) unterwirft. Insbesondere sind zwei Vektoren **aufeinander senkrecht**, wenn

$$\mathfrak{x}\mathfrak{y} = x^1 y_1 + x^2 y_2 + x^3 y_3 = x_1 y^1 + x_2 y^2 + x_3 y^3 = 0 \tag{39}$$

ist. Für die Grundvektoren gilt somit immer

$$\mathfrak{e}_\alpha \mathfrak{e}^\lambda = \begin{cases} 1 & (\alpha = \lambda) \\ 0 & (\alpha \neq \lambda), \end{cases} \tag{40}$$

d. h. jeder Grundvektor der einen Schicht steht auf allen Grundvektoren der anderen Schicht senkrecht, deren Marke von seiner eigenen verschieden ist. Die beiden Grunddreikante stehen also, wenn wir die Metrik euklidisch deuten, im Verhältnis von Ecke zur Polarecke.

§ 19. Der quadratische Grundtensor.

Alle diese Festsetzungen sind zunächst rein formal, da ja sowohl die $\mathfrak{e}_\varkappa$ als auch die $\mathfrak{e}^\lambda$ ganz beliebige Vektoren in dem Raume, in den die beiden kontragredienten Felder eingebettet sind, bedeuten können. Will man die Zusammenhänge auch rechnerisch erfassen, so wird man beachten, daß jeder Raumvektor in Komponenten sowohl der kovarianten als auch der kontravarianten Grundvektoren zerlegt werden kann. Insbesondere müssen auch die Grundvektoren des einen Systems in Komponenten parallel zu den Grundvektoren des anderen Systems sich zerlegen lassen. Es bestehen somit Gleichungssysteme von der Form

$$\mathfrak{e}^\lambda = g^{\lambda\varkappa}\mathfrak{e}_\alpha \tag{41}$$

$$\mathfrak{e}_\varkappa = g_{\varkappa\mu}\mathfrak{e}^\mu, \tag{42}$$

wobei natürlich die Koeffizienten der beiden Formen voneinander abhängig sind. Setzt man nämlich $\mathfrak{e}_\varkappa$ aus (42) in (41) ein, so müssen Identitäten entstehen, d. h. es muß sein:

$$g_{\alpha\mu}g^{\lambda\alpha} = \begin{cases} 1 & (\mu = \lambda, \text{ nicht über } \lambda \text{ summieren!}) \\ 0 & (\mu \neq \lambda); \end{cases} \tag{43}$$

d. h. jedes $g^{\lambda\varkappa}$ ist gleich der zum Gliede $g_{\lambda\varkappa}$ adjungierten Unterdeterminante der Determinante

$$g = \begin{vmatrix} g_{11} & g_{12} & g_{13} \\ g_{21} & g_{22} & g_{23} \\ g_{31} & g_{32} & g_{33} \end{vmatrix}, \tag{44}$$

dividiert durch den Wert dieser Determinante g selbst.

Nach diesen Festsetzungen ist man in der Lage, auch das skalare Produkt zweier „kontravarianter Vektoren" (x^α), (y^α), d. h.

$$\mathfrak{x} = x^\alpha\mathfrak{e}_\alpha, \quad \mathfrak{y} = y^\beta\mathfrak{e}_\beta$$

zu schreiben. Insbesondere wird

$$\mathfrak{e}_\alpha\mathfrak{e}_\beta = g_{\alpha\mu}\mathfrak{e}^\mu\mathfrak{e}_\beta = g_{\alpha\beta}, \tag{45}$$

und ebenso:

$$\mathfrak{e}^\lambda\mathfrak{e}^\mu = g^{\lambda\alpha}\mathfrak{e}_\alpha\mathfrak{e}^\mu = g^{\lambda\mu}. \tag{46}$$

Da nun allgemein

$$\mathfrak{x}\mathfrak{y} = \mathfrak{y}\mathfrak{x}$$

ist, muß auch

$$\mathfrak{e}^\lambda\mathfrak{e}^\mu = \mathfrak{e}^\mu\mathfrak{e}^\lambda$$

sein, d. h.

$$g^{\lambda\mu} = g^{\mu\lambda}:$$

Die Matrix $(g^{\lambda\mu})$ und damit auch die Matrix $(g_{\alpha\beta})$ muß symmetrisch sein.

Der Wichtigkeit der Formeln (45) und (46) halber seien sie noch einmal ausführlich geschrieben:

$$\begin{aligned} &(\mathfrak{e}_1)^2 = g_{11}, \quad (\mathfrak{e}_2)^2 = g_{22}, \quad (\mathfrak{e}_3)^2 = g_{33} \\ &\mathfrak{e}_2\mathfrak{e}_3 = \mathfrak{e}_3\mathfrak{e}_2 = g_{23}, \quad \mathfrak{e}_3\mathfrak{e}_1 = \mathfrak{e}_1\mathfrak{e}_3 = g_{31}, \quad \mathfrak{e}_1\mathfrak{e}_2 = \mathfrak{e}_2\mathfrak{e}_1 = g_{12} \end{aligned} \tag{45'}$$

(46′) $$(\mathfrak{e}^1)^2 = g^{11} = \frac{1}{g}\begin{vmatrix} g_{22} & g_{23} \\ g_{32} & g_{33} \end{vmatrix}, \ldots$$

$$\mathfrak{e}^2\mathfrak{e}^3 = g^{23} = -\frac{1}{g}\begin{vmatrix} g_{11} & g_{12} \\ g_{31} & g_{32} \end{vmatrix}, \ldots$$

Jetzt ist man in der Lage, das skalare Produkt zweier kontravarianter Vektoren $\mathfrak{x}$, $\mathfrak{y}$ hinzuschreiben:

(47) $$(\mathfrak{x}\mathfrak{y}) = g_{\alpha\beta} x^\alpha y^\beta ,$$

und ebenso ist das skalare Produkt zweier kovarianter Vektoren (x_λ), (x_μ):

(48) $$(\mathfrak{x}\mathfrak{y}) = g^{\lambda\mu} x_\lambda y_\mu .$$

Ferner kann man mittels der Gleichungen (42) einen kontravarianten Vektor (x^α) kovariant schreiben:

$$\mathfrak{x} = x^\alpha \mathfrak{e}_\alpha = x^\alpha g_{\alpha\mu} \mathfrak{e}^\mu = x_\mu \mathfrak{e}^\mu ;$$

d. h.

(49) $$x_\mu = g_{\alpha\mu} x^\alpha ,$$

und ebenso wird ein kovarianter Vektor (x_λ) durch die Transformation

(50) $$x^\alpha = g^{\alpha\lambda} x_\lambda$$

kontravariant geschrieben. Endlich wird das Quadrat der Länge des Vektors $\mathfrak{x}$ durch die beiden gleichwertigen Formen

(51) $$(\mathfrak{x})^2 = (\mathfrak{x}\mathfrak{x}) = g_{\alpha\beta} x^\alpha x^\beta = g^{\lambda\mu} x_\lambda x_\mu$$

ausgedrückt. Die Endpunkte der Radienvektoren der Länge Eins haben also Koordinaten, zwischen denen die Beziehungen

(52) $$g_{\alpha\beta} x^\alpha x^\beta = g^{\lambda\mu} x_\lambda x_\mu = 1$$

bestehen.

Die Gleichungen (52) stellen somit die „Eichfläche" der durch die Koppelung der beiden Schichten des affinen Raumes eingeführten Metrik in den beiden kontragredienten Koordinatensystemen dar. Die Eichfläche ist eine zentrische Fläche zweiter Ordnung, kann also durch reelle oder imaginäre Affinitäten in eine Kugel transformiert werden. Ist durch (52) ein Ellipsoid dargestellt, so ist die Metrik auch bei Beschränkung auf das Reelle nicht wesentlich von der euklidischen unterschieden; ist die Eichfläche ein elliptisches oder hyperbolisches Hyperboloid, so erhält man im Reellen zwei verschiedene „pseudoeuklidische" Maßbestimmungen, die nur durch imaginäre Affinitäten in die euklidische übergeführt werden können. Insbesondere gibt es dann immer reelle Radienvektoren, deren Länge Null ist, nämlich diejenigen, für die

$$g_{\alpha\beta} x^\alpha x^\beta = 0$$

ist, d. h. die auf dem Asymptotenkegel der Eichfläche liegen.

Die Größen $g_{\alpha\beta}$, bzw. $g^{\lambda\mu}$, die die Grundvektoren der beiden Schichten miteinander koppeln, bleiben bei einer allgemeinen Affinität nicht ungeändert. Es wird vielmehr bei der Transformation (3)

(53) $$\begin{aligned} \bar{g}_{\varrho\sigma} &= \bar{\mathfrak{e}}_\varrho \bar{\mathfrak{e}}_\sigma = a^\alpha_\varrho a^\beta_\sigma \mathfrak{e}_\alpha \mathfrak{e}_\beta \\ \bar{g}_{\varrho\sigma} &= a^\alpha_\varrho a^\beta_\sigma g_{\alpha\beta} \end{aligned}$$

und

$$g^{\nu\tau} = e^{\nu} e^{\tau} = a^{\nu}_{\lambda} a^{\tau}_{\mu} \bar{e}^{\lambda} \bar{e}^{\mu}$$

(54) $$g^{\nu\tau} = a^{\nu}_{\lambda} a^{\tau}_{\mu} \bar{g}^{\lambda\mu}.$$

Nach den früher eingeführten Bezeichnungen bilden also die $g_{\alpha\beta}$ einen kovarianten, die $g^{\lambda\mu}$ einen kontravarianten Tensor zweiter Stufe. Man bezeichnet ihn als den „Grundtensor“ der eingeführten Metrik. Da die beiden Tensoren dasselbe geometrische Gebilde bestimmen, nämlich die Eichkurve unserer Maßbestimmung, so sind $g_{\alpha\beta}$ und $g^{\lambda\mu}$ zwei verschiedene Formen desselben Tensors. Eine dritte Darstellung dieses „Maßtensors“ als gemischter Tensor zweiter Stufe ist dann noch durch die Formeln

(55) $$g^{\lambda}_{\alpha} = \begin{cases} 1 & (\lambda = \alpha) \\ 0 & (\lambda \neq \alpha) \end{cases},$$

d. h.

(55') $$g^1_1 = g^2_2 = g^3_3 = 1 \qquad g^2_1 = g^1_2 = g^3_1 = g^1_3 = g^3_2 = g^2_3 = 0$$

gegeben.

Geometrische Bedeutung der Tensoren. Wir hatten vorher, in § 17, Tensoren zweiter und höherer Stufe des dreidimensionalen Raumes rein formal als Größensysteme eingeführt, die sich bei räumlichen Affinitäten in bestimmter Weise transformieren. Dabei waren schon bei Tensoren zweiter Stufe drei Arten, die kovarianten, gemischten und kontravarianten Tensoren zu unterscheiden, und mit der Stufenzahl wuchs die Zahl der gemischten Tensoren. Wir sind jetzt in der Lage, diesen Tensoren eine geometrische Bedeutung, unabhängig von ihrer Darstellung mit „unteren“ und „oberen“ Marken zuzuschreiben.

Ist etwa ein kovarianter Tensor zweiter Stufe $A_{\alpha\beta}$ gegeben, so kann man mit zwei Vektoren $\mathfrak{x}$, $\mathfrak{y}$ die Form

$$A_{\alpha\beta} x^{\alpha} y^{\beta}$$

bilden. Diese Form geht bei einer Affinität (3), wie eine Nachrechnung sofort zeigt, in

$$\bar{A}_{\lambda\mu} \bar{x}^{\lambda} \bar{y}^{\mu}$$

über; sie ist also eine affine Invariante. Betrachtet man alle (x^{α}), (y^{β}), für die

(56) $$A_{\alpha\beta} x^{\alpha} y^{\beta} = C$$

ist, so hat auch die transformierte Form denselben Wert C. Hält man in (56) den Vektor $\mathfrak{y}$ fest, so stellt sie eine lineare Gleichung für die Koordinaten x^{α} dar; die Endpunkte des Radiusvektors $\mathfrak{x}$ liegen demnach in einer Ebene. Die Gleichung (56) ordnet also einem jeden Punkte (y^{α}) des Raums eine Ebene eineindeutig zu und umgekehrt. Sie definiert somit eine Reziprozität im Raume, die, insbesondere, wenn $A_{\alpha\beta} = A_{\beta\alpha}$ ist, die Polarität bez. der Quadrik

(57) $$A_{\alpha\beta} x^{\alpha} x^{\beta} = C$$

darstellt.

Der kovariante Tensor $A_{\alpha\beta}$ bedeutet also geometrisch die Schar von räumlichen Reziprozitäten, die durch die Gleichung (56) *gegeben ist.*

Dieselbe Reziprozität kann aber auch in den Koordinaten der zweiten Schicht dargestellt werden. Man weiß, daß

(50) $$x^\alpha = g^{\alpha\lambda} x_\lambda, \qquad y^\beta = g^{\beta\mu} y_\mu$$

ist. Es bedeutet also nur eine Koordinatenänderung, wenn man in (56) für die (x^α) oder (y^β) oder für beide ihre Werte aus (50) einsetzt; sie kann also auch geschrieben werden

(56a) $$A^\mu_\alpha x^\alpha y_\mu = C, \qquad A^\lambda_\beta x_\lambda y^\beta = C$$

oder:

(56b) $$A^{\lambda\mu} x_\lambda y_\mu = C\,,$$

wobei

(57) $$A^\mu_\alpha = A_{\alpha\beta} g^{\beta\mu}, \qquad A^\lambda_\beta = A_{\alpha\beta} g^{\alpha\lambda}$$

(58) $$A^{\lambda\mu} = A_{\alpha\beta} g^{\alpha\lambda} g^{\beta\mu}$$

gesetzt ist. Die drei Tensoren $A_{\alpha\beta}$, A^μ_α, $A^{\lambda\mu}$ stellen daher dasselbe geometrische Gebilde dar; sie sind daher nur in der Form voneinander verschieden und bedeuten „denselben" Tensor zweiter Stufe.

Man erkennt, daß man in derselben Weise einen kontravarianten Tensor zweiter Stufe $A^{\lambda\mu}$ durch „Senken" der Marken in einen gemischten oder kovarianten Tensor verwandeln kann:

(59) $$A^\lambda_\alpha = A^{\lambda\mu} g_{\alpha\mu}, \qquad A_{\alpha\beta} = A^\lambda_\alpha g_{\lambda\beta} = A^{\lambda\mu} g_{\alpha\mu} g_{\lambda\beta}\,.$$

Da das Verfahren in derselben Weise auch auf Tensoren höherer Stufe anwendbar ist, hat man durch „Koppelung" der beiden Schichten $(\mathfrak{e}_\alpha)$ und $(\mathfrak{e}^\lambda)$ des Raumes durch die Gleichungen (41) und (42) erreicht, daß ein Tensor n-ter Stufe sowohl als kovarianter wie als kontravarianter Tensor, oder auch als ein k-fach kovarianter, $(n - k)$-fach kontravarianter „gemischter Tensor" geschrieben werden kann.

Die eben durchgeführten Überlegungen laufen genau denen parallel, die im ersten Kapitel des ersten Teils für die Ebene durchgeführt worden sind, und man erkennt leicht, daß sie sich sinngemäß auch auf den Raum von $r > 3$ Dimensionen ausdehnen lassen. Gerade hierin liegt ihre Bedeutung für die neuere Physik, die mit dem Einsteinschen vierdimensionalen Raume arbeitet.

§ 20. Der Trivektor und das innere Produkt.

Als geometrische Grundgebilde hatten wir bisher nur zwei Größen eingeführt: den Vektor und den Bivektor. Damit war für die Ebene die Zahl der Grundgebilde erschöpft. Im Raume dagegen tritt noch ein neues Element hinzu, der „Spat" (das Parallelepiped), der durch drei nicht komplanare Vektoren bestimmt ist. Sind drei solche Vektoren $\mathfrak{x}$, $\mathfrak{y}$, $\mathfrak{z}$ vorgelegt, so bestimmen die Radienvektoren $OX = \mathfrak{x}, OY = \mathfrak{y}, OZ = \mathfrak{z}$ diese Raumgröße, die durch

(60) $$(\mathfrak{x}, \mathfrak{y}, \mathfrak{z})$$

bezeichnet sein möge. Da sie von drei Vektoren abhängt, nennt man sie einen „Trivektor“. Die Raumgröße sei, ebenso wie das Flächenstück, orientiert, so daß zwei Körper, die spiegelbildlich gleich sind, wohl dieselbe absolute Maßzahl, aber entgegengesetztes Vorzeichen haben. Das Symbol (60) genügt also der Rechenregel

$$(61)\qquad (\mathfrak{x}, \mathfrak{y}, \mathfrak{z}) = (\mathfrak{y}, \mathfrak{z}, \mathfrak{x}) = (\mathfrak{z}, \mathfrak{x}, \mathfrak{y}) = -(\mathfrak{x}\,\mathfrak{z}\,\mathfrak{y}) = -(\mathfrak{y}, \mathfrak{x}, \mathfrak{z}) = -(\mathfrak{z}, \mathfrak{y}, \mathfrak{x}).$$

Der Rauminhalt eines Spats ist nicht von der Gestalt seiner Grundfläche abhängig, sondern nur von ihrer Größe; dies muß dadurch zum Ausdruck kommen, daß $(\mathfrak{x}, \mathfrak{y}, \mathfrak{z})$ nicht von $\mathfrak{x}$, $\mathfrak{y}$ einzeln, sondern nur von dem Vektorprodukt $\mathfrak{x} \times \mathfrak{y}$ abhängig ist. Der Trivektor wird daher durch diesen Bivektor, seine „Grundfläche“, und durch seine Seite, den Vektor $\mathfrak{z}$, darstellbar sein. Da aber der Ausdruck des Inhalts eines Körpers durch Grundfläche und Höhe dem assoziativen und distributiven Gesetz gehorcht, wird der Trivektor als eine Art von Multiplikation eines Bivektors und eines Vektors aufgefaßt werden können:

$$(62)\qquad (\mathfrak{x}, \mathfrak{y}, \mathfrak{z}) = (\mathfrak{x} \times \mathfrak{y}) \cdot \mathfrak{z} = (\mathfrak{z} \times \mathfrak{x}) \cdot \mathfrak{y} = (\mathfrak{y} \times \mathfrak{z}) \cdot \mathfrak{x};$$

zudem kann man festsetzen, daß auch das kommutative Gesetz erfüllt ist:

$$(63)\qquad (\mathfrak{x}, \mathfrak{y}, \mathfrak{z}) = \mathfrak{x} \cdot (\mathfrak{y} \times \mathfrak{z}) = \mathfrak{y} \cdot (\mathfrak{z} \times \mathfrak{x}) = \mathfrak{z} \cdot (\mathfrak{x} \times \mathfrak{y}).$$

Man bezeichnet daher den Trivektor als das „innere Produkt“ eines Vektors mit einem Bivektor.

Auch das innere Produkt kann gleich Null werden, ohne daß ein Faktor verschwindet. Sind nämlich $\mathfrak{x}$, $\mathfrak{y}$, $\mathfrak{z}$ komplanar, so wird der eingespannte Rauminhalt gleich Null; insbesondere ist immer

$$(\mathfrak{x}, \mathfrak{y}, \mathfrak{y}) = 0.$$

Auf Grund dieser Festsetzungen ergibt sich

$$(64)\qquad \begin{aligned} (\mathfrak{e}_1 \mathfrak{e}_2 \mathfrak{e}_3) &= (\mathfrak{e}_1 \times \mathfrak{e}_2) \cdot \mathfrak{e}_3 = (\mathfrak{e}_2 \times \mathfrak{e}_3) \cdot \mathfrak{e}_1 = (\mathfrak{e}_3 \times \mathfrak{e}_1) \cdot \mathfrak{e}_2 \\ &= -(\mathfrak{e}_2 \times \mathfrak{e}_1) \cdot \mathfrak{e}_3 = -(\mathfrak{e}_3 \times \mathfrak{e}_2) \cdot \mathfrak{e}_1 = -(\mathfrak{e}_1 \times \mathfrak{e}_3) \cdot \mathfrak{e}_2 \\ (\mathfrak{e}_\alpha \times \mathfrak{e}_\alpha) \cdot \mathfrak{e}_\beta &= (\mathfrak{e}_\alpha \times \mathfrak{e}_\beta) \cdot \mathfrak{e}_\alpha = 0, \end{aligned}$$

und man erkennt, daß alle „Grundtrivektoren“ entweder Null oder $\pm\, \mathfrak{e}_{123}$ sind:

$$\mathfrak{e}_{\alpha\beta\gamma} = \mathfrak{e}_\alpha \mathfrak{e}_\beta \mathfrak{e}_\gamma = \begin{cases} +\,\mathfrak{e}_{123} \\ -\,\mathfrak{e}_{123}, \\ 0 \end{cases}$$

und zwar $+\,\mathfrak{e}_{123}$, wenn α, β, γ die Zahlen $1, 2, 3$,
$-\,\mathfrak{e}_{123}$ wenn α, β, γ $1, 3, 2$
oder eine zyklische Vertauschung dieser Zahlenfolgen bedeuten,
0 wenn zwei der Marken einander gleich sind.

Alle Trivektoren des Raumes sind somit Vielfache einer und derselben Einheit $\mathfrak{e}_{123}$. In dieser Einheit läßt sich der durch die drei Vektoren

$$(65)\qquad \mathfrak{x} = x^\alpha \mathfrak{e}_\alpha, \quad \mathfrak{y} = y^\beta \mathfrak{e}_\beta, \quad \mathfrak{z} = z^\gamma \mathfrak{e}_\gamma$$

bestimmte Trivektor durch einfache Ausrechnung in der Form

$$(\mathfrak{x}, \mathfrak{y}, \mathfrak{z}) = \begin{vmatrix} x^1 & x^2 & x^3 \\ y^1 & y^2 & y^3 \\ z^1 & z^2 & z^3 \end{vmatrix} \mathfrak{e}_{123} = \triangle \cdot \mathfrak{e}_{123} \tag{66}$$

darstellen; die Maßzahl des Spats ist daher die Determinante aus den Koordinaten seiner Kanten.

Größen, die als Vielfache einer und derselben Einheit dargestellt werden können, bilden eine skalare Mannigfaltigkeit, bei der es auf die Bezeichnung der Einheit nicht ankommt. Man wird daher

$$\mathfrak{e}_{123} = 1 \tag{67}$$

setzen können:

Die Trivektoren des dreidimensionalen Raumes können als Skalare aufgefaßt werden.

Schreiben wir nun in den Gleichungen (64) statt der Vektorprodukte die ihnen entsprechenden kontravarianten Grundvektoren und berücksichtigen die Festsetzung (67), so folgt:

$$\mathfrak{e}^{\lambda} \cdot \mathfrak{e}_{\alpha} = \begin{cases} 1 & (\lambda = \alpha) \\ 0 & (\lambda \neq \alpha). \end{cases} \tag{68}$$

Dies ist aber identisch mit den Formeln (40), die die Rechenregeln für die skalare Multiplikation festlegen.

Im dreidimensionalen Raume ist das „innere Produkt" mit dem „skalaren Produkt" identisch.

Die Gleichung der Ebene. Der Begriff des Trivektors führt auf eine besonders einfache geometrische Erfassung der in der Gleichung einer Ebene auftretenden Größen. Ist eine Gleichung

$$u_1 x^1 + u_2 x^2 + u_3 x^3 = 0 \tag{69}$$

vorgelegt, so bedeutet dies zunächst, daß der Radiusvektor

$$\mathfrak{u} = u_{\alpha} \mathfrak{e}^{\alpha}$$

auf dem Radiusvektor

$$\mathfrak{x} = x^{\alpha} \mathfrak{e}_{\alpha}$$

senkrecht steht. Hält man also $\mathfrak{u}$ fest und läßt x^{α} alle der Gleichung (69) genügenden Werte durchlaufen, so sind dadurch alle Radienvektoren, die auf $\mathfrak{u}$ senkrecht stehen, bestimmt. Andererseits kann man aber auch auf unendlich viele Weisen sechs Größen y^{λ}, z^{μ} so bestimmen, daß

$$\begin{aligned} u_1 &= y^2 z^3 - z^2 y^3 \\ u_2 &= y^3 z^1 - z^3 y^1 \\ u_3 &= y^1 z^2 - z^1 y^2 \end{aligned} \tag{70}$$

wird, d. h.

$$\mathfrak{u} = \mathfrak{y} \times \mathfrak{z} = \begin{vmatrix} \mathfrak{e}^1 & \mathfrak{e}^2 & \mathfrak{e}^3 \\ y^1 & y^2 & y^3 \\ z^1 & z^2 & z^3 \end{vmatrix}$$

ist das Vektorprodukt zweier kontravarianten Vektoren

$$\mathfrak{y} = y^\alpha \mathfrak{e}_\alpha \qquad \mathfrak{z} = z^\alpha \mathfrak{e}_\alpha .$$

Die Gleichung (69) kann somit auch in der Form

$$(\mathfrak{x}, \mathfrak{y}, \mathfrak{z}) = \begin{vmatrix} x^1 & x^2 & x^3 \\ y^1 & y^2 & y^3 \\ z^1 & z^2 & z^3 \end{vmatrix} = (xyz) = 0$$

geschrieben werden; sie bedeutet also nichts anderes, als daß der Spat $(\mathfrak{x}\mathfrak{y}\mathfrak{z})$ den Rauminhalt Null besitzt, d. h. der Vektor $\mathfrak{x}$ unterliegt nur der Bedingung, mit den Vektoren $\mathfrak{y}$, $\mathfrak{z}$ in derselben Ebene durch den Nullpunkt zu liegen, deren Stellung durch den Bivektor $\mathfrak{y} \times \mathfrak{z}$ eindeutig bestimmt ist. *Die Gleichung* (69) *stellt also eine Ebene durch den Nullpunkt dar.*

Besteht dagegen die Gleichung

$$u_\alpha x^\alpha = C, \tag{71}$$

so heftet man ebenso im Nullpunkt ein Flächenstück $\mathfrak{y} \times \mathfrak{z} = \mathfrak{u}$ an, das zwar seiner Gestalt nach unbestimmt ist (da die drei Gleichungen (70) die sechs Größen y^α, z^α nicht eindeutig festlegen), das aber eine feste Größe und Stellung besitzt. Die Gleichung (71) fordert dann, daß der Spat

$$(\mathfrak{x}\mathfrak{y}\mathfrak{z}) = (xyz) = C$$

eine feste Maßzahl C besitzen soll. Dies besagt aber geometrisch, daß der Endpunkt X aller der Bedingung (71) genügenden Vektoren (x^α) in einer zu $(\mathfrak{y}, \mathfrak{z})$, also zur Ebene (69) parallelen Ebene liegt.

Multipliziert man sowohl die u_α als auch C mit demselben Faktor k, so wird die Grundfläche $\mathfrak{y} \times \mathfrak{z}$ des Spats mit k multipliziert, ebenso aber auch seine Maßzahl C. Daraus folgt, daß derselbe Vektor $\mathfrak{x}$ auch die Gleichung

$$k u_\alpha x^\alpha = kC$$

erfüllt. Man kann daher die Größenverhältnisse $u_1 : u_2 : u_3 : C$ als die homogenen Koordinaten einer Ebene auffassen.

Da der Vektor $\mathfrak{u}$ zu allen Vektoren der Ebene (69), also auch zu den der Parallelebenen (71) senkrecht steht, kann man ihn als den „Normalvektor“ dieser Ebenen bezeichnen. Die Orthogonalität — dies sei zum Schluß noch einmal betont — ist aber keine affininvariante Beziehung, d. h. ein Vektor $\mathfrak{u}$, der auf $\mathfrak{x}$ senkrecht steht, bleibt nach Ausführung einer Affinität in der Regel nicht normal zum transformierten Vektor $\bar{\mathfrak{x}}$, weil sich die beiden Reihen von Veränderlichen in (69) nicht kogredient, d. h. durch dieselben Transformationsformeln, sondern kontragredient transformieren.

§ 21. Beispiele.

Beispiel 1. Der Grundtensor sei

$$g_{11} = g_{22} = g_{33} = 1$$
$$g_{12} = g_{23} = g_{31} = 0;$$

dann ist auch

$$g^{\alpha\alpha} = 1, \quad g^{\alpha\beta} = 0 \quad (\alpha \neq \beta).$$

Bei dieser Annahme fällt das kovariante Koordinatensystem mit dem kontravarianten zusammen:

$$e_\alpha = e^\alpha .$$

Dieser Zustand bleibt aber nicht erhalten, wenn man eine Affinität

$$(3) \qquad \bar{e}_\lambda = a^\alpha_\lambda e_\alpha \qquad e^\alpha = a^\alpha_\lambda \bar{e}^\lambda$$

ausführt; die Eichfläche

$$(\alpha) \qquad (x^1)^2 + (x^2)^2 + (x^3)^2 = 1$$

geht über in

$$(a^1_\lambda a^1_\mu + a^2_\lambda a^2_\mu + a^3_\lambda a^3_\mu)\, \bar{x}^\lambda \bar{x}^\mu = 1 .$$

Nur für diejenigen Affinitäten, für die

$$(\beta) \qquad \begin{array}{ll} (a^1_\lambda)^2 + (a^2_\lambda)^2 + (a^3_\lambda)^2 = 1 & (\lambda = 1, 2, 3) \\ a^1_\lambda a^1_\mu + a^2_\lambda a^2_\mu + a^3_\lambda a^3_\mu = 0 & (\lambda, \mu = 1, 2, 3, \ \lambda \neq \mu) \end{array}$$

ist, bleibt die Eichfläche invariant. Die „automorphen Affinitäten" (β) der Fläche (α) bilden eine Untergruppe der affinen Gruppe, und zwar die „Untergruppe der euklidischen Bewegungen".

Beispiel 2. Ist $A_{\alpha\beta}$ ein kovarianter Tensor zweiter Stufe, so ist

$$A_{\alpha\beta}\, g^{\lambda\mu}$$

ein gemischter Tensor vierter Stufe. Der Übergang zu dem gemischten Tensor

$$(57) \qquad A^\lambda_\alpha = A_{\alpha\beta}\, g^{\beta\lambda}$$

ist nichts anderes als eine Verjüngung dieses Tensors vierter Stufe.

Beispiel 3. Neben den symmetrischen Tensoren $A_{\alpha\beta} = A_{\beta\alpha}$, die geometrisch eine Polarverwandtschaft bedeuten, spielen die „alternierenden Tensoren"

$$P_{\alpha\beta} = - P_{\beta\alpha}$$

eine besondere Rolle. Da für sie

$$P_{\alpha\alpha} = - P_{\alpha\alpha} = 0$$

sein muß, sind nur sechs ihrer Koeffizienten von Null verschieden. Diese lassen sich paarweis zusammenfassen

$$P^1 = P_{23} - P_{32}, \qquad P^2 = P_{31} - P_{13} \qquad P^3 = P_{12} - P_{21}$$

und ergeben einen Vektor, der kontravariant ist, wenn der ursprüngliche Tensor kovariant war, und umgekehrt.

Häufig gebraucht wird der alternierende Einheitstensor

$$E_{11} = E_{22} = 0 \qquad E_{12} = - E_{21} = 1.$$

Die Reziprozität des alternierenden Tensors ergibt die „Nullkorrelation"

$$P_{\alpha\beta}(x^\alpha y^\beta - x^\beta y^\alpha) = C ,$$

die ebenso wie die Polarkorrelation involutorisch und dadurch ausgezeichnet ist, daß jeder Punkt in seiner zugeordneten Ebene liegt.

Zweites Kapitel.

Theorie der Raumkurven.

§ 22. Darstellung. Der Affinbogen.

Eine Raumkurve X wird durch den Endpunkt eines von einem Parameter t abhängigen Radiusvektors

$$\mathfrak{x} = \mathfrak{x}(t)$$

beschrieben. Ist im Raume ein festes Koordinatensystem durch seinen Anfangspunkt 0 und die Einheitsvektoren $\mathfrak{e}_1$, $\mathfrak{e}_2$, $\mathfrak{e}_3$ gegeben, so wird $\mathfrak{x}$ in die drei Komponenten

$$\mathfrak{x} = x^1\mathfrak{e}_1 + x^2\mathfrak{e}_2 + x^3\mathfrak{e}_3 \tag{1}$$

zerlegt, und die Koordinaten x^α sind Funktionen von t, die als regulär und mit gemeinsamem Existenzbereich vorausgesetzt werden.

Auch hier sind die Vektoren $\dot{\mathfrak{x}}, \ddot{\mathfrak{x}}, \ldots$, die sich kogredient zu $\mathfrak{x}$ transformieren, von der Parameterdarstellung abhängig, haben somit keine affingeometrische Bedeutung. Um zu einer „kanonischen" Parameterdarstellung zu gelangen, beachte man, daß der Rauminhalt V eines durch vier Punkte der Kurve bestimmten Parallelflachs eine Affininvariante ist. Beim Grenzübergang ergibt sich

$$\lim_{\Delta t \to 0} \frac{V}{\Delta t^6} = (\dot{\mathfrak{x}}\ddot{\mathfrak{x}}\dddot{\mathfrak{x}}),$$

so daß durch

$$\left(\frac{ds}{dt}\right)^6 = (\dot{\mathfrak{x}}\ddot{\mathfrak{x}}\dddot{\mathfrak{x}}) \tag{2}$$

eine Größe s definiert ist, die gegenüber Scherungen invariant bleibt. Man bezeichnet

$$s = \int (\dot{\mathfrak{x}}\ddot{\mathfrak{x}}\dddot{\mathfrak{x}})^{\frac{1}{6}}\, dt \tag{3}$$

als den „Affinbogen" der gegebenen Raumkurve. Dabei ist der sechsten Wurzel ein bestimmter ihrer sechs Werte zuzuschreiben, und wir werden die Untersuchung auf solche Kurvenstücke beschränken, für die der Radikand nicht verschwindet. Dieser Darstellung entziehen sich somit alle Kurven, für die die Determinante

$$(\dot{\mathfrak{x}}\ddot{\mathfrak{x}}\dddot{\mathfrak{x}}) \equiv 0$$

ist, d. h. die ebenen Kurven; sodann ist zu beachten, daß der Affinbogen auch für reelle Kurven nur dann reell gewählt werden kann, wenn

$$(\dot{\mathfrak{x}}\ddot{\mathfrak{x}}\dddot{\mathfrak{x}}) > 0$$

ist, so daß z. B. von zwei gegenüber einer Ebene oder einem Punkte symmetrischen reellen Kurven nur die eine einen reellen Affinbogen hat, die andere dagegen einen rein imaginären.

Wir werden auch hier die Ableitung nach dem Affinbogen durch einen Akzent kennzeichnen:

$$\mathfrak{x}' = \frac{\dot{\mathfrak{x}}}{\dot{s}}. \tag{4}$$

Dann ergibt sich aus der Definition

$$(\mathfrak{x}'\mathfrak{x}''\mathfrak{x}''') = 1. \tag{5}$$

Ist s reell, so nennt man die Kurve „rechtsgewunden", ist s rein imaginär, heißt sie „linksgewunden". Da aber eine linksgewundene Kurve durch eine Spiegelung, d. h. durch eine Affinität von der Determinante (— 1) in eine rechtsgewundene umgewandelt werden kann, bedeutet es keine wesentliche Beschränkung, wenn in Zukunft der Affinbogen s bei der Untersuchung einer einzelnen Kurve als reell vorausgesetzt wird. Es steht aber nichts im Wege, auch für linksgewundene Kurven den natürlichen Parameter so zu definieren, daß reellen Kurvenpunkten reelle Parameterwerte entsprechen. Denn mit s ist natürlich auch jedes Vielfache von s eine Invariante; ein reeller natürlicher Parameter für linksgewundene Kurven ist daher ohne weiteres durch si gegeben.

Geometrisch kann man sich den „natürlichen Kurvenparameter" s durch folgenden Grenzprozeß erzeugt denken.

Es sei X_0 der Anfangspunkt des betrachteten Kurvenbogens, der dem Anfangswert t_0 des Parameters entspricht, X_1, X_2, X_3 drei weitere Punkte, die zu den Parameterwerten $t_1 > t_0$, $t_2 > t_1$, $t_3 > t_2$ gehören. Sodann werde der Punkt X_4 durch $t_4 > t_3$

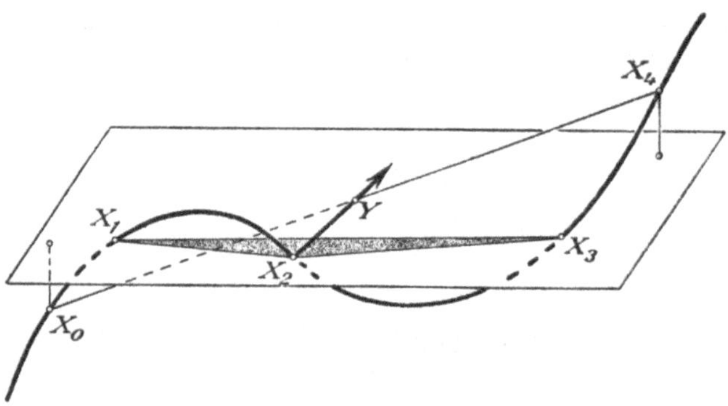

Fig. 17.

derart festgelegt, daß der Rauminhalt $\frac{1}{6}v$ des Tetraeders $X_1 X_2 X_3 X_4$ auch dem Vorzeichen nach gleich dem des Tetraeders $X_0 X_1 X_2 X_3$ ist. Dann liegen X_0 und X_4 auf verschiedenen Seiten, aber im gleichen Abstande von der Ebene der gemeinsamen Grundfläche $X_1 X_2 X_3$ der beiden Körper, und der Mittelpunkt Y von $X_0 X_4$ in der Ebene $X_1 X_2 X_3$. Setzt man das Verfahren fort, bestimmt also den Punkt X_5 auf der Kurve, so daß er denselben Abstand von der Ebene $X_2 X_3 X_4$ hat wie der Punkt X_1, und entsprechend $X_6, X_7 \ldots X_{n+3}$, so hat man der Kurve ein Vieleck derart eingeschrieben, daß der Rauminhalt der Pyramiden

$$X_\varkappa X_{\varkappa+1} X_{\varkappa+2} X_{\varkappa+3} = \tfrac{1}{6}v$$

immer denselben Wert besitzt. Ist dann X_{n+3} der Endpunkt X' des Kurvenbogens XX', und bildet man

$$\sigma = n v^{\frac{1}{5}},$$

so ist diese Größe eine Affininvariante des Linienzugs $X_0 X_1 \ldots X'$, und zwar kann die sechste Wurzel immer so gewählt werden, daß σ positiv reell ist, wenn das Volumen v positiv ist, d. h. die Vektoren X_0X_1, X_0X_2, X_0X_3 durch eine Affinität mit positiver Determinante in e_1, e_2, e_3 übergeführt werden können, dagegen rein imaginär, wenn diese Affinität eine negative Determinante besitzt.

Das begleitende Dreikant. Auch bei einer Raumkurve sind mit jedem ihrer Punkte unendlich viele kogrediente Vektoren verknüpft, d. h. Vektoren, die bei einer Scherung in den entsprechenden Vektor der transformierten Kurve übergehen. Dazu gehören insbesondere die Vektoren $\mathfrak{x}'$, $\mathfrak{x}''$, $\mathfrak{x}'''$, ..., sowie die aus ihnen linear zusammengesetzten

$$\bar{\mathfrak{x}} = S_1\mathfrak{x}' + S_2\mathfrak{x}'' + S_3\mathfrak{x}''' + \cdots, \tag{6}$$

wobei die Koeffizienten S_1, S_2, ... reguläre Funktionen von s sind. Wählt man von ihnen drei linear unabhängige willkürlich aus, so kann man jeden Raumvektor nach diesen drei Komponenten eindeutig zerlegen; man hat dadurch an jeden Punkt der Kurve ein räumliches Koordinatensystem geheftet, dessen Achsen nur von der Kurve selbst, nicht von dem Ausgangssystem e_1, e_2, e_3 abhängen, und die ineinander übergehen, wenn der Anfangspunkt sich auf der Kurve verschiebt. Die Wahl dieser Achsen ist in weitem Maße willkürlich, man wird sie daher so treffen, daß das „begleitende" oder „Hauptdreikant" der Kurve in einer bestimmten Hinsicht als das einfachste erscheint. Das nächstliegende ist, die Vektoren

$$\mathfrak{x}', \mathfrak{x}'', \mathfrak{x}'''$$

als Grundvektoren zu wählen. Sie sind auf Grund von (5) jedenfalls voneinander unabhängig und lassen sich durch eine Scherung in das Grundsystem e_1, e_2, e_3 transformieren[1]). Da der Grundvektor $\mathfrak{x}'$ in die Richtung der Tangente fällt, wird er als (normierter) „Tangentenvektor" bezeichnet, und entsprechend nennt man $\mathfrak{x}''$ und $\mathfrak{x}'''$ in etwas entfernter Analogie zu der metrischen Geometrie den normierten „Affinhauptnormal-" bzw. „Affinbinormalvektor".

Das hier bevorzugte Hauptdreikant ist so gewählt, daß seine Kanten $\mathfrak{x}'$, $\mathfrak{x}''$, $\mathfrak{x}'''$ durch die Ableitungen niedrigster Ordnung nach dem Affinbogen gegeben sind. Diese formale Einfachheit darf aber nicht darüber hinwegtäuschen, daß in der allgemeinen Parameterdarstellung die Ableitung nach s bereits drei Differentiationen, somit $\mathfrak{x}''$ vier, $\mathfrak{x}'''$ fünf Differentiationen erfordert. Dies bedeutet geometrisch, daß, wenn man den Vektor $\mathfrak{x}'$ durch einen Grenzübergang erzeugt, schon vier Kurvenpunkte, für $\mathfrak{x}''$ fünf und für $\mathfrak{x}'''$ sechs Kurvenpunkte betrachtet werden müssen, deren Konfiguration die Richtungen bestimmen, die beim Grenzübergang in die genannten Grundvektoren übergehen. So überzeugt man sich leicht, daß in Fig. 17 die Grenzlage von X_2Y die Affinhauptnormale der Kurve an der Stelle X beim Zusammenfallen der Punkte $X_0 \ldots X_4$ wird. Will man sich auch von der Lage der Affinbinormalen eine Vorstellung verschaffen, so muß man noch einen sechsten Punkt X_5 heranziehen. Dies ist der Sinn der Aussage „das begleitende Dreikant $\mathfrak{x}'$, $\mathfrak{x}''$, $\mathfrak{x}'''$ ist von fünfter Ordnung".

Es ist aber durchaus möglich, daß man bereits aus der Figur von fünf Kurvenpunkten eine Richtung bestimmen kann, die auch beim Grenzübergang mit $\mathfrak{x}'$ und $\mathfrak{x}''$ nicht komplanar wird und daher als dritte Achse eines „begleitenden Dreikants

[1]) Die Realitätsverhältnisse sind bereits vorher erörtert.

vierter Ordnung" gewählt werden kann. Durch fünf Punkte lassen sich ∞^2 Zylinder zweiter Ordnung legen, unter ihnen gibt es einen parabolischen Zylinder; die Richtung seiner Erzeugenden gibt dann, zusammen mit dem Tangentenvektor $\mathfrak{x}'$ und dem Affinhauptnormalenvektor $\mathfrak{x}''$ das gesuchte Hauptdreikant vierter Ordnung.

Da man aber von dem zuerst gewählten zu diesem von Winternitz gefundenen Dreikant [1]) durch eine ganz einfache Transformation übergehen kann, sei mit Rücksicht auf die formale Einfachheit der Rechnung an der ersten Wahl festgehalten.

§ 23. Die Ableitungsgleichungen und die kovarianten Kurvenbilder.

Die Ableitungsgleichungen. Durch die drei Grundvektoren $\mathfrak{x}', \mathfrak{x}'', \mathfrak{x}'''$ lassen sich alle Vektoren linear und homogen darstellen, die sich mit der Kurve kogredient transformieren. Insbesondere wird so jede höhere Ableitung nach dem Affinbogen $\mathfrak{x}^{IV}, \mathfrak{x}^{V}, \ldots$ durch die drei ersten dargestellt werden; man kann daher ansetzen

$$\mathfrak{x}^{IV} + \lambda\mathfrak{x}''' + k\mathfrak{x}'' + t\mathfrak{x}' = 0\,, \tag{7}$$

wobei die Koeffizienten λ, k, t Funktionen von s sind. Sie sind die einfachsten Scherungskovarianten der Kurve $\mathfrak{x}$ und lassen sich, wenn die Kurve $\mathfrak{x}$ durch eine Gleichung von der Form (1) gegeben ist, sofort hinschreiben. Da

$$(\mathfrak{x}'\mathfrak{x}''\mathfrak{x}''') = 1 \tag{5}$$

ist, wird

$$(\mathfrak{x}'\mathfrak{x}''\mathfrak{x}^{IV}) = 0\,.$$

Setzt man aus (7) den Wert von $\mathfrak{x}^{IV}$ in diese Gleichung ein, so folgt

$$\lambda = 0,$$

während sich

$$\begin{aligned} k &= (\mathfrak{x}', \mathfrak{x}''', \mathfrak{x}^{IV}) \\ t &= -(\mathfrak{x}''\mathfrak{x}'''\mathfrak{x}^{IV}) \end{aligned} \tag{8}$$

ergibt. Man bezeichnet, immer in etwas entfernter Analogie, k als die „Affinkrümmung", t als die „Affintorsion" der Kurve $\mathfrak{x}$ [2]). Ihre grundlegende Bedeutung für die Kurventheorie im affinen Raume besteht darin, daß jede Affinkovariante

$$C^{ikl} = (\mathfrak{x}^{(i)}, \mathfrak{x}^{(k)}, \mathfrak{x}^{(l)})$$

sich durch diese einfachsten Kovarianten und ihre Ableitungen ausdrücken läßt. In der Tat kann man ja jede Ableitung $\mathfrak{x}^{(i)}$ $(i > 4)$ mit Hilfe der „Hauptgleichung" der Raumkurve

$$\boxed{\mathfrak{x}^{IV} + k\mathfrak{x}'' + t\mathfrak{x}' = 0} \tag{7*}$$

durch wiederholte Ableitung aus $\mathfrak{x}', \mathfrak{x}'', \mathfrak{x}'''$ linear und homogen zusammensetzen.

---

[1]) Vgl. hierzu W. Blaschke, Vorlesungen S. 76—79, G. Kowalewski, Allg. natürliche Geometrie (Göschens Lehrbücherei Bd. 19) Berlin 1931, S. 209.

[2]) Wir vermeiden die Bezeichnung „Affinwindung", um den Anschein zu vermeiden, als ob t irgend etwas mit der „Rechtswindung" bzw. „Linkswindung" der Kurve zu tun hätte.

Ist umgekehrt

(8*) $$k = k(s), \quad t = t(s)$$

gegeben, so bestimmen sich die Koordinaten der Raumkurve bis auf Affinitäten eindeutig durch ein System unabhängiger Lösungen der Hauptgleichung, das gemäß der Bedingung (5) normiert ist. Die Gleichungen (8*), die also die Kurve unabhängig von einem Koordinatensystem bestimmen, werden daher als die „natürlichen Gleichungen" der Kurve bezeichnet.

Das Tangentenbild und die beiden Affinkrümmungsbilder. Radiale Scherungen. Heftet man die Vektoren

$$\mathfrak{y} = \mathfrak{x}', \ \mathfrak{z} = \mathfrak{x}'', \ \mathfrak{u} = \mathfrak{x}'''$$

als Radienvektoren an den Nullpunkt, so beschreiben ihre Endpunkte drei Kurven (Y), (Z), (U), die mit der Kurve (X) kovariant verbunden sind, und von denen die erste als das affine „Tangentenbild", die beiden anderen als das erste und zweite Affinkrümmungsbild (bzw. Affinkrümmungs- und Affintorsionsbild) bezeichnet sein möge. Diese Kurven unterliegen einer homogenen Scherung, wenn (X) durch eine allgemeine Scherung transformiert wird. Die gegenseitigen Beziehungen der Kurven (Y), (Z), (U) werden daher am einfachsten zu untersuchen sein, wenn man sich auf die Geometrie der homogenen oder radialen Scherungen beschränkt. In diesem Bereiche ist

(9) $$\dot{s} = (\mathfrak{y}\dot{\mathfrak{y}}\ddot{\mathfrak{y}})^{1/3},$$

also

(9*) $$s = \int (\mathfrak{y}\dot{\mathfrak{y}}\ddot{\mathfrak{y}})^{1/3} dt$$

eine Integralkovariante, d. h. ein natürlicher Parameter auch für die Kurve (Y). Ihre geometrische Deutung ist nicht ganz so einfach wie bei der entsprechenden Fragestellung in der Ebene: man beschreibe der Kurve Y ein Sehnenvieleck $Y Y_1 Y_2 \ldots Y_n Y_{n+1} Y_{n+2}$ derart ein, daß die durch 0 und drei aufeinanderfolgende Punkte $Y_k Y_{k+1} Y_{k+2}$ bestimmten Spate alle denselben Rauminhalt $(\Delta s)^3$ haben, und bilde die Summe

$$\mathfrak{s} = n\Delta s.$$

Dann geht bei einem Grenzübergang, bei dem das Vieleck sich der Kurve unbeschränkt annähert, $\mathfrak{s}$ in das Integral s über. Für die Kurve (Y) hat also s die „Dimension" einer Länge; man bezeichne daher s als die „*Affinlänge*" der Kurve (Y).

Man beachte: der „Affinbogen" einer Kurve (X) ist die „Affinlänge" ihres Tangentenbildes; der „Bogen" ist eine Integralinvariante der allgemeinen Scherungsgeometrie, die „Länge" eine solche der radialen Scherungen.

§ 24. Exkurs in die Geometrie der radialen Scherungen.

Betrachtet man die Kurve (Y), unabhängig von ihrer Entstehung als Tangentenbild einer Kurve (X), als eine allgemeine Kurve und untersucht ihre gegenüber radialen Scherungen invarianten Eigenschaften, so definiert die Gleichung (9) ihre Affinlänge s als natürlichen Parameter. Sodann werden die Ableitungen nach s

$$(10) \qquad \mathfrak{z} = \mathfrak{y}' \quad \mathfrak{u} = \mathfrak{y}''$$

ihren Tangenten- und Affinnormalvektor so normieren, daß der durch $\mathfrak{y}, \mathfrak{z}, \mathfrak{u}$ bestimmte Spat den konstanten Rauminhalt

$$(11) \qquad (\mathfrak{y}, \mathfrak{z}, \mathfrak{u}) = 1$$

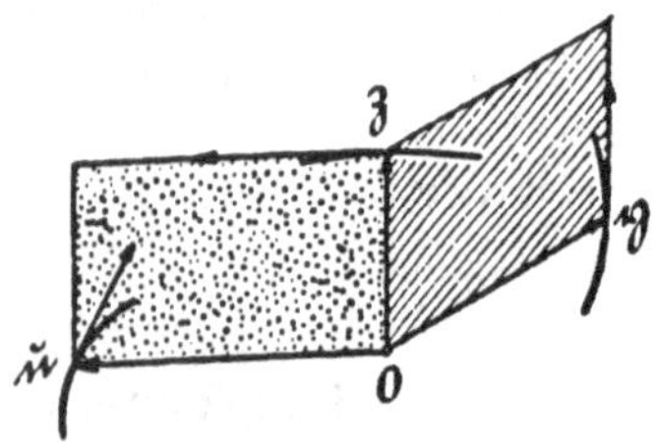

Fig. 18.

besitzt. Dabei liegt die eine Seitenfläche des Spats immer in der Schmiegungsebene von (Y), die ja zu den Vektoren $\mathfrak{z}$ und $\mathfrak{u}$ parallel ist.

Man erkennt nun schon rein anschaulich, daß der „Einheitsspat", dessen eine Ecke im Mittelpunkt 0 der radialen Affinitäten liegt, sich derart verschieben kann, daß drei seiner Ecken Y, Z, U auf den entsprechenden Kurven gleiten, eine seiner Flächen die Schmiegungsebene von (Y) beschreibt und die Ecke U sich parallel zur Ebene YZ bewegt. Demnach muß eine Gleichung

$$(12) \qquad \mathfrak{u}' + k\mathfrak{z} + t\mathfrak{y} = 0$$

bestehen, eine Gleichung, die von (7*) sich nur durch die Form unterscheidet. Die einfachsten Affinkovarianten sind hier:

$$(13) \qquad \begin{aligned} k &= (\mathfrak{y}, \mathfrak{y}'', \mathfrak{y}''') \\ t &= -(\mathfrak{y}', \mathfrak{y}'', \mathfrak{y}'''), \end{aligned}$$

sie seien als die radiale „Affinkrümmung" bzw. „radiale Affintorsion" bezeichnet. Aus ihnen läßt sich jede andere Affinkovariante

$$\mathfrak{T}^{ikl} = (\mathfrak{y}^{(i)}, \mathfrak{y}^{(k)}, \mathfrak{y}^{(l)})$$

dadurch darstellen, daß man durch die Gleichung (12), die in der Form

$$(12\,\mathrm{a}) \qquad \mathfrak{y}''' + k\mathfrak{y}' + t\mathfrak{y} = 0$$

geschrieben werden kann, alle höheren Ableitungen von $\mathfrak{y}$ durch $\mathfrak{y}$ selbst und seine beiden ersten Ableitungen ersetzt. Dies bedeutet geometrisch nichts anderes als die Zerlegung des Vektors $\mathfrak{y}^{(i)}$ nach den Komponenten $\mathfrak{y}, \mathfrak{y}', \mathfrak{y}''$. Wir stellen noch die Ableitungsgleichungen für die drei Achsen des kovarianten Grundsystems $\mathfrak{y}, \mathfrak{z}, \mathfrak{u}$ zusammen:

$$(14) \qquad \begin{aligned} &\mathfrak{y}' = \mathfrak{z}, \ \mathfrak{z}' = \mathfrak{u} \\ &\mathfrak{u}' = -k\mathfrak{z} - t\mathfrak{y}, \end{aligned}$$

von denen sich die beiden ersten aus der Erklärung, die letzte aus (12) ergeben.

Kontravariante Koordinaten in der Scherungsgeometrie. Kontravariante Kurvenpaare. Die geometrische Bedeutung der Gleichung (11) legt es nahe, die Bivektoren, die den Flächeninhalt der Seitenflächen des Einheitsspats darstellen, zur Einführung eines neuen kontravarianten Vektortripels

(15) $$\mathfrak{z} \times \mathfrak{u} = \eta, \quad \mathfrak{u} \times \mathfrak{y} = \zeta, \quad \mathfrak{y} \times \mathfrak{z} = v$$

zu benutzen. Diese Vektoren sind mit den kovarianten Grundvektoren wegen (11) durch die Gleichungen

(16) $$\begin{matrix} \mathfrak{y}\eta = 1, & \mathfrak{y}\zeta = 0 & \mathfrak{y}v = 0 \\ \mathfrak{z}\eta = 0 & \mathfrak{z}\zeta = 1 & \mathfrak{z}v = 0 \\ \mathfrak{u}\eta = 0 & \mathfrak{u}\zeta = 0 & \mathfrak{u}v = 1 \end{matrix}$$

verbunden und untereinander durch die Gleichung

(17) $$(\eta \zeta v) = 1,$$

d. h. auch das kontravariante Tripel bestimmt einen Einheitsspat, und es besteht das folgende System von Ableitungsgleichungen:

(18) $$\begin{aligned} \eta' &= tv \\ \zeta' &= kv - \eta \\ v' &= -\zeta. \end{aligned}$$

Hieraus ergibt sich zunächst

(19) $$(v v' v'') = 1,$$

d. h. *der Endpunkt des Vektors v beschreibt eine Kurve* (Y), *die dieselbe Affinlänge besitzt wie die Kurve* Y.

Ferner wird

(20) $$v''' + kv' + (k' - t)v = 0,$$

d. h.: *Die Kurven* (Y) *und* (Y) *haben dieselbe radiale Affinkrümmung k, während ihre radialen Affintorsionen t und $\bar{t}$ durch die Gleichung*

(21) $$t + \bar{t} = k'$$

verknüpft sind.

Die Kurven (Y) und (Y) sind vollkommen reziprok zueinander, insbesondere steht der Gleichung

$$v = \mathfrak{y} \times \mathfrak{y}'$$

die Gleichung

$$\mathfrak{y} = v \times v'$$

gegenüber. Dagegen ist das Hauptdreikant (v, ζ, η) gegen die Kurve (Y) wesentlich anders orientiert als das Dreikant $(\mathfrak{y}, \mathfrak{z}, \mathfrak{u})$ gegen die Kurve (Y): es entsprechen sich die Grundvektoren

(22) $$\mathfrak{y}, \quad \mathfrak{y}', \quad \mathfrak{y}''$$

und

$$v, \; -v', \; v'' - kv = \eta,$$

während sich umgekehrt die Systeme

(23) $$\begin{matrix} v, & v', & v'' \\ \mathfrak{y}, & -\mathfrak{y}', & \mathfrak{y}'' + k\mathfrak{y} = \mathfrak{w} \end{matrix}$$

zugeordnet sind. Dabei kommt die Symmetrie der Beziehung zwischen $\mathfrak{y}$ und v noch durch die Gleichungen

(24) $$\eta' = tv, \quad \mathfrak{w}' = \bar{t}\mathfrak{y}$$

zum Ausdruck. Endlich sieht man, daß

(25) $$\mathfrak{y}\eta = 1, \quad \mathfrak{y}\eta' = 0, \quad \mathfrak{y}\eta'' = 0$$

und

(26) $$v\mathfrak{w} = 1, \quad v\mathfrak{w}' = 0, \quad v\mathfrak{w}'' = 0$$

ist, d. h. *die Kurven η und $\mathfrak{y}$ sind reziprok polar zur Einheitskugel, ebenso v und $\mathfrak{w}$.*

Diese einfachen Beziehungen bilden die Grundlage für die affine Kurventheorie in demselben Sinne wie für die klassische Kurventheorie die Beziehungen der sphärischen Bilder der Tangenten, Haupt- und Binormalen, die durch die Frenetschen Gleichungen ausgedrückt werden.

§ 25. Kurven mit gegebenem Tangentenbild.

Während in der klassischen Kurventheorie zu einem Tangentenbild eine ganze Klasse von parallel zugeordneten Kurven gehört, ist hier durch das affine Tangentenbild die Kurve selbst bis auf Schiebungen eindeutig bestimmt.

Ist nämlich $\mathfrak{y} = \mathfrak{y}(t)$ das Tangentenbild einer zu bestimmenden Raumkurve $\mathfrak{x}$, so bestimmt man durch (9) das Affinlängenelement ds und erhält dann

(27) $$\mathfrak{x} = \int \mathfrak{y}\, ds$$

durch drei Quadraturen.

Damit stimmt auch überein, daß dasselbe Paar natürlicher Gleichungen

(8*) $$k = k(s), \qquad t = t(s)$$

in der Geometrie der allgemeinen Scherungsgeometrie eine Kurve $\mathfrak{x}$ und in der Geometrie der homogenen Scherungen das zugehörige Tangentenbild bestimmt.

Will man die Koordinatendarstellung der durch die Gleichungen (8) definierten Kurve $\mathfrak{x}$ finden, so kommt dies darauf hinaus, zunächst ein Tripel unabhängiger Lösungen y^1, y^2, y^3 der Gleichung

(12 a) $$\mathfrak{y}''' + k\mathfrak{y}' + t\mathfrak{y} = 0$$

zu bestimmen, deren Determinante

$$(\mathfrak{y}\,\mathfrak{y}'\,\mathfrak{y}'') = 1$$

ist, und dann die Quadraturen (27) zu lösen.

Da aber durch passende Wahl der unabhängigen Veränderlichen jede homogene lineare Differentialgleichung dritter Ordnung

$$\dddot{\mathfrak{y}} + \lambda\ddot{\mathfrak{y}} + \mu\dot{\mathfrak{y}} + \nu\mathfrak{y} = 0$$

in die Form (12 a) gesetzt werden kann, so ergibt sich:

Die Theorie der homogenen linearen Differentialgleichungen dritter Ordnung hat ihr geometrisches Bild in der affinen Geometrie der Raumkurven.

Beispiel 1. Ist $k = 0$, $t = 0$, so wird $\mathfrak{y}''' = 0$, also

$$\mathfrak{y} = \mathfrak{e}_1 + s\mathfrak{e}_2 + \tfrac{1}{2}s^2\mathfrak{e}_3$$
$$\mathfrak{x} = s\mathfrak{e}_1 + \tfrac{1}{2}s^2\mathfrak{e}_2 + \tfrac{1}{6}s^3\mathfrak{e}_3;$$

umgekehrt ist die kubische Parabel durch das Verschwinden von Affinkrümmung und -torsion gekennzeichnet.

Beispiel 2. Die natürlichen Gleichungen der gewöhnlichen Schraubenlinie

$$\mathfrak{x} = \mathfrak{e}_1 \cos t + \mathfrak{e}_2 \sin t + \mathfrak{e}_3 t$$

sind $k = 1$, $t = 0$.

Beispiel 3. Die Kurven, deren Tangentenbild eine ebene Kurve ist, sind durch die Gleichung $t = 0$ gekennzeichnet.

Beispiel 4. Die Kurven, für die k und t beide konstant sind, werden durch

$$y^i = e^{\lambda_i t}$$

gegeben, wobei $\lambda_1, \lambda_2, \lambda_3$ Wurzeln der Gleichung

$$\lambda^3 + k\lambda + t = 0$$

sind.

Beispiel 5. Die Gewindekurven, d. h. die Kurven, deren Tangenten einem linearen Komplex (Gewinde) angehören, werden durch die Gleichung

$$\dot{x}^1 x^2 - \dot{x}^2 x^1 = \dot{x}^3$$

zwischen den Koordinaten und ihren Ableitungen gegeben. Ihre natürliche Gleichung ist $k' - t = 0$ (Vgl. § 26.)

Beispiel 6. Die Böschungslinien, d. h. die Kurven, deren Tangentenbild auf einem Kegel zweiten Grades liegen, haben die natürliche Gleichung $k' - 2t = 0$. Ein metrischer Sonderfall von ihnen sind die Minimalkurven der klassischen Kurventheorie. Diese sind die ersten Kurven, für die man den Affinbogen als natürlichen Parameter eingeführt hat, weil für sie die „gewöhnliche" Bogenlänge ihren Sinn verliert [1]).

Im Bereiche der Geometrie der radialen Scherungen bedeutet die Gleichung $k' - 2t = 0$ zwischen den radialen Krümmungen das Tangentenbild $\mathfrak{y}$ einer Böschungslinie $\mathfrak{x}$, d. h. eine Kurve auf einem Kegel zweiter Ordnung.

Beispiel 7. Parallelkurven. In der klassischen Kurventheorie sind zwei Raumkurven, die sich so zuordnen lassen, daß sie in entsprechenden Punkten parallele Tangenten haben, dadurch gekennzeichnet, daß ihre Tangentenbilder kongruente Kurven auf der Einheitskugel sind. Alle in Parallelkurven überführbare Kurven besitzen zwei gemeinsame Bewegungsinvarianten, den Krümmungs- und Schmiegungswinkel. Aus diesem Sachverhalt ergibt sich hier die Frage: Welche „natürlichen" Beziehungen bestehen zwischen zwei Kurven $\mathfrak{x}$ und $\mathfrak{X}$, wenn die eine durch eine Scherung in eine Parallelkurve zur zweiten übergeführt werden kann?

Da die gesuchte invariante Beziehung durch eine Scherung nicht geändert wird, seien die Kurve $\mathfrak{x}$ und $\mathfrak{X}$ selbst parallel zugeordnet. Dann liegen ihre Tangentenbilder

$$\mathfrak{y} = \mathfrak{x}', \qquad \mathfrak{Y} = \dot{\mathfrak{X}}$$

auf demselben Kegel, dessen Spitze im Nullpunkt liegt. Dabei bedeutet der Akzent die Ableitung nach dem Affinbogen s von $\mathfrak{x}$, der Punkt die Ableitung nach dem Affinbogen S von $\mathfrak{X}$. Ferner seien k, t; K, T die Affinkrümmungen und -torsionen der Kurven $\mathfrak{x}$ und $\mathfrak{X}$, also zugleich die „radialen" Affinkrümmungen und -torsionen der Kurven $\mathfrak{y}$ und $\mathfrak{Y}$. Es bestehen daher die Gleichungen

$$(\alpha) \qquad \mathfrak{y}''' + k\mathfrak{y}' + t\mathfrak{y} = 0$$

$$(\beta) \qquad \dddot{\mathfrak{Y}} + K\dot{\mathfrak{Y}} + T\mathfrak{Y} = 0,$$

ferner, da die Vektoren $\mathfrak{y}$ und $\mathfrak{Y}$ in entsprechenden Punkten dieselbe Richtung haben,

$$(\gamma) \qquad \mathfrak{Y} = \varrho(S)\mathfrak{y},$$

so daß

---

[1]) E. Study, American M. S. Trans. 10 (1909), S. 1.

$$(\delta)\qquad \begin{aligned} \dot{\mathfrak{Y}} &= \dot{\varrho}\mathfrak{y} + \varrho\dot{\mathfrak{y}} \\ \ddot{\mathfrak{Y}} &= \ddot{\varrho}\mathfrak{y} + 2\dot{\varrho}\dot{\mathfrak{y}} + \varrho\ddot{\mathfrak{y}} \\ \dddot{\mathfrak{Y}} &= \dddot{\varrho}\mathfrak{y} + 3\ddot{\varrho}\dot{\mathfrak{y}} + 3\dot{\varrho}\ddot{\mathfrak{y}} + \varrho\dddot{\mathfrak{y}} \end{aligned}$$

wird. Ferner ist

$$(\varepsilon)\qquad \dot{\mathfrak{y}} = \mathfrak{y}'\dot{s}, \quad \ddot{\mathfrak{y}} = \mathfrak{y}''\dot{s}^2 + \mathfrak{y}'\ddot{s}, \quad \dddot{\mathfrak{y}} = \mathfrak{y}'''\dot{s}^3 + 3\mathfrak{y}''\dot{s}\ddot{s} + \mathfrak{y}'\dddot{s}.$$

Führt man in der Gleichung (β) unter Benutzung der Beziehungen (δ) und (ε) für die Vektoren $\mathfrak{Y}, \dot{\mathfrak{Y}}, \ldots$ den Vektor $\mathfrak{y}$ und seine Ableitungen ein, so muß sie in die Gleichung (α) übergehen. Daraus folgt, daß

$$(\zeta)\qquad \varrho\ddot{s} + \dot{s}\dot{\varrho} = 0$$

$$(\eta)\qquad \varrho\dddot{s} + 3\dot{\varrho}\ddot{s} + 3\ddot{\varrho}\dot{s} + K\varrho\dot{s} = k\varrho\dot{s}^3$$

$$(\vartheta)\qquad \dddot{\varrho} + K\dot{\varrho} + T\varrho = t\varrho\dot{s}^3$$

sein muß, und wegen der Bedeutung von s und S

$$1 = (\mathfrak{Y}, \dot{\mathfrak{Y}}, \ddot{\mathfrak{Y}}) = \varrho^3(y, \dot{y}, \ddot{y}) = \varrho^3\dot{s}^3(\mathfrak{y}, \mathfrak{y}', \mathfrak{y}'') = \varrho^3\dot{s}^3.$$

Daher ist für reelle Kurven

$$(\zeta')\qquad \varrho\dot{s} = 1,$$

woraus durch Ableitung die Gleichung (ζ) hervorgeht. Ferner wird

$$(\eta')\qquad k = K\varrho^2 + 2\varrho\ddot{\varrho} - \dot{\varrho}^2$$

$$(\vartheta')\qquad t = \varrho^2(\dddot{\varrho} + K\dot{\varrho} + T\varrho),$$

so daß

$$(\iota)\qquad k' - 2t = (\dot{K} - 2T)\varrho^3$$

ist, d. h.:

Alle Kurven ein und desselben Kegels besitzen dieselbe Integralinvariante

$$(\varkappa)\qquad \sigma = \int (k' - 2t)^{1/3} ds;$$

diese ist dann und nur dann konstant, wenn die Kurven auf einem Kegel zweiter Ordnung liegen, dessen Spitze in den festen Koordinatenanfang fällt.

Für diejenigen Kurven, bei denen

$$(\lambda)\qquad k' - 2t = 1$$

ist, ist σ der Affinbogen, man wird sie als „natürliche Leitkurve" des Kegels bezeichzeichnen können.

Aus diesem Satze der radialen Scherungsgeometrie ergibt sich sofort der entsprechende Satz für Parallelkurven im Raume der allgemeinen Scherungen, dessen Formulierung dem Leser überlassen sei.

Beachte ferner: Hat $\mathfrak{y}$ die natürliche Gleichung (λ), so hat die entsprechende Kurve $\mathfrak{v}$ die Gleichung $k' - 2t = -1$.

§ 26. Weitere Fragestellungen.

Kontravariante Kurvenpaare. Bilden $\mathfrak{y}$ und $\mathfrak{v}$ ein kontravariantes Kurvenpaar der Geometrie der radialen Scherungen im Sinne des § 24, so sind dadurch bis auf ihre gegenseitige Stellung im Raume zwei Kurven $\mathfrak{x}$ und ξ eindeutig bestimmt, deren Tangentenbilder die gegebenen Kurven $\mathfrak{y}$ und $\mathfrak{v}$ sind. Sie bilden ein kontravariantes Kurvenpaar der Geometrie der allgemeinen Scherungen. Man untersuche ihre gegenseitigen Beziehungen.

Eine eingehendere Untersuchung dieser und weiterer Beispiele findet der Leser in den Vorlesungen über Affingeometrie von W. Blaschke, wo auch die Originalliteratur angegeben ist.

Das Schmiegungsgewinde. Das Gewinde oder der lineare Komplex ist die Gesamtheit von ∞^3 geraden Linien, deren Plückersche Linienkoordinaten durch eine lineare Gleichung verbunden sind. Aus den Elementen der analytischen

Geometrie ist bekannt., daß diese sechs Linienkoordinaten in zwei Reihen zerfallen, von denen die eine durch den Richtungsvektor der Geraden, die zweite durch ihr Moment bezügl. des Anfangspunktes gegeben sind. Für die Tangenten einer Raumkurve $\mathfrak{x}$ kann man sie daher so normieren, daß die erste Reihe mit den Koordinaten des Tangentenverktors $\mathfrak{x}' = \mathfrak{y}$, die zweite mit denen des Vektorprodukts $\mathfrak{x} \times \mathfrak{y}$ zusammenfällt. Ein Gewinde, dem die Tangente in einem Punkte $\mathfrak{x}$ angehört, ist also durch eine lineare Gleichung

$$\mathfrak{a}\mathfrak{y} + \mathfrak{b}(\mathfrak{x} \times \mathfrak{y}) = 0 \tag{28}$$

gegeben, wobei $\mathfrak{a}$ einen festen zu $\mathfrak{x}$ kontravarianten, $\mathfrak{b}$ einen festen zu $\mathfrak{x}$ kovarianten Vektor bedeutet. Dabei gibt $\mathfrak{b}$ den Richtungsvektor der Gewindedurchmesser[1]). Da ein Gewinde durch fünf gerade Linien eindeutig bestimmt ist (seine Gleichung enthält sechs homogene Koeffizienten!), wird man durch fünf beliebige Tangenten der Kurve ein Gewinde legen können. Läßt man diese in der Grenze zusammenfallen, so erhält man das „Schmiegungsgewinde“. Dieses hat somit mit der Kurve $\mathfrak{x}$ eine „Berührung vierter Ordnung“; für dieses muß nicht nur die Gleichung (28) erfüllt sein, sondern auch die aus ihr durch ein-, zwei-, drei- und viermalige Differentiation entstehenden Gleichungen; also

$$\begin{aligned} \mathfrak{a}\mathfrak{z} + \mathfrak{b}(\mathfrak{x} \times \mathfrak{z}) &= 0 \\ \mathfrak{a}\mathfrak{u} + \mathfrak{b}(\mathfrak{x} \times \mathfrak{u}) &= -\mathfrak{b}\mathfrak{v} \\ \mathfrak{b}\zeta &= 0 \\ \mathfrak{b}(k\mathfrak{v} - \eta) &= 0. \end{aligned} \tag{29}$$

Die beiden letzten Gleichungen zeigen, daß $\mathfrak{b}$ der Normalvektor zur Schmiegungsebene von $\mathfrak{v}$ ist. Zerlegt man $\mathfrak{b}$ nach den Koordinaten $\mathfrak{y}, \mathfrak{z}, \mathfrak{u}$, so folgt aus ihnen durch leichte Rechnung

$$\mathfrak{b} = k\mathfrak{y} + \mathfrak{u} = \mathfrak{w}. \tag{30}$$

Die Durchmesserrichtung des Schmiegungsgewindes ist parallel zum Vektor $\mathfrak{w}$. Nun kann man, immer unter Benutzung der Ableitungsgleichungen, auch den Vektor $\mathfrak{a}$ aus (28) und den ersten beiden Gleichungen (29) bestimmen. Es ergibt sich

$$\begin{aligned} \mathfrak{a} &= (k(\mathfrak{x}\mathfrak{v}') - 1)\mathfrak{v} - (\mathfrak{x}\mathfrak{v}'')\zeta - (\mathfrak{x}\mathfrak{v}')\eta \\ &= -\mathfrak{v} + (\mathfrak{x}\mathfrak{v}'')\mathfrak{v}' - (\mathfrak{x}\mathfrak{v}')\mathfrak{v}''. \end{aligned} \tag{31}$$

Liegen alle Tangenten der Kurve $\mathfrak{x}$ in demselben Gewinde, so sind $\mathfrak{a}$ und $\mathfrak{b}$ konstant, insbesondere wird also

$$k\mathfrak{y}' + k'\mathfrak{y} + \mathfrak{u}' = 0$$

sein müssen, d. h.

$$(k' - t)\mathfrak{y} = 0;$$

Die natürliche Gleichung der Gewindekurven ist somit

$$k' - t = 0. \tag{32}$$

§ 27. Abgeleitete Kurven und Flächen.

Mit einer jeden Raumkurve $\mathfrak{x}$ ist eine große Anzahl von weiteren Kurven affininvariant verknüpft, deren Beziehungen zur Ausgangskurve den Inhalt einer ohne Schwierigkeit weit auszubauenden speziellen affinen Kurventheorie sein würde. Hier seien nur einige wenige naheliegende Gebilde ge-

[1]) Wegen der hier benutzten Eigenschaften der Gewinde ziehe man eine der zahlreichen Darstellungen der Liniengeometrie zu Rate; etwa Reye, Geometrie der Lage, Bd. II; Zindler, Liniengeometrie, Bd. II; Study, Geometrie der Dynamen.

nannt; der weitere Ausbau sei dem Leser überlassen, wobei er sich die Fragestellungen der klassischen Kurventheorie als Vorbild nehmen möge[1]).

1. Die Tangentenfläche von $\mathfrak{x}$

$$\tilde{\mathfrak{x}} = \mathfrak{x} + w\mathfrak{x}' \tag{33}$$

ist, wie aus der elementaren Differentialgeometrie bekannt ist, eine „Torse“, d. h. eine abwickelbare Fläche: sie läßt sich so ausbreiten, daß sie auf ein Ebenenstück ohne Zerreißen oder Knicken abgewickelt werden kann. Sie ist zugleich auch die Hüllfläche der Schmiegungsebenen von $\mathfrak{x}$. Auf ihr liegen die „Affinevolventen“

$$\tilde{\mathfrak{x}} = \mathfrak{x} - s\mathfrak{x}'$$

von $\mathfrak{x}$, die dadurch gekennzeichnet sind, daß ihre Tangenten parallel zu den Affinhauptnormalen von $\mathfrak{x}$ sind.

2. Die Affinhauptnormalenfläche

$$\tilde{\mathfrak{x}} = \mathfrak{x} + w\mathfrak{x}'' \tag{34}$$

ist keine Torse, d. h. die Tangentenfläche einer Raumkurve. Dies wäre nämlich nur dann der Fall, wenn man auf jeder Affinhauptnormalen einen solchen Punkt $w = w(s)$ bestimmen könnte, daß die Tangente an die Kurve $\tilde{\mathfrak{x}}$ parallel zu $\mathfrak{x}''$ ist. Nun hat aber der Vektor

$$\tilde{\mathfrak{x}}' = \mathfrak{x}' + w'\mathfrak{x}'' + w\mathfrak{x}'''$$

stets eine nicht verschwindende Komponente in der Richtung $\mathfrak{x}'$: *die Affinhauptnormalenfläche ist also stets eine windschiefe Fläche.*

3. Die Affinbinormalenfläche

$$\tilde{\mathfrak{x}} = \mathfrak{x} + w\mathfrak{x}''' \tag{35}$$

ist ebenfalls windschief, wenn nicht $k = 0$ ist. Im letzten Falle ist sie die Tangentenfläche der Kurve

$$\tilde{\mathfrak{x}} = \mathfrak{x} + \frac{1}{t}\mathfrak{x}'''. \tag{36}$$

4. Die Hüllfläche der Schmiegungsebenen

$$(\tilde{\mathfrak{x}} - \mathfrak{x}, \mathfrak{x}'\mathfrak{x}'') = 0 \tag{37}$$

oder

$$(\tilde{\mathfrak{x}} - \mathfrak{x}, \mathfrak{v}) = 0$$

ist die Tangentenfläche von $\mathfrak{x}$.

5. Die Hüllfläche der Affinnormalebenen

$$(\tilde{\mathfrak{x}} - \mathfrak{x}, \mathfrak{x}'', \mathfrak{x}''') = 0 \tag{38}$$

oder

$$(\tilde{\mathfrak{x}} - \mathfrak{x}, \eta) = 0$$

---

[1]) Vgl. etwa Schells Theorie der Kurven doppelter Krümmung (3. Aufl., Leipzig 1914), in der die hauptsächlichsten bisher behandelten Fragestellungen zusammengestellt sind, oder G. Kowalewski, Allgemeine natürliche Geometrie, Berlin 1931, 4. Kap.

ist eine Torse, deren Gratlinie

$$(39)\qquad \tilde{\mathfrak{x}} = \mathfrak{x} + \frac{t'}{t^2}\,\mathfrak{x}'' + \frac{1}{t}\,\mathfrak{x}''' = \mathfrak{x} + \frac{1}{t^2}\,(t\mathfrak{x}'')'$$

ist; für $t =$ konst. sind ihre Erzeugenden zu den Affinhauptnormalen von $\mathfrak{x}$ parallel, für $t = 0$ ist auf Grund von (18) $\eta =$ konst., d. h. alle Affinnormalebenen sind einer festen Ebene parallel.

6. Die Ebenen

$$(40)\qquad (\tilde{\mathfrak{x}} - \mathfrak{x}, \mathfrak{x}'''\mathfrak{x}') = 0$$

oder

$$(40^*)\qquad (\tilde{\mathfrak{x}} - \mathfrak{x}, \zeta) = 0$$

umhüllen eine Torse, deren Erzeugenden auch der Gleichung

$$(41)\qquad (\tilde{\mathfrak{x}} - \mathfrak{x}, \zeta') = 0$$

genügen. Diese Geraden sind, da (40) und (41) mit den letzten beiden Gleichungen (29) übereinstimmen, die Durchmesser des Schmiegungsgewindes von $\mathfrak{x}$. Die Ebenen (40) seien daher als „Durchmesserebenen" der Kurve $\mathfrak{x}$ bezeichnet und die von ihnen umhüllte Torse als „Durchmessertorse". Ihre Gratlinie ist durch die Gleichung

$$(42)\qquad \tilde{\mathfrak{x}} = \mathfrak{x} + w\mathfrak{w}$$

gegeben, wobei

$$(43)\qquad w = \frac{1}{t - k'}$$

zu setzen ist. Die Torse reduziert sich auf einen Kegel, wenn $w' = 0$, d. h.

$$(44)\qquad k' - t = \text{konst.}$$

wird, auf einen Zylinder, wenn $\frac{1}{w} = 0$, d. h. die Kurve eine Gewindekurve ist.

Drittes Kapitel.

Grundlegende Begriffe der affinen Flächentheorie.

§ 28. Krummlinige Koordinaten. Kurvenscharen.

Wenn die Koordinaten x^α eines Raumpunktes (x) als Funktionen zweier Parameter u^1, u^2 mit gemeinsamem Existenzbereich gegeben sind, so bilden diese Punkte, d. h. die Endpunkte des Vektors

$$x = x^\alpha \mathfrak{e}_\alpha \tag{1}$$

eine Fläche [1]). Alle Punkte, für die $u^1 =$ konst. ist, liegen auf einer Kurve der Fläche, deren Parameter u^2 ist, die man daher als u^2-Kurven bezeichnet, ebenso liegen die Punkte $u^2 =$ konst. auf einer u^1-Kurve. Das System der u^1-Kurven und u^2-Kurven nennt man die „Parameterkurven" oder „Koordinatenkurven" der Fläche, und die Werte von (u^1, u^2), die einem festen Punkt (x) der Fläche zugeordnet sind, heißen die (krummlinigen) „Koordinaten" des Punktes (x).

Jede andere Kurve der Fläche wird durch eine Gleichung

$$\varphi(u^1, u^2) = c \tag{2}$$

bestimmt; läßt man die Konstante c alle möglichen Werte durchlaufen, so erhält man eine „Kurvenschar" auf der Fläche. **Durch jeden Flächenpunkt** (x) geht eine Kurve der Schar, deren „Fortschreitungsrichtung" $du^1 : du^2$ aus der Gleichung

$$\varphi_1\, du^1 + \varphi_2\, du^2 = 0 \tag{3}$$

folgt, wobei

$$\varphi_i = \frac{\partial \varphi}{\partial u^i} \tag{4}$$

gesetzt ist. Auch eine lineare Differentialgleichung

$$P_i\, du^i = 0 \tag{5}$$

definiert eine Kurvenschar, da ja bekannt ist, daß eine solche Gleichung durch einen passend gewählten Multiplikator in die Form (3) übergeführt werden kann.

---

[1]) Um den zahlreichen Beziehungen, die in der Theorie der Flächen auftreten, ohne ein allzu verwickeltes System von Bezeichnungen gerecht zu werden, wird von jetzt ab eine neue Bezeichnungsweise benutzt werden. Ein Raumpunkt (x) hat die Koordinaten x^α $(\alpha = 1, 2, 3)$, sein Radiusvektor heiße x. Die Bezeichnung x_i, bzw. x^i $(i = 1, 2)$ bedeutet von jetzt an nicht mehr ein Paar von ebenen Koordinaten, sondern zwei Raumvektoren, die aus x in bestimmter Weise hergeleitet werden. Allgemein sollen griechische Buchstaben $\alpha, \lambda, \mu, \ldots$ als Marken die Werte 1, 2, 3 durchlaufen, lateinische Buchstaben $i, k, r, \ldots$ die Werte 1, 2. Diese neue Übereinkunft ist unbedenklich, weil die Kennzeichnung der einzelnen Koordinaten in der allgemeinen Untersuchung überflüssig ist. Diese Festsetzung schließt natürlich nicht aus, daß man bei der Behandlung einer Einzelfrage, bei der die drei Koordinaten nicht gleichberechtigt sind, die Zahlenwerte der Marken 1, 2, 3 also einzeln gebraucht werden, eine besondere Übereinkunft trifft.

Ebenso definiert eine quadratische Differentialgleichung

$$(6) \qquad P_{ik}\, du^i du^k = 0 \qquad (P_{ik} = P_{ki})$$

ein Kurvensystem, von dem durch jeden Punkt der Fläche zwei (reelle oder imaginäre) Kurven hindurchgehen, wenn die Determinante

$$(7) \qquad P = P_{11} P_{22} - P_{12}^2$$

von Null verschieden ist.

Tangentialebene. Konstruiert man eine beliebige Kurve $u^1 = u^1(t)$, $u^2 = u^2(t)$ auf der Fläche und in einem ihrer Punkte (x) die Tangente, so ist deren Richtung durch den Vektor

$$(8) \qquad \dot{x} = x_1 \dot{u}^1 + x_2 \dot{u}^2$$

gegeben, wobei

$$x_i = \frac{\partial x}{\partial u^i} \qquad (i = 1, 2)$$

zwei räumliche Vektoren bedeuten, die mit $\dot{x}$ komplanar sind. Alle Tangenten an Kurven der Fläche, die durch den Punkt x gehen, sind daher, falls der Punkt regulär ist, mit x_1, x_2 komplanar und liegen in einer Ebene

$$(9) \qquad (y - x, x_1, x_2) = 0,$$

der Tangentialebene der Fläche in (x). Schreibt man (9) in der gleichwertigen Form

$$(9a) \qquad y = x + \dot{u}^1 x_1 + \dot{u}^2 x_2,$$

so erkennt man, daß die Vektoren x_1, x_2, die durch Ableitung des Radiusvektors nach den Flächenparametern u^1, u^2 entstehen, in der Tangentialebene die Grundvektoren eines affinen Koordinatensystems bilden.

Transformation der Koordinatenlinien. Führt man durch die Gleichungen

$$(10) \qquad u^i = u^i(\bar{u}^1, \bar{u}^2)$$

ein neues System von Parameterkurven auf der Fläche ein, so wird

$$(11) \qquad \dot{u}^i = \alpha_k^i \dot{\bar{u}}^k,$$

wobei

$$(12) \qquad \alpha_k^i = \frac{\partial u^i}{\partial \bar{u}^k}$$

gesetzt ist.

Dabei wird

$$\bar{x}_k = \frac{\partial x}{\partial \bar{u}^k} = \frac{\partial x}{\partial u^i} \frac{\partial u^i}{\partial \bar{u}^k},$$

d. h.

$$(13) \qquad \bar{x}_k = \alpha_k^i x_i,$$

so daß die Koordinaten $\dot{u}^i$ sich kontravariant zu den Grundvektoren transformieren. Das Paar der zu (11), (13) inversen Transformationen

$$(11') \qquad \dot{\bar{u}}^k = \mathsf{A}_i^k \dot{u}^i$$

(13′) $$x_i = \mathsf{A}_i^k \bar{x}_k.$$

hat die Koeffizienten

(12′) $$\mathsf{A}_i^k = \frac{\partial \bar{u}^k}{\partial u^i},$$

die, wenn man (11) nach $\dot{\bar{u}}^k$ auflöst, explizit in der Form

(14) $$\begin{array}{ll} \alpha \mathsf{A}_1^1 = \alpha_2^2, & \alpha \mathsf{A}_2^1 = -\alpha_2^1, \\ \alpha \mathsf{A}_1^2 = -\alpha_1^2, & \alpha \mathsf{A}_2^2 = \alpha_1^1, \end{array}$$
$$\alpha = \alpha_1^1 \alpha_2^2 - \alpha_2^1 \alpha_1^2 = \frac{\partial(u^1, u^2)}{\partial(\bar{u}^1, \bar{u}^2)}$$

geschrieben werden können. Wichtiger als diese ausgerechneten Werte der Koeffizienten A_i^k sind die Beziehungen

(15) $$\alpha_i^k \mathsf{A}_k^l = \begin{cases} 1 \\ 0 \end{cases} \quad \alpha_k^i \mathsf{A}_l^k = \begin{cases} 1 & i = l \\ 0 & i \neq l, \end{cases}$$

die aus (14) durch Ausrechnung bestätigt werden können, sich aber auch aus den Beziehungen

$$\frac{\partial \bar{u}^l}{\partial u^k} \frac{\partial u^k}{\partial \bar{u}^i} = \frac{\partial \bar{u}^l}{\partial \bar{u}^i}$$
$$\frac{\partial u^i}{\partial \bar{u}^k} \frac{\partial \bar{u}^k}{\partial u^l} = \frac{\partial u^i}{\partial u^l}$$

ablesen lassen. Man beachte noch, daß das Produkt der Determinanten

(16) $$\alpha \mathsf{A} = 1$$

ist.

Aus diesen Beziehungen ergibt sich, *daß eine Transformation* (10) *der krummlinigen Koordinaten der Fläche in der Tangentialebene eines ihrer Punkte* (x) *eine radiale affine Transformation* (11), (13) *induziert.* Die Grundvektoren x_i transformieren sich dabei kovariant, die Koordinaten $\dot{u}^i$ kontravariant.

Der Bivektor $x_1 \times x_2$, der der Tangentialebene zugeordnet ist, erfährt dabei, wie eine einfache Ausrechnung zeigt, eine Multiplikation mit der Determinante α der Affinität:

(17) $$\bar{x}_1 \times \bar{x}_2 = \alpha (x_1 \times x_2).$$

Damit ist die früher (I. Teil, Kap. 1) entwickelte formale Theorie der Affingeometrie der Ebene für die Untersuchung der Geometrie „in" der Tangentialebene einer Fläche nutzbar gemacht. Insbesondere definieren die Koeffizienten A_i einer linearen Differentialform

$$A_i \, du^i$$

einen kovarianten Vektor in der Tangentialebene und die Gleichung

$$A_i \dot{u}^i = 0$$

die zum Vektor A_i normalen Vektoren $\dot{u}^i$. Desgleichen stellen die Koeffizienten einer quadratischen Differentialform

$$A_{ik} \, du^i \, du^k$$

einen symmetrischen kovarianten Tensor zweiter Stufe in der Tangentialebene dar, usw.

Dabei ist bemerkenswert, daß aus einem Tensor nullter Stufe, d. h. der skalaren Funktion $\varphi(u^1, u^2)$, durch Differentiation ein Tensor 1. Stufe, der Vektor φ_1, φ_2 hervorgeht (der Tangentenvektor der Kurve $\varphi = \text{konst.}$), daß man aber durch Ableitung eines Vektors keineswegs einen Tensor zweiter Stufe erhält. In der Tat erkennt man aus dem invarianten Ausdruck

$$d(A_i du^i) = \frac{\partial A_i}{\partial u_k} du^i du^k + A_i d^2 u^i, \tag{18}$$

daß das Größensystem $\frac{\partial A_i}{\partial u_k}$ nur dann einen Tensor bilden würde, wenn

$$d^2 u^i = \frac{\partial^2 u^i}{\partial \bar{u}^k \partial \bar{u}^l} d\bar{u}^k d\bar{u}^l = 0$$

ist.

§ 29. Die Affinitäten im Raume und die durch sie induzierte Flächenmetrik.

Die in § 28 abgeleiteten Beziehungen sind „innere" Eigenschaften der Fläche und des Systems ihrer Tangentialebenen, sie gelten unabhängig von der Struktur des Raumes R_3, in den die Fläche (x) eingebettet ist. In der affinen Flächentheorie werden die „äußeren" Eigenschaften der Fläche zu untersuchen sein, d. h. diejenigen, die gegenüber der Gruppe der räumlichen Affinitäten

$$x^\alpha = c^\alpha_\lambda \bar{x}^\lambda + c^\alpha_0 \qquad (\alpha, \lambda = 1, 2, 3) \tag{19}$$

oder einer ihrer Untergruppen invariant sind. Dabei bedeuten die Koeffizienten c^α_λ und c^α_0 beliebige Konstanten. Der Transformation (19) der Koordinaten entspricht eine affine Transformation der Grundvektoren, und zwar wird

$$x^\alpha e_\alpha = (c^\alpha_\lambda \bar{x}^\lambda + c^\alpha_0)\, e_\alpha = \mathfrak{a} + \bar{x}^\lambda \bar{e}_\lambda,$$

d. h. der Nullpunkt ist um den Vektor $\mathfrak{a}$ verschoben, während die Grundvektoren durch die homogene Affinität

$$\bar{e}_\lambda = c^\alpha_\lambda e_\alpha \tag{20}$$

miteinander verknüpft sind.

Die Grundvektoren x_1, x_2 der Tangentialebene transformieren sich dabei auf Grund von (19) durch die homogene Affinität

$$x^\alpha_i = c^\alpha_\lambda \bar{x}^\lambda_i, \tag{21}$$

und dasselbe gilt von den Raumvektoren

$$\frac{\partial^2 x}{\partial u^i \partial u^k}, \quad \frac{\partial^3 x}{\partial u^i \partial u^k \partial u^l}, \ldots,$$

d. h. sie sind raumkontravariant zu den räumlichen Grundvektoren e_α. Dagegen unterliegt der Bivektor

$$\mathfrak{x} = x_1 \times x_2, \tag{22}$$

der die Stellung der Tangentialebene im Raume kennzeichnet, der räumlichen Affinität

(23) $$\mathfrak{x}_\lambda = C^\alpha_\lambda \bar{\mathfrak{x}}_\alpha,$$
wobei C^α_λ die dem Gliede c^λ_α zugeordnete Unterdeterminante der Determinante
$$c = |c^\mu_\lambda|$$
bedeutet.

Daraus folgt, daß der Spat
$$w = (x, x_1, x_2) = \mathfrak{x}\, x$$
durch eine Gleichung von der Form

(24) $$w = c\,\tilde{w} + \mathfrak{C}_0 \mathfrak{x}$$
transformiert wird, dagegen die Spate

(25) $$l_{ik} = \left(\frac{\partial^2 x}{\partial u^i \partial u^k}, x_1, x_2\right)$$
sich einfach mit c multiplizieren:

(26) $$l_{ik} = c\,\tilde{l}_{ik}\,.$$

Der Grundtensor der Fläche für die radial-affine Geometrie. Hieraus ergibt sich, daß gegenüber **radialen** Affinitäten, für die der Vektor c_0 und damit $\mathfrak{C}_0$ verschwindet, die Größen

(27) $$g_{ik} = \frac{l_{ik}}{w}$$
invariant sind.

Dagegen ändern sich die Größen w und l_{ik} bei einer Transformation (10) der krummlinigen Koordinaten auf der Fläche folgendermaßen:

(28) $$\begin{gathered}\bar{w} = (x, \bar{x}_1, \bar{x}_2) = (x, \alpha^r_1 x_r, \alpha^s_2 x_s)\\ \bar{w} = \alpha\,(x, x_1, x_2) = \alpha w\\ \bar{l}_{ik} = \left(\frac{\partial^2 x}{\partial \bar{u}^i \partial \bar{u}^k}, \bar{x}_1, \bar{x}_2\right) = \alpha\left(\frac{\partial^2 x}{\partial \bar{u}^i \partial \bar{u}^k}, x_1, x_2\right).\end{gathered}$$

Da aber
$$\frac{\partial^2 x}{\partial \bar{u}^i \partial \bar{u}^k} = \alpha^r_i \alpha^s_k \frac{\partial^2 x}{\partial u^r \partial u^s} + x_r \frac{\partial \alpha^r_i}{\partial \bar{u}^k}$$
ist, so wird

(29) $$\bar{l}_{ik} = \alpha\,\alpha^r_i \alpha^s_k l_{rs}\,,$$
so daß sich

(30) $$\bar{g}_{ik} = \alpha^r_i \alpha^s_k g_{rs}$$
ergibt.

Die gegenüber radialen Raumaffinitäten invarianten Größen g_{ik} bilden einen kovarianten symmetrischen Tensor in der Tangentialebene der Fläche.

Man mache sich die grundlegende Bedeutung dieser Tatsache von vornherein recht klar. Wenn eine Fläche einem radial-affinen Raum angehört, in dem also keine Metrik festgelegt ist, so ist damit in jeder ihrer Tangentialebenen ein Tensor zweiter Stufe bestimmt, den man als Grundtensor einer

Metrik auffassen kann; auf der Fläche ist also durch die Gruppe der radialen Affinitäten eine Metrik induziert, deren Eigenschaften, als Eigenschaften des Raumes gedeutet, radial-affininvariant sind. Man kann von vornherein erwarten, daß das Studium dieser Metrik für die affine Theorie der Flächen im Raume von wesentlichster Bedeutung sein wird, schon weil dadurch der ganze Rechenapparat der Tensorrechnung, der im 1. Kapitel entwickelt worden ist, für die Untersuchung nutzbar gemacht werden kann.

Der Grundtensor der Fläche für die Scherungsgeometrie. Nur für die radialen Affinitäten hat die Größe w eine invariante Bedeutung. Dagegen erkennt man aus (26), daß für Scherungen, die ja durch die Gleichung

$$c = 1$$

gekennzeichnet sind, die Größen l_{ik} invariant sind. Bei einer Transformation der krummlinigen Koordinaten verhalten sie sich aber gemäß (28) nicht wie ein Tensor, sondern multiplizieren sich mit der Determinante α. Nun kann man aber durch eine Rechnung, die der des § 6 (S. 29) genau parallel läuft, die Transformationsformel für ihre Determinante

$$l = l_{11} l_{22} - l_{12}^2$$

ausrechnen und erhält

$$\ddot{l} = \alpha^4 l. \tag{31}$$

Daraus folgt, daß die Größen

$$\mathbf{g}_{ik} = \frac{l_{ik}}{l^{1/4}} \tag{32}$$

sich wie die Komponenten eines kovarianten symmetrischen Tensors verhalten:

$$\ddot{\mathbf{g}}_{ik} = \alpha_i^r \alpha_k^s \mathbf{g}_{rs}. \tag{33}$$

Die Scherungsgruppe induziert in der Tangentialebene einer Fläche eine rauminvariante Maßbestimmung mit dem Grundtensor $\mathbf{g}_{ik}$.

Beziehungen der Grundformeln beider Gruppen. Die affine Differentialgeometrie der Flächen spaltet sich somit in zwei Zweige: Handelt es sich um solche Eigenschaften einer Fläche, bei denen ein mit der Fläche fest verbundener Punkt eine Rolle spielt (etwa der „Mittelpunkt" derjenigen Flächen, die einen solchen besitzen), so wird man den Tensor g_{ik} zugrunde legen; bei Eigenschaften, die nur die Raumtreuheit der Affinität voraussetzen, den Tensor $\mathbf{g}_{ik}$. Beide Zweige werden nebeneinander zu entwickeln sein, wenn man Wert darauf legt, jede Fragestellung in ihren naturgemäßen Zusammenhang einzuordnen.

Es ist leicht, von der einen zur anderen Darstellung überzugehen, da g_{ik} und $\mathbf{g}_{ik}$ nur verschiedene Normierungen der Größe l_{ik} bedeuten und daher

$$\mathbf{g}_{ik} = \varrho g_{ik} \tag{34}$$

gesetzt werden kann. Dabei ist, wie eine leichte Rechnung zeigt,

$$(35) \qquad \varrho = \frac{w^{1/2}}{g^{1/4}}$$

eine Größe, die W. Blaschke als „Affinentfernung" der Tangentialebene vom Koordinatenanfang bezeichnet hat[1]).

Vielfach gebraucht werden die Werte der Determinanten

$$(36) \qquad g = \frac{l}{w^2}, \quad \mathfrak{g} = l^{1/2}, \quad \mathfrak{g} = wg^{1/2}$$

und ihre Transformationen bei Koordinatenänderung:

$$(37) \qquad \bar{g} = \alpha^2 g, \quad \bar{\mathfrak{g}} = \alpha^2 \mathfrak{g}.$$

Man erkennt übrigens, daß die Eichkurven

$$(38) \qquad \mathfrak{s}^2 \equiv g_{ik}\dot{u}^i\dot{u}^k = 1, \quad \mathfrak{s}^2 \equiv \mathfrak{g}_{ik}\dot{u}^i\dot{u}^k = 1$$

nichts anderes sind als die Gleichungen der passend normierten Dupinschen Indikatrix der klassischen Flächentheorie. Die durch sie bestimmten Metriken sind euklidisch, wenn die Fläche positives Gaußsches Krümmungsmaß hat, pseudoeuklidisch für Flächen negativen Krümmungsmaßes. In letzterem Falle sind für reelle Flächen die $\mathfrak{g}_{ik}$ imaginär, da sie von $\sqrt[4]{l}$, also der vierten Wurzel aus einer negativen Größe abhängen. Auch in diesem Falle kann man durch Multiplikation mit einer passenden (imaginären) Konstanten statt des Tensors $\mathfrak{g}_{ik}$ einen reellen Tensor einführen. Hiervon wird man oft Gebrauch machen, wenn die Untersuchung sich auf solche Flächen bezieht. Da wir grundsätzlich nur „analytische" Flächen betrachten, sind in der Formelentwicklung die Realitätsverhältnisse unwesentlich.

Der Normalvektor. Der dem Bivektor $x_1 \times x_2$ äquivalente Raumvektor, der Normalvektor der Fläche, der bisher — vorübergehend — mit $\mathfrak{x}$ bezeichnet wurde, ist für Scherungen ein kovarianter Vektor, da, wie die Gleichung (23) zeigt,

$$(39) \qquad \mathfrak{x}x = c,$$

also für $c = 1$ invariant ist. Dagegen ist er gegen Koordinatenänderungen empfindlich, da ja

$$\bar{\mathfrak{x}} = \bar{x}_1 \times \bar{x}_2 = \alpha_1^i x_i \times \alpha_2^k x_k = \alpha x_1 \times x_2 = \alpha \mathfrak{x}$$

ist. Bildet man aber

$$(40) \qquad \bar{\bar{\mathfrak{x}}} = \frac{\mathfrak{x}}{\mathfrak{g}^{1/2}} = \frac{x_1 \times x_2}{\mathfrak{g}^{1/2}},$$

so ist damit eine „Normierung" des Normalvektors gegeben, die gegenüber Koordinatentransformationen invariant, gegenüber Scherungen kovariant ist. $\bar{\bar{\mathfrak{x}}}$ sei daher als Normalvektor der Scherungsgeometrie gewählt.

In derselben Weise kann man den Normalvektor für die radiale Affingeometrie normieren, indem man

$$(41) \qquad \xi = \frac{\mathfrak{x}}{w} = \frac{x_1 \times x_2}{(x\, x_1\, x_2)}$$

setzt. Man beachte, daß $\bar{\bar{\mathfrak{x}}}$ und ξ durch die Gleichung

[1]) Affingeometrie, S. 110, (53).

(42) $$\bar{\mathfrak{x}} = \varrho\mathfrak{x}$$

verbunden sind.

§ 30. Konjugierte und asymptotische Linien.

Konjugierte Richtungen. Den bisher rein formal aus der analytischen Darstellung einer Fläche abgeleiteten einfachsten affinen Kovarianzen werden auch einfache geometrische Tatsachen entsprechen müssen.

In den Punkten einer Kurve $u^i = u^i(t)$, die die Fortschreitungsrichtung $du^1 : du^2 = \dot{u}^1 : \dot{u}^2$ auf der Fläche (x) bestimmt, seien die Tangentialebenen konstruiert. Sie umhüllen eine Torse, deren Erzeugenden mit den Tangenten an die Kurve (t) nur dann zusammenfallen können, wenn die Gratlinie der Torse die Kurve (t) selbst ist, d. h. wenn die Schmiegungsebenen dieser Kurven Tangentialebenen der Fläche (x) sind. Die Torse reduziert sich auf einen Ebenenbüschel, wenn die Kurve (t) eine Gerade ist, die ganz auf der Fläche liegt. In jedem Falle sei die Richtung ihrer Erzeugenden vorübergehend durch $\delta u^1 : \delta u^2$ gekennzeichnet, so daß ein beliebiger Punkt y der Erzeugenden durch

$$y = x + x_i \delta u^i$$

gegeben ist. Der Punkt y liegt dann nicht nur in der Berührungsebene

$$(y - x, \mathfrak{x}) = (y - x, x_1, x_2) = 0$$

des Punktes x, sondern auch in der Ebene

$$(y - x, d\mathfrak{x}) = \left(y - x, \frac{\partial^2 x}{\partial u^1 \partial u^i} du^i, x_2\right) + \left(y - x, x_1, \frac{\partial^2 x}{\partial u^2 \partial u^k} du^k\right) = 0\,,$$

so daß $\delta u^1 : \delta u^2$ mit $du^1 : du^2$ durch die Gleichung

$$\left(x_1 \delta u^1, \frac{\partial^2 x}{\partial u^1 du^i} du^i, x_2\right) + \left(x_2 \delta u^2, x_1, \frac{\partial^2 x}{\partial u^2 \partial u^k} du^k\right) = 0\,,$$

d. h.

(43) $$l_{ik} du^i \delta u^k = 0$$

verbunden ist. Man bezeichnet zwei Richtungen $du^1 : du^2$ und $\delta u^1 : \delta u^2$, die durch die Gleichung (43) miteinander verknüpft sind, als „konjugiert". Beachtet man ferner, daß zwei konjugierte Richtungen sowohl in der Metrik, die durch g_{ik} als auch durch $\mathfrak{g}_{ik}$ bestimmt ist, senkrecht sind, so folgt:

Die Richtungen $\delta u^1 : \delta u^2$ der Erzeugenden einer Torse, die die Fläche (x) längs einer Kurve (t) berührt, sind zu der Richtung $du^1 : du^2$ der Tangente der Kurve (t) konjugiert. Konjugierte Richtungen sind im Sinne der beiden Metriken (38) orthogonal.

In jedem regulären Punkte der Fläche (x) gibt es zwei (reelle oder imaginäre) Richtungen $\dot{u}^1 : \dot{u}^2$, die mit ihrer konjugierten zusammenfallen; sie sind durch die Gleichung

(44) $$l_{ik} \dot{u}^i \dot{u}^k = 0$$

gekennzeichnet. Die Kurven, deren Tangenten diese Gleichung erfüllen, heißen die „Asymptotenlinien" der Fläche (x), sie sind die „isotropen"

Kurven der Fläche im Sinne der Metriken (38). Diese Kurven sind entweder gerade Linien, die auf der Fläche liegen, oder solche Kurven, deren Schmiegungsebenen mit den Tangentialebenen der Fläche zusammenfallen.

Man beachte, daß die Metriken, deren Eichkurven

$$\mathfrak{l}^2 \equiv l_{ik}\dot{u}^i\dot{u}^k = 1, \qquad \mathfrak{g}^2 \equiv g_{ik}\dot{u}^i\dot{u}^k = 1, \qquad \mathfrak{g}^2 \equiv \mathbf{g}_{ik}\dot{u}^i\dot{u}^k = 1$$

sind, konform sind, d. h. daß beim Übergang von der einen zu einer der beiden anderen die Winkelgröße zweier Richtungen du^i und δu^i erhalten bleibt. Zwei Metriken sind immer dann konform, wenn die Grundtensoren proportional sind.

Beispiel 1. L_{ik} sei ein beliebiger zu l_{ik} „ähnlicher" Tensor

$$L_{ik} = \lambda(u^1, u^2)\, l_{ik}\,, \tag{45}$$

(der auch mit l_{ik} selbst oder mit g_{ik} oder $\mathbf{g}_{ik}$ identisch sein kann).

Wann schneiden sich die Kurven der Scharen

$$P_i du^i = 0 \quad Q_k \delta u^k = 0$$

der Fläche (x) im Sinne der durch L_{ik} bestimmten Metrik allenthalben orthogonal?

Die Gleichung

$$P_i \dot{u}^i = 0$$

bestimmt im Punkt x der Fläche ein Paar orthogonaler Vektoren P_i und $\dot{u}^i$. Soll auch Q_k ein zu P_i senkrechter Vektor sein, so muß er zu $\dot{u}^i$ parallel sein; es ist aber

$$Q^i = L^{ik} Q_k;$$

da aber

$$\dot{u}^i = \mu(u^1, u^2)\, Q^i$$

sein muß, so folgt, daß die gesuchte Bedingung

$$L^{ik} P_i Q_k = 0 \tag{46}$$

ist. Insbesondere besteht die Kurvenschar

$$\varphi(u^1, u^2) = \text{konst.}$$

aus Asymptotenlinien, wenn

$$\nabla\varphi = L^{ik}\varphi_i\varphi_k = 0 \tag{47}$$

ist. Ferner sind die Kurvenscharen $\varphi = \text{konst.}$ und $\psi = \text{konst.}$ orthogonal, wenn

$$\nabla(\varphi, \psi) = L^{ik}\varphi_i\psi_k = 0 \tag{48}$$

ist.

Beispiel 2. Die Koordinatenlinien sind konjugiert, wenn

$$L_{12} = 0,$$

sie sind Asymptotenlinien, wenn

$$L_{11} = 0, \quad L_{22} = 0$$

ist.

Viertes Kapitel.

Geometrie der quadratischen Differentialform.

§ 31. Der affine Zusammenhang.

Wir haben gesehen, daß man einer Fläche (x) sowohl im Raume der radialen Affinitäten als auch in der Geometrie der Scherungen einen Maßtensor $g_{ik}(u^1, u^2)$ bzw. $\mathbf{g}_{ik}(u^1, u^2)$ zuordnen kann, der für jeden Flächenpunkt, d. h. in seiner Tangentialebene eine Metrik festlegt, die gegenüber Transformationen der betreffenden Gruppe invariant ist.

Wenn umgekehrt ein Tensor $L_{ik}(u^1, u^2)$ vorliegt, so führt die Aufgabe, eine Fläche im Raume R_3 zu suchen, für die der Tensor die Bedeutung g_{ik} bzw. $\mathbf{g}_{ik}$ besitzt, d. h. drei Größen x^α zu finden, die mit den L_{ik} durch die durch die Formeln (27) bzw. (32) des vorigen Kapitels vermittelten Beziehungen verknüpft sind, auf zwei ganz verschiedene Integrationsprobleme. Es handelt sich um zwei Systeme von partiellen Differentialgleichungen zweiter Ordnung, die gänzlich verschiedene Struktur besitzen. Die wirkliche Lösung dieser Aufgabe scheitert allerdings schon in den einfachsten Fällen an analytischen Schwierigkeiten, doch ist aus der allgemeinen Theorie der Differentialgleichungen bekannt, daß es in jedem Falle nicht nur e i n Tripel von Lösungen x^α gibt, sondern unendlich viele. Alle Flächen $\mathfrak{G}$ mit demselben Maßtensor $g_{ik} = L_{ik}$ nennt man „radial-affinisometrisch", die Flächen $\mathfrak{G}$, die denselben Maßtensor $\mathbf{g}_{ik} = L_{ik}$ besitzen, heißen „scherungsisometrisch".

Die Frage der Isometrie von Flächen stellt sich bereits in der klassischen Differentialgeometrie und hat sich dort zu einer weit ausgedehnten Forschungsrichtung entwickelt. Auch dort ist mit einer Fläche $\mathfrak{E}$ ein Maßtensor E_{ik} verknüpft, der durch die Gleichungen

$$E_{ik} = x_i x_k$$

definiert ist. Alle Flächen $\mathfrak{E}$, die auf dieselbe quadratische Grundform

$$e_2 = E_{ik} du^i du^k = ds^2$$

bezogen werden können, werden als „isometrisch" oder „aufeinander abwickelbar" bezeichnet.

Zwei isometrische Flächen $\mathfrak{E}_1$ und $\mathfrak{E}_2$ haben im Einbettungsraum verschiedene Gestalt und Lage, dagegen werden alle geometrischen Beziehungen a u f der Fläche $\mathfrak{E}_2$ genau dieselben sein wie auf $\mathfrak{E}_1$. Auf einer Torse, die ja auf die euklidische Ebene abwickelbar ist, wird also genau wie in dieser die euklidische Geometrie gelten (z. B. ist Winkelsumme im Dreieck π, Umfang eines Kreises vom Radius r ist $2r\pi$), auf der Biegungsfläche der Kugel die sphärische Geometrie (Winkelsumme im Dreieck $> \pi$, Umfang eines Kreises $< 2\pi r$). Denken wir uns ein Wesen von ähnlicher geistiger Struktur wie der unsrigen, das auf einer solchen Fläche $\mathfrak{E}$ lebt und dem die Fähigkeit abgeht, sich einen dreidimensionalen Raum vorzustellen. Ein solches Wesen könnte eine vollständige Geometrie auf der Fläche, in seinem Lebensraum, entwickeln, die Beziehungen zwischen Seiten und Winkeln eines Dreiecks, die Beziehung zwischen Radius und Umfang eines Kreises, usw. ermitteln; es könnte indessen auf keine Weise feststellen, ob es auf einer Fläche $\mathfrak{E}_1$ oder einer isometrischen Fläche $\mathfrak{E}_2$ des Einbettungsraumes lebt. Diese Frage hätte überhaupt keinen Sinn, da der dreidimensionale Einbettungsraum die Grenzen seiner Vorstellungskraft übersteigt. Gehen wir noch einen Schritt weiter und stellen uns vor, daß der Erfahrungsraum dieses Wesens sich auf ein Flächendifferential beschränkt, auf die „Nachbarschaft" des Punktes $u^1 =$ konst., $u^2 =$ konst., daß also die Dimensionen der (zweidimensionalen) „Welt" gegenüber denen des Lebensraums unvorstellbar groß sind, so werden seine geometrischen Vorstellungen dieselben sein, als ob es in dem (zweidimensionalen) Tangentialraum der Fläche lebte. In diesem aber gilt die euklidische (oder *) pseudoeuklidische) Geometrie. Die immer wieder gemachte Erfahrung, daß die euklidische Geometrie „richtig" ist, könnte es dann zu der Vorstellung führen, daß diese denknotwendig ist. Auch wenn dann Beobachtungen, die über das Raumdifferential hinausgehen, den Gesetzen der euklidischen Geometrie nicht entsprechen, wird man zunächst von der Denkgewohnheit nicht abgehen wollen, sondern durch geeignete physikalische Hilfsvorstellungen danach streben, die euklidische Struktur des Gesamtraumes zu „retten". Erst wenn sich die Beobachtungen häufen, die mit der euklidischen Struktur nicht vereinbar sind und die Hilfskonstruktionen, die sie retten können, immer verwickelter werden, wird man sich überhaupt erst die Frage vorlegen, ob nicht die Annahme einer von Punkt zu Punkt wechselnden Struktur den ganzen Sachverhalt einfacher darstellen, „erklären" könnte.

In der Lage eines solchen Wesens, nur in einem um eine Dimension erweiterten Raume, befinden wir uns selbst. Alle unsere Erfahrungen und physikalischen Beobachtungen, soweit sie sich auf „irdische" Verhältnisse beziehen, bestätigen die „Richtigkeit" der euklidischen Geometrie. Auch die Messung von C. F. Gauß, der bei der Messung der Winkel in dem Dreieck Brocken—Inselsberg—Hohen Hagen innerhalb der Genauigkeitsgrenzen eine Abweichung der Winkelsumme von π nicht feststellen konnte. Aber selbst wenn Gauß dabei eine Abweichung von π mit Sicherheit hätte nachweisen können, wäre man nicht genötigt gewesen, die euklidische Raumstruktur aufzugeben, nur hätte man dann die Vorstellung der geradlinigen Fortpflanzung des Lichts nicht mehr festhalten können. Erst bei Messungen astronomischer Dimensionen haben sich Ergebnisse herausgestellt, die einer „Erklärung" innerhalb des euklidischen Raumes Schwierigkeiten bereiten und daher den Gedanken einer allgemeineren Raumstruktur nahelegen. (Wir sehen dabei von der noch hinzutretenden Problematik des Begriffs der „Gleichzeitigkeit" ab, die dazu geführt hat, den Begriff der Zeit mit dem des Raumes zu koppeln und als Schauplatz des physikalischen Geschehens eine vierdimensionale Raum-Zeit-„Welt" anzusehen. So grundlegend wichtig

*) Wenn etwa der Erfahrungsraum eine zweidimensionale Raum-Zeit-„Welt" Einsteins ist.

diese Dinge auch für die Physik sein mögen: für den Geometer bedeuten sie nichts anderes als die Erweiterung seines Vorstellungskreises um noch eine weitere Dimension. Ihr volles Verständnis setzt aber voraus, daß man erst einmal die einfache zweidimensionale Problemstellung gründlich durchdacht hat, auf die wir uns hier grundsätzlich beschränken wollen.) Dabei hat es keinen Sinn, nach der Gestalt zu fragen, in der unser physikalischer Vorstellungsraum etwa in einen mehrdimensionalen Einbettungsraum eingeordnet ist: unsere Vorstellung ist nun einmal dreidimensional, und alles was wir beobachten können, kann sich nur auf „innere" Eigenschaften dieses Raumes beziehen. Das Problem „isometrischer Räume" kann daher kein Problem der Physik sein. Man sieht dies noch deutlicher ein, wenn man jetzt zu dem Ausgangspunkt unserer Betrachtungen zurückkehrt. Auch im radial-affinen Raume oder in dem Raume der Scherungsgeometrie liegen Flächen 𝔊 und 𝕲 eingebettet, deren Maßtensor L_{ik} ist.

Denken wir uns jetzt je ein Flächenwesen auf den Flächen 𝔈, 𝔊, 𝕲, so werden alle drei dieselbe Geometrie auf der Fläche entwickeln, da ja ihre Messungen in dem ihrer Erfahrung zugänglichen Gebiet auf genau die gleichen Beziehungen führen. Daß ihr „Erfahrungsraum" in Räumen ganz verschiedener Struktur eingebettet ist, kann in ihren geometrischen Systemen überhaupt nicht in Erscheinung treten. Überdies wird ihre Geometrie in erster Annäherung immer euklidisch (oder pseudoeuklidisch) sein, wenn ihr gewöhnlicher Erfahrungsraum über das Flächendifferential nicht hinausreicht: sie ist dann die euklidische (bzw. pseudoeuklidische) Geometrie der Tangentialebene in dem Punkte $u^1 =$ konst., $u^2 =$ konst. der Fläche, der den Mittelpunkt ihres Erfahrungsbereiches bildet.

Man kann schließlich noch einen Schritt weiter gehen. Da es auf den Einbettungsraum nicht ankommt, kann man (u^1, u^2) als ein beliebiges (gerades oder krummliniges) Koordinatensystem in ein und derselben Ebene E deuten mit der Maßgabe, daß in ihr der Maßtensor von Punkt zu Punkt wechselt und in einem Punkte (u^1, u^2) durch den Tensor L_{ik} gegeben ist. Die Streckenlänge in der „Umgebung" dieses Punktes ist dann durch die Größe ds gemessen, die durch

$$ds^2 = L_{ik} du^i du^k \tag{1}$$

definiert ist und die „Bogenlänge" einer Kurve $u^i(t)$ zwischen zwei Punkten t_0, t_1 durch das Linienintegral

$$s = \int_{t_0}^{t_1} \dot{s}\, dt\,, \tag{2}$$

genommen längs der Kurve $u_i(t)$. So verschieden die Flächen 𝔈, 𝔊, 𝕲, E „im Raume" aussehen mögen, die Geometrie „in der Fläche" ist für alle dieselbe, insbesondere werden ihre geodätischen Linien, die Extremalen des Variationsproblems (2), einander entsprechen.

Den Sachverhalt in der Ebene E kann man sich durch eine einfache mechanische Vorstellung leicht zugänglich machen. Man denke sich E auf eine euklidische Maßbestimmung bezogen und in ihr ein Kraftfeld derart gegeben, daß im Punkte (u^1, u^2) die kinetische Energie

$$\tfrac{1}{2} v^2 = \tfrac{1}{2} \left(\frac{ds}{dt}\right)^2 = \tfrac{1}{2} L_{ik} \dot{u}^i \dot{u}^k = \tfrac{1}{2} \mathfrak{L}^2$$

ist. Dann sind die Bahnkurven dieser ebenen Bewegung durch dieselbe Gleichung gegeben wie die geodätischen Linien auf der entsprechenden Fläche $\mathfrak{E}$ des euklidischen Raumes, d. h. die Bahnkurven einer kräftefreien Bewegung auf einer krummen Fläche. Man kann also das gegebene Kraftfeld dadurch wegtransformieren, daß man ihren Wirkungsbereich, die euklidische Ebene E, durch eine gekrümmte Mannigfaltigkeit, etwa eben die Fläche $\mathfrak{E}$ des euklidischen Raumes, ersetzt. Dieser Gedanke, der sich ohne weiteres auf die Bewegungen im dreidimenisonalen Raume ausdehnen läßt, spielt bekanntlich in der Entwicklung der modernen Physik eine grundlegende Rolle: *man kann durch eine zweckmäßig gewählte „Raumstruktur" jede Bewegung als kräftefreie Bewegung auffassen.*

Für diese Problemstellung ist, wie man sieht, die Natur des Einbettungsraumes völlig unwesentlich, die Flächen sind schlechterdings nicht zu unterscheiden, da es sich ausschließlich um Eigenschaften der quadratischen Differentialform $\mathfrak{L}^2$ handelt. Diese „Geometrie der quadratischen Form", die, wie schon betont, sofort auf Formen mit $n > 2$ Veränderlichen ausgedehnt werden kann, ist zuerst von Riemann in seinem Habilitationsvortrag [1]) ihrer ganzen Tragweite nach erkannt worden. Sie ist in den beiden letzten Jahrzehnten, nachdem sich ihre Bedeutung für den Aufbau des physikalischen Weltbildes herausgestellt hat, weit ausgebaut worden. Sie hat weder metrischen noch affinen noch sonstigen Gruppencharakter und sprengt daher den Rahmen, den Felix Klein der Geometrie gegeben hatte, wenn er sie als „Invariantentheorie einer Gruppe von Transformationen" definierte. Die Ergebnisse dieser „geometry of paths" [2]) sind demgemäß Gemeingut aller im Kleinschen Sinne möglichen Systeme der Differentialgeometrie; sie gewinnen ihre spezifische Deutung und dadurch anschaulichen Inhalt, wenn man durch Festlegung der Gruppe die Struktur des Einbettungsraumes bestimmt.

Wenn wir jetzt die Geometrie der quadratischen Form entwickeln, so treten wir aus dem engeren Gebiet der affinen Geometrie heraus, da dieselben Entwicklungen auch für jedes andere System der Differentialgeometrie grundlegend sind. Ihre Begründung bietet indessen eine der schönsten Anwendungen der in der Affingeometrie der Ebene gewonnenen Begriffsbildungen, so daß es berechtigt ist, sie gerade an dieser Stelle von Grund auf zu entwickeln. Man hat damit zugleich den Vorteil, gleich von vornherein den für die affine Geometrie der Flächen geeignetsten Rechenapparat gebrauchsfertig aufgestellt zu haben.

Der affine Zusammenhang. Aus den bisherigen Überlegungen ergibt sich also folgender Sachverhalt: In jedem durch eine stetige ana-

[1]) B. Riemann, Über die Hypothesen, welche der Geometrie zugrunde liegen. Bearbeitet von H. Weyl. Berlin 1919.

[2]) O. Veblen und J. H. C. Whitehead, The foundations of Differential Geometry. Cambridge Tracts, 1932.

lytische Gruppe definierten „Kleinschen Raum" ist eine Fläche eingebettet, die ein und derselben quadratischen Form zugeordnet ist. Diese Flächen, von denen $\mathfrak{E}$, $\mathfrak{G}$, $\mathfrak{G}$, E nur einzelne Beispiele sind, sind punktweise durch gleiche Werte der Parameter u^1, u^2 aufeinander bezogen, und in entsprechenden Punkten haben die Flächen, oder genauer ihre Tangentialebenen $\mathfrak{T}$, dieselbe Metrik, die von Punkt zu Punkt wechselt, da die Koeffizienten der Eichkurve und die Grundvektoren x_1, x_2 Funktionen der Parameter u^1, u^2 sind. Diese haben, solange es sich um „innere" Eigenschaften der Fläche, d. h. des Systems der Ebenen $\mathfrak{T}$ handelt, keine andere Bedeutung als die von Marken, deren Werte gestatten, die einzelnen Individuen des Ebenensystems ($\mathfrak{T}$) voneinander zu unterscheiden. Man kann sich daher die Ebenen $\mathfrak{T}$ auch als Tangentialebenen einer beliebigen Fläche $U(u^1, u^2)$ angeheftet denken, die etwa der Fläche $\mathfrak{E}$ topologisch äquivalent ist. Es ändert sich auch nichts, wenn man das System ($\mathfrak{T}$) von einer solchen Trägerfläche überhaupt loslöst und sich seine Ebenen irgendwie angeordnet denkt: wesentlich ist nur, daß man weiß, welche stetige Schar von Ebenen $\mathfrak{T}$ durch eine stetige Änderung $u^1(t), u^2(t)$ aus dem System herausgelöst ist; wesentlich ist ferner, daß die Längen- und Winkelgrößen in den Ebenen $\mathfrak{T}$ miteinander vergleichbar sind, d. h. daß in jeder Ebene ein Punkt (u^1, u^2) als Nullpunkt eines Koordinatensystems (x_1, x_2) und eine Eichkurve $\mathfrak{L}^2 = 1$ festgelegt ist. Wenn man durch eine (reelle oder imaginäre) Affinität die Ebenen so transformiert, daß die Eichkurve für alle der Einheitskreis ist (dieser Fall liegt bei den Tangentialebenen der Fläche $\mathfrak{E}$ schon von vornherein vor), so stellen die ∞^2 Ebenen ebensoviele Abdrücke ein und desselben Klischees vor.

Damit ist aber noch keine ein-eindeutige Zuordnung der Punkte bzw. Vektoren von zwei Ebenen des Systems gegeben. Man könnte zunächst daran denken, einfach die Vektoren in den Koordinatenrichtungen sich entsprechen zu lassen, also die Grundvektoren $x_i(u^1, u^2)$ in allen Ebenen des Systems als „dieselben" Vektoren, als „entsprechende Punkte" demnach solche zu bezeichnen, die dieselben Koordinaten $(\dot{u}^1, \dot{u}^2)$ besitzen. Diese Forderung ist aber einmal zu weitgehend, weil die Länge des Grundvektors x_i nach Formel (35') des § 5 durch $\sqrt{L_{ii}}$ und der Koordinatenwinkel ε durch

$$\cos\varepsilon = \frac{L_{12}}{\sqrt{L_{11}L_{22}}}$$

gegeben ist, beide Größen also als Funktionen von (u^1, u^2) von Ebene zu Ebene wechseln, aber auch unsachgemäß, weil die Zuordnung der Ebenen von der zufälligen Wahl der Grundvektoren abhängig sein würde.

Der bequemeren Ausdrucksweise halber wollen wir ein solches von zwei stetigen Parametern (u^1, u^2) abhängiges System von ∞^2 Ebenen $\mathfrak{T}(u^1, u^2)$ als „die Tangentialebenen" einer Fläche $U(u^1, u^2)$ bezeichnen, ohne dabei die gewohnte Vorstellung verknüpfen zu wollen. Der Anfänger wird aber gut tun, sich unter der Fläche U eine der Flächen $\mathfrak{E}$, $\mathfrak{G}$, $\mathfrak{G}$ oder E vorzustellen. Aus dieser Mannigfaltigkeit kann man auf unendlich viele Weisen durch eine Gleichung

(3) $$\varphi(u^1, u^2) = 0$$

eine Schar von ∞^1 Ebenen herausheben, die Tangentialebenen einer „Kurve" von U. Es ist einleuchtend, daß man zwei „Punkte" von U durch unendlich viele Kurven

(3') $$u^i = u^i(t)$$

verbinden kann, d. h. daß es unendlich viele Scharen von Ebenen $\mathfrak{T}$ gibt, denen zwei beliebige Ebenen $\mathfrak{T}(t = t_0)$ und $\mathfrak{T}_1(t{=}t_1)$ angehören. Diese Ebenen können in einer beliebigen „Geometrie" nach einem ganz willkürlich vorgeschriebenen Gesetz punktweise zugeordnet sein; das einfachste (und für Flächen im affinen Raum einzig naturgemäße) ist es, sie affin aufeinander zu beziehen, d. h. die kovarianten Grundvektoren x_i von $\mathfrak{T}$ und $\bar{x}_i$ von $\mathfrak{T}_1$ durch Gleichungen von der Form

$$\bar{x}_i = b_i^k x_k$$

zu verknüpfen, so daß

$$\bar{x}_i - x_i = (b_i^i - 1)\, x_i + b_i^k x_k\,, \qquad (k \neq i)$$

wird, wobei die b_i^k gewisse Funktionen von t sind[1]). Diese Gleichungen geben also eine bestimmte Vorschrift, nach der die Grundvektoren der ∞^1 Ebenen des Systems $\mathfrak{T}(t)$ miteinander verknüpft sind. Sie müssen natürlich mit der früheren Festsetzung verträglich sein, daß die Eichkurve in den Ebenen durch die Gleichung $L_{ik}(u^1(t), u^2(t))\dot{u}^i\dot{u}^k = 1$ gegeben ist. Damit ordnen sich die Punkte und zugleich die Radienvektoren, also auch die Richtungen je zweier Ebenen $\mathfrak{T}, \mathfrak{T}_1$ einander ein-eindeutig zu. Damit ist ein „affiner Zusammenhang" zwischen den Ebenen $\mathfrak{T}(t)$ hergestellt, und wenn man noch entsprechende Richtungen als „parallel" bezeichnet, kann man den Sachverhalt so ausdrücken: die obigen Gleichungen geben eine „affine Richtungsübertragung" oder eine „Parallelübertragung".

Geht man in der letzten Gleichung zur Grenze über, so erhält man

$$\frac{\mathfrak{d} x_i}{dt} = \frac{d b_i^k}{dt}\, x_k.$$

Die „infinitesimale Änderung" $\mathfrak{d}x_i$ der Grundvektoren x_i, das „Differential in der Tangentialebene" oder das „innere Differential" ist sehr wohl zu unterscheiden von dem Differential dx_i des räumlichen Vektors x_i, das einen Raumvektor darstellt, der ja der Tangentialebene in der Regel überhaupt nicht angehört und dessen räumliche Komponenten ebenso wie die des Radiusvektors x wesentlich davon abhängen, ob man sich die Fläche U im euklidischen Raume durch $\mathfrak{E}$ oder in einem der affinen Räume durch $\mathfrak{G}$ oder $\mathbf{\mathfrak{G}}$ oder sonstwie eingebettet denkt.

Jetzt kann man auch für das System der ∞^2 Ebenen $\mathfrak{T}(u^1, u^2)$ einen „affinen Zusammenhang" konstruieren, indem man auf (U), von Punkt zu

[1]) Die Bezeichnung $\bar{x}$ hier hat natürlich nichts mit der gleichen Bezeichnung im Kap. 3 zu tun!

Punkt fortschreitend, die Änderung der x_i durch die Gleichungen

$$\mathfrak{d}x_i = db_i^k x_k$$

festlegt, wobei die

$$(4) \qquad db_i^k = \beta_{il}^k du^l$$

als homogene lineare Funktionen der du^l vorausgesetzt werden, deren Koeffizienten β_{il}^k Funktionen von u^1, u^2 sind. Dabei brauchen die db_i^k keine vollständigen Differentiale zu sein; sie geben nur die Vorschrift, nach der sich die Grundvektoren x_i in der Tangentialebene von U ändern sollen, wenn man vom Punkte (u^1, u^2) der Fläche in der „Richtung" $du^1 : du^2$ fortschreitet. Es wird daher endliche Größen $b_i^k(u^1, u^2)$ im allgemeinen nicht geben; erst wenn der „Weg" (3) festgelegt wird, kann man für das ihm entsprechende System $\mathfrak{T}(t)$ die „endlichen Größen"

$$b_i^k = \int \beta_{il}^k(u_1, u_2)\dot{u}^l dt$$

als Funktionen des Weges berechnen.

Die Tatsache, daß die Parallelübertragung „nicht integrabel" ist, hat den Übelstand zur Folge, daß, wenn man alle Ebenen $\mathfrak{T}$ betrachtet, die einer geschlossenen Kurve auf U entsprechen, der Vektor x_i der Ebene $\mathfrak{T}(t_0)$ nach Durchlaufung des ganzen Systems nicht wieder in x_i übergeht. Man könnte natürlich auch versuchen, sich auf „integrable" Übertragungen zu beschränken, doch würden dann gerade diejenigen, die für die Infinitesimalgeometrie, d. h. für die Untersuchung einer Fläche in der Umgebung eines ihrer Punkte, besonders nützlich sind, ausfallen.

Beispiel. Die letzten für den Anfänger zunächst etwas schwer zugänglichen scheinbar sehr abstrakten, in Wirklichkeit aber sehr konkreten Entwicklungen gewinnen an Durchsichtigkeit, wenn man sie an Hand eines einfachen metrischen Beispiels im einzelnen nachprüft.

Gegeben sei eine Kugel

$$(1') \qquad x = e_1 \cos u^1 \cos u^2 + e_2 \cos u^1 \sin u^2 + e_3 \sin u^1$$

im euklidischen Raum. Die räumlichen Koordinaten eines ihrer Punkte seien, abweichend von der sonstigen hier benutzten Bezeichnungsweise mit

$$(2') \qquad X = \cos u^1 \cos u^2, \quad Y = \cos u^1 \sin u^2, \quad Z = \sin u^1$$

bezeichnet. Bekanntlich sind die Koordinatenlinien $u^1 =$ konst. eine Schar von Parallelkreisen, die Kurven $u^2 =$ konst. die diese senkrecht schneidenden Meridiane. Man weiß, daß ein solches Koordinatensystem für die um eine feste Achse sich drehende Erdkugel physikalisch ausgezeichnet, daß aber geometrisch die Bevorzugung von zwei Punkten, den Polen, in keiner Weise gerechtfertigt ist. Halten wir aber trotzdem an dem Koordinatensystem fest, so müssen wir uns darüber klar sein, daß es nur eines unter ∞^3 vollkommen gleichwertigen und gleichartigen Systemen ist.

In der zu dem Punkte (u^1, u^2) gehörigen Tangentialebene sind die Grundvektoren

$$(3') \qquad x_1 = \frac{\partial x}{\partial u^1}, \quad x_2 = \frac{\partial x}{\partial u^2}$$

gegeben; ihre räumlichen Koordinaten sind:

$$(4') \qquad \begin{aligned} X_1 &= -\sin u^1 \cos u^2, & Y_1 &= -\sin u^2 \sin u^2, & Z_1 &= \cos u^1 \\ X_2 &= -\cos u^1 \sin u^2, & Y_2 &= \cos u^1 \cos u^2, & Z_2 &= 0. \end{aligned}$$

Dadurch ist die euklidische Metrik der Kugel

$$(5') \qquad ds^2 = (du^1)^2 + \cos^2 u^1 (du^2)^2$$

festgelegt und ebenso die Eichkurve in ihren Tangentialebenen

$$(6') \qquad (\xi^1)^2 + \cos^2 u^1 (\xi^2)^2 = 1,$$

die in allen Ebenen den Einheitskreis darstellt. Hier ist also

$$(7') \qquad L_{11} = 1, \quad L_{12} = 0, \quad L_{22} = \cos^2 u^1.$$

Die Abweichung von der „klassischen“ Mittelpunktsgleichung des Kreises $(\xi^1)^2 + (\xi^2)^2 = a^2$ erklärt sich dadurch, daß hier die Grundvektoren $\mathfrak{e}_1$, $\mathfrak{e}_2$ nicht einander gleich sind, sondern nur die Länge von $\mathfrak{e}_1$ gleich 1, die Länge von $\mathfrak{e}_2$ dagegen $\cos u^1$ ist.

Diese ∞^2 Tangentialebenen bilden zunächst eine sozusagen amorphe Masse von kongruenten Abdrücken desselben Klischees; will man dieser Masse eine Struktur, einen inneren Zusammenhang ihrer Glieder, aufprägen, so muß man eine Vorschrift festsetzen, die besagt, welches System von senkrechten Grundvektoren einer Ebene $\mathfrak{T}'(\bar{u}^1, \bar{u}^2)$ dem System der Grundvektoren x_1, x_2 der Ebene $\mathfrak{T}(u^1, u^2)$ entspricht. Man könnte daran denken, diese Zuordnung dadurch zu erreichen, daß man einfach die Grundvektoren (x_1, x_2) sich allenthalben entsprechen läßt. Dies scheitert aber daran, daß, wie wir gesehen haben, wohl der Vektor x_1 überall dieselbe Länge, nämlich Eins hat, nicht aber der Grundvektor x_2, dessen Länge $\cos u^1$ mit u^1 seine Länge stetig ändert. Wohl aber könnte man wenigstens die Richtung der Grundvektoren einander entsprechen lassen. Eine solche Festsetzung ist zweifellos ohne weiteres zulässig, und es ist nichts dagegen einzuwenden, wenn man etwa in einer geophysikalischen Fragestellung postuliert: der Nordpol der Kompaßnadel zeigt in allen Punkten der Erde in „derselben“ Richtung. (Wir sehen dabei natürlich von der Mißweisung ab.) Damit hat man in der Tat für zwei allgemeine Punkte auf der Erdoberfläche der Aussage: „zwei Vektoren haben dieselbe Richtung“ oder „sind parallel“ einen Sinn beigelegt. Alle Vektoren in Nord-Südrichtung heißen parallel, ebenso alle in Ost-Westrichtung, überhaupt alle, die die gleiche „Himmelsrichtung“ haben (Kompaßübertragung). Sachgemäß indes ist eine solche Festsetzung nicht, einmal, weil für zwei geometrisch in keiner Weise ausgezeichnete Punkte der Kugel, die beiden Pole, der Richtungsbegriff seinen Sinn verliert, sodann, weil er gegenüber Koordinatentransformationen nicht invariant ist. In der Tat ordnet diese Kompaß-Übertragung ganz andere Richtungen einander parallel zu, sobald man nur die Pole auf der Kugel verschiebt. (Man überzeuge sich, daß man zwei beliebige Richtungen in zwei Punkten A und B auf der Kugel durch eine passende Kompaßübertragung als parallel definieren kann: zu diesem Zwecke braucht man bloß die Pole auf dem Durchmesser der Kugel anzunehmen, der zu den beiden gegebenen Richtungen senkrecht steht.) Will man also nicht von vornherein eine nicht dem Wesen der Sache entsprechende Spezialisierung der Zuordnung eintreten lassen, so wird man die Festsetzung so zu treffen haben, daß irgendein orthogonales Einheitspaar in $\mathfrak{T}(u^1, u^2)$ einem ebensolchen in $\mathfrak{T}'(\bar{u}^1, \bar{u}^2)$ entspricht, wobei einem stetigen Übergang von $\mathfrak{T}$ in $\mathfrak{T}'$ eine stetige Änderung des Grundvektorenpaares entspricht. Dies kommt darauf hinaus, die Änderung des Grundvektorenpaares durch Differentialbeziehungen von der Form

$$(8') \qquad \mathfrak{d}x_i = \beta^k_{i,l}\, x_k\, du^l = db^k_i\, x_k$$

zu definieren. Man sieht ein, daß dieses „innere“ Differential „$\mathfrak{d}x_i$“, das einen Vektor in der Tangentialebene bedeutet, von dem Vektor, der durch das gewöhnliche „äußere“ Differential

$$dx_i = \frac{\partial^2 x}{\partial u^i \partial u^k} du^k$$

dargestellt ist, wesentlich verschieden ist, da der letztere der Tangentialebene überhaupt nicht angehört und daher für die Geometrie „auf“ der Kugel überhaupt keinen Sinn hat.

In diesem besonderen Falle kann man auch sofort die Beziehungen angeben, die die β^k_{il} mit den L_{ik} verknüpfen. Es muß ja allenthalben

$$x_i x_k = L_{ik},$$

also

$$\mathfrak{d}(x_i x_k) = x_i \mathfrak{d} x_k + x_k \mathfrak{d} x_i = dL_{ik}$$

sein, d. h.

$$db^r_i x_r x_k + db^n_k x_i x_n = dL_{ik}, \tag{9'}$$

also

$$L_{rk} db^r_i + L_{in} db^n_k = dL_{ik} \tag{10'}$$

oder ausführlicher geschrieben:

$$\begin{aligned} 2(L_{11} db^1_1 + L_{12} db^2_1) &= dL_{11} \\ L_{11} db^1_2 + L_{12}(db^1_1 + db^2_2) + L_{22} db^2_1 &= dL_{12} \\ 2(L_{22} db^2_2 + L_{12} db^1_2) &= dL_{22}. \end{aligned} \tag{10''}$$

Setzt man für die L_{ik} die aus (7′) bekannten Werte ein, so folgt:

$$\begin{aligned} db^1_1 &= 0 \\ db^1_2 + \cos^2 u^1\, db^2_1 &= 0 \\ \cos^2 u^1 db^2_2 &= -\cos u^1 \sin u^1 du^1 \end{aligned}$$

und daraus:

$$\begin{aligned} \beta^1_{11} = \beta^1_{12} = \beta^2_{22} &= 0 \\ \beta^2_{21} = -\operatorname{tg} u^1, \quad \beta^1_{21} + \cos^2 u^1 \beta^2_{11} &= 0 \\ \beta^1_{22} + \cos^2 u^1 \beta^2_{12} &= 0. \end{aligned} \tag{11'}$$

Damit nehmen die Gleichungen (8′) die Form an:

$$\begin{aligned} \mathfrak{d} x_1 &= db^2_1 x_2 = (\beta^2_{11} du^1 + \beta^2_{12} du^2)\, x_2 \\ \mathfrak{d} x_2 &= db^1_2 x_1 + db^2_2 x_2 \\ &= -\cos^2 u^1 (\beta^2_{11} du^1 + \beta^2_{12} du^2)\, x_1 - \operatorname{tg} u^1 du^1 x_2. \end{aligned} \tag{8''}$$

Damit hat man für den vorliegenden Fall eine anschauliche Übersicht über alle nur möglichen Fälle der Richtungsübertragung gewonnen. Sie hängen von zwei willkürlichen Funktionen β^2_{11}, β^2_{12} ab. Unter ihnen ist natürlich auch die besondere „Kompaßübertragung" enthalten, die die „Himmelsrichtungen" einander zuordnet. Hier muß

$$\mathfrak{d} x_1 = \lambda x_1, \quad \mathfrak{d} x_2 = \mu x_2$$

sein, also auf Grund von (8″)

$$\begin{aligned} \lambda = 0, \quad \beta^2_{11} = \beta^2_{12} &= 0 \\ \mu &= -\operatorname{tg} u^1 du^1. \end{aligned}$$

Die Gleichungen (8″) haben übrigens in jedem Falle für unser Beispiel eine durchsichtige geometrische Bedeutung. Der Radiusvektor

$$\mathfrak{x} = \xi^i x_i$$

st ein Einheitsvektor, wenn die Gleichung

$$(\xi^1)^2 + \cos^2 u^1 (\xi^2)^2 = 1 \tag{12'}$$

besteht. Die Ebenen $\mathfrak{T}$ sind alle auf das Grundvektorenpaar x_1, x_2 ($u^1 =$ konst. bzw. $u^2 =$ konst.) bezogen, die sich aber nicht entsprechen, sondern bei stetiger Änderung der Parameter nach den Gleichungen (8″) transformieren. Diese Gleichungen stellen aber nichts anderes dar als eine infinitesimale Drehung in der Ebene, bezogen auf ein Koordinatensystem, dessen Grundvektor x_2 sich mit u^1 ändert. Die Drehung hat nur dann den Wert Null, und die Gleichungen stellen eine reine Maßstabsänderung in der Richtung x_2 dar, wenn die β^l_{ik} gemäß der Kompaßübertragung gewählt werden.

§ 32. Kontravariante und kovariante Differentiale.

Die Komponenten des affinen Zusammenhangs. Sind die acht Größen $\beta^k_{il}(u^1, u^2)$ gegeben, so sind die Grundvektoren einer jeden Ebenenschar (3) eineindeutig und affin aufeinander bezogen, und damit auch die Punkte und Radienvektoren

$$\mathfrak{x} = \xi^1 x_1 + \xi^2 x_2 \tag{5}$$

dieser Ebenen[1]). Man nennt die β^k_{il} daher die „Komponenten des affinen Zusammenhangs“. (Sie sind, wie schon das Beispiel in der vorigen Nummer zeigte, keineswegs völlig willkürlich, da ja die Eichkurve $\mathfrak{L}^2 = 1$ für alle Flächen des Systems gegeben ist. Die Beziehungen, die zwischen den L_{ik} und den β^k_{il} bestehen, werden später, am Schlusse dieses Abschnittes, hergeleitet werden; wir sehen sie zunächst als erfüllt an.) Dem Vektor (5) der Ebene $\mathfrak{T}$ ist der Vektor

$$\bar{\mathfrak{x}} = \bar{\xi}^i \bar{x}_i \tag{6}$$

der Ebene $\mathfrak{T}'$ dann zugeordnet, wenn

$$\bar{\mathfrak{x}} = \mathfrak{x} \tag{7}$$

gesetzt werden kann. Dabei sind die Koordinaten ξ^i und $\bar{\xi}^i$ als Funktionen von u^1, u^2 anzusehen. Es muß daher

$$\mathfrak{d}\mathfrak{x} = 0$$

sein, d. h., da die Änderung der Grundvektoren durch ihr „inneres Differential“

$$\mathfrak{d} x_i = db^k_i x_k \tag{8}$$

gegeben ist, muß

$$d\xi^i x_i + \xi^i \mathfrak{d} x_i = 0$$

sein, d. h.

$$\delta\xi^i x_i = 0,$$

wobei

$$\delta\xi^i = d\xi^i + \xi^l db^i_l$$

gesetzt ist. Die Operation δ, die auf jeden kontravarianten Vektor (P^1, P^2) ausgeübt werden kann,

---

[1]) Die Bezeichnung der Koordinaten eines Punktes der Ebene $\mathfrak{T}$ mit ξ^i ist nur vorübergehend; eine Verwechselung mit der für den in bestimmter Weise normierten Normalvektor ξ ist wohl nicht zu befürchten.

(9) $$\delta P^i = dP^i + P^k db_k^i,$$

bezeichnet man als das „kontravariante Differential" der Größen P^i. Ist Q_i ein kovarianter Vektor, so kann man für ihn das „kovariante Differential" durch die Bedingung einführen, daß die Operation δ formal den Gesetzen der gewöhnlichen Differentiation gehorcht, daß also

(10) $$d(P^i Q_i) = P^i dQ_i + Q_i dP^i = P^i \delta Q_i + Q_i \delta P^i$$

wird. Diese Gleichung wird erfüllt, wenn man

(11) $$\delta Q_i = dQ_i - Q_k db_i^k$$

setzt.

Bemerkung 1. Die kovariante und kontravariante Differentiation ist durch zwei wesentliche verschiedene Gleichungen (9) und (11) definiert. Es ist wohl zu beachten, daß die db_i^k der kontravarianten Differentiale durch $(-db_i^k)$ bei kovarianter Differentiation zu ersetzen sind. Beide Operationen werden übrigens unter dem Namen „kogrediente Differentiation" zusammengefaßt.

Bemerkung 2. Jeder Skalar $\varphi(u^1, u^2)$ kann als Produkt zweier kontragredienten Vektoren $P^i Q_i$ aufgefaßt werden; das „kogrediente Differential" eines Skalars, das zunächst keine Bedeutung hat, stimmt daher, wenn wir es auf Grund von (10) formal einführen, mit seinem gewöhnlichen Differential zusammen:

$$\delta\varphi = d\varphi.$$

Bemerkung 3. Die Formeln (9) und (11) sind die abgekürzte Bezeichnung für Ausdrücke von der Form:

$$\delta P^i = P^i_{\cdot k} du^k, \quad \delta Q_i = Q_{i,k} du^k,$$

wobei

$$P^i_{\cdot k} = \frac{\partial P^i}{\partial u^k} + P^l \beta^i_{l,k}, \quad Q_{i,k} = \frac{\partial Q_i}{\partial u^k} - Q_l \beta^l_{i,k}$$

gesetzt ist. Es ist darauf zu achten, daß die Reihenfolge der Marken i. a. nicht vertauschbar ist. Da die du^k, ebenso wie die δP^i, die Komponenten eines kontravarianten Vektors sind, die δQ_i die eines kovarianten, so sind $P^i_{\cdot k}$ die Komponenten eines gemischten, $Q_{i,k}$ die Komponenten eines kovarianten Tensors zweiter Stufe, aus denen durch Verjüngung mit du^k die Flächenvektoren δP^i und δQ_i entstehen. *Die partiellen kovarianten Ableitungen der Komponenten eines Vektors bilden somit einen Tensor zweiter Stufe.* In dieser Tatsache, die bekanntlich für die gewöhnlichen Ableitungen nicht gilt, liegt die formale Bedeutung der kovarianten Differentiation.

Das wichtigste Beispiel dafür bilden die zweiten kovarianten Ableitungen eines Skalars $\varphi(u^1, u^2)$. Wir wissen, daß

$$d\varphi = \varphi_i du^i$$

ist, daß also die ersten gewöhnlichen Ableitungen einen Vektor bilden; daraus ergibt sich der Tensor zweiter Stufe

$$\varphi_{i,k} = \frac{\partial^2 \varphi}{\partial u^i \partial u^k} - \beta^l_{i,k} \frac{\partial \varphi}{\partial u^l}.$$

Man beachte aber, daß

$$\varphi_{i,k} \neq \varphi_{k,i},$$

wofern nicht

$$\beta^l_{i,k} = \beta^l_{k,i}$$

ist.

Bemerkung 4. Ist $P \equiv (P^1, P^2)$ ein kontravarianter Vektor der Ebene, d. h. ist

$$P = P^i x_i,$$

so ist das gewöhnliche Differential

$$dP = P^i dx_i + dP^i x_i$$

ein Raumvektor, der ebenso wenig wie dx_i, der Ebene angehört. Man wird daher auch für den Vektor P das „innere Differential"

$$\text{(12)} \qquad \mathfrak{d}P = P^i \mathfrak{d}x_i + dP^i x_i = \delta P^i x_i$$

definieren.

Man mache sich auch diesen Sachverhalt an dem Beispiel der Kugel klar. Man denke sich alle Tangentialebenen nach dem Nullpunkt verschoben. Dann kann man die Größen P^1, P^2 als die Koordinaten eines Punktes P dieser Ebene deuten. Die Gesamtheit dieser Punkte P bildet eine Kurve, die dieses Ebenenbündel durchsetzt und für die dP die Richtung des Tangentialvektors angibt. Es leuchtet ein, daß dP i. a. nicht in der zugehörigen Ebene des Bündels liegen kann. Der Vektor δP^i stellt daher eine durch den affinen Zusammenhang bestimmte in der Richtung der Tangentialebene genommene Komponente des räumlichen Vektors dP dar.

Kogrediente Differentiation von Ausdehnungsgrößen. Die Definition der kogredienten Differentiation von skalaren Größenpaaren läßt sich sofort formal auf ko- und kontravariante Vektorpaare, fernerhin auf Tensoren höherer Ordnung des Ebenensystems $(\mathfrak{T})$ ausdehnen und erweist sich dadurch als besonders weittragend.

Ist etwa $(\mathfrak{p}^1, \mathfrak{p}^2)$ ein Paar kontravarianter Vektoren

$$\text{(13)} \qquad \mathfrak{p}^i = p^{ik} x_k,$$

so setzt man

$$\text{(14)} \qquad \delta\mathfrak{p}^i = \mathfrak{d}\mathfrak{p}^i + db^i_l \mathfrak{p}^l,$$

und ebenso für ein kovariantes Paar

$$\text{(15)} \qquad \mathfrak{p}_i = p_i^k x_k$$

$$\text{(16)} \qquad \delta\mathfrak{p}_i = \mathfrak{d}\mathfrak{p}_i - db^l_i \mathfrak{p}_l.$$

Aus dieser Definition ergibt sich für den aus zwei zueinander kontravarianten Vektorpaaren $\mathfrak{p}^i$, $\mathfrak{q}_i$ gebildeten Skalar $\mathfrak{p}^i\mathfrak{q}_i$ unmittelbar

$$\text{(17)} \qquad \mathfrak{d}\mathfrak{p}^i\mathfrak{q}_i = \mathfrak{p}^i \delta\mathfrak{q}_i + \mathfrak{q}_i \delta\mathfrak{p}^i.$$

Ferner ergibt sich aus (8) und (16) für die kovarianten Grundvektoren (x_1, x_2)

$$\text{(18)} \qquad \delta x_i = 0.$$

Durch diese und die Eichkurve $\mathfrak{L}^2 = 1$ ist in den Ebenen (7) das kontravariante Paar von Grundvektoren

$$\text{(19)} \qquad x^k = L^{ik} x_i$$

eindeutig bestimmt (s. S. 24); aus den Gleichungen

$$\text{(20)} \qquad x_l x^k = \begin{cases} 0 & l \neq k \\ 1 & l = k \end{cases}$$

folgt aber

$$\text{(21)} \qquad \mathfrak{d}(x_l x^k) = 0,$$

also wird auf Grund von (17) und (18)

$$x_l \delta x^k = 0$$

für alle Werte von l und k, d. h. δx^k ist ein Vektor, der in $\mathfrak{T}$ sowohl auf x_1 als auch auf x_2 senkrecht steht. Dies ist aber nur möglich, wenn

$$\delta x^k = 0 \tag{22}$$

wird. Die Gleichungen (18) und (22) besagen aber:

Die kogredienten Ableitungen der Grundvektoren verschwinden immer identisch.

Aus (22) folgt überdies

$$\mathfrak{d} x^k = -db_i^k x^i \tag{23}$$

als Gegenstück zu (8); so daß

$$x^i \mathfrak{d} x_k = -x_i \mathfrak{d} x^k = db_i^k = \beta^k_{i,l} du^l \tag{24}$$

ist. Diese Beziehungen werden wir später dazu benutzen, um die Beziehungen, die die $\beta^k_{i,l}$ mit den Komponenten L_{ik} des Grundtensors verknüpfen, aufzustellen.

Vorerst aber kehren wir zu der Betrachtung kogredienter Vektorpaare $\mathfrak{P}(\mathfrak{p}^1, \mathfrak{p}^2)$ zurück. Ihre Koordinaten p^{ik} (Formel 13) bilden einen i. a. nicht symmetrischen Tensor zweiter Stufe. Dasselbe Vektorpaar ist, kovariant dargestellt, durch

$$\mathfrak{p}_r = p_r^i x_i = p_{rl} x^l \tag{25}$$

gegeben, wobei

$$\mathfrak{p}_r = L_{rk} \mathfrak{p}^k, \tag{26}$$

also

$$p_r^i = L_{rk} p^{ik}, \qquad p_{rl} = L_{il} p_r^i = L_{il} L_{rk} p^{ik} \tag{27}$$

gesetzt ist. Dann ist

$$\begin{aligned} \mathfrak{d}\mathfrak{p}^i &= dp^{ik} \cdot x_k + p^{il} \mathfrak{d} x_l, \\ \mathfrak{d}\mathfrak{p}_r &= dp_r^i x_i + p_r^l \mathfrak{d} x_l = dp_{rl} \cdot x^l + p_{rk} \mathfrak{d} x^k, \end{aligned} \tag{28}$$

somit nach (14) und (16)

$$\begin{aligned} \delta\mathfrak{p}^i &= \delta p^{ik} x_k \\ \delta\mathfrak{p}_r &= \delta p_r^i x_i = \delta p_{rl} x^l, \end{aligned} \tag{29}$$

wobei

$$\begin{aligned} \delta p^{ik} &= dp^{ik} + p^{il} db_l^k + p^{lk} db_l^i \\ \delta p_r^i &= dp_r^i + p_r^l db_l^i - p_l^i db_r^l \\ \delta p_{rl} &= dp_{rl} - p_{ri} db_l^i - p_{il} db_r^i \end{aligned} \tag{30}$$

wird.

Zerlegt man die Tensoren zweiter Stufe δp^{ik}, δp_r^i, δp_{rl} in ihre Komponenten:

$$\begin{aligned} \delta p^{ik} &= p^{ik}_{\cdot\cdot,s} du^s \\ \delta p_r^i &= p^i_{r,s} du^s \\ \delta p_{rl} &= p_{rl,s} du^s, \end{aligned}$$

so bilden die Koeffizienten der du^s einen gemischten bzw. kovarianten Tensor dritter Stufe. Seine Komponenten sind demnach:

$$(31)\qquad \begin{aligned} p^{ik}_{\cdot\cdot,s} &= \frac{\partial p^{ik}}{\partial u^s} + p^{il}\beta^k_{l,s} + p^{lk}\beta^i_{l,s} \\ p^i_{r,s} &= \frac{\partial p^i_r}{\partial u^s} + p^l_r\beta^i_{l,s} - p^i_l\beta^l_{r,s} \\ p_{rl,s} &= \frac{\partial p_{rl}}{\partial u^s} - p_{ri}\beta^i_{l,s} - p_{il}\beta^i_{r,s}\,. \end{aligned}$$

Es ist unmittelbar einzusehen, wie dieses Verfahren sich für Tensoren höherer Stufe fortsetzen läßt. Ist etwa das Größensystem

$$\mathfrak{p}_{ik} = p_{ikl}x^l$$

gegeben, so definiert man seine kogrediente Ableitung durch die dritte Gleichung des Systems (30), mit der Maßgabe natürlich, daß nur solche Operationen auftreten, die nicht aus der Ebene hinausführen. Es ist daher auf der rechten Seite das „gewöhnliche" Differential des Skalars p_{ik} durch die Differentiation „$\mathfrak{d}$" des Tensors $\mathfrak{p}_{ik}$ in der Ebene ($\mathfrak{T}$) zu ersetzen:

$$(32)\qquad \delta\mathfrak{p}_{ik} = \mathfrak{d}\mathfrak{p}_{ik} - \mathfrak{p}_{il}db^l_k - \mathfrak{p}_{lk}db^l_i,$$

wobei

$$\mathfrak{d}\mathfrak{p}_{ik} = \delta p_{ikl}x^l$$

ist. Auf die leichte Ausrechnung des Ausdrucks von δp_{ikl} soll hier verzichtet werden, ebenso auf die Aufstellung des Tensors vierter Stufe, aus dessen Verjüngung mit dem Vektor du^s der Tensor δp_{ikl} entsteht. Es sei nur noch ausdrücklich betont, daß wir in der kogredienten Differentiation ein neues, sehr fruchtbares Hilfsmittel gewonnen haben, um aus gegebenen Tensoren neue Tensoren höherer Stufe herzuleiten.

Zusammenhang der Komponenten des affinen Zusammenhangs mit dem Maßtensor. Wir können jetzt dazu übergehen, die Beziehungen, die zwischen den db^k_i und den L_{ik} bestehen und die für den besonderen Fall der Kugel bereits in § 31 aufgestellt worden sind, allgemein aufzusuchen. Sie stecken bereits in der Gleichung (21), die in der Form

$$(33)\qquad x_r\mathfrak{d}x^k + x^k\mathfrak{d}x_r = 0$$

oder unter Benutzung von (8) und (23)

$$x^k\mathfrak{d}x_r = -x_r\mathfrak{d}x^k = db^k_r$$

geschrieben werden kann. Da ferner

$$\begin{aligned} \mathfrak{d}x_r &= \mathfrak{d}(L_{rs}x^s) \\ &= dL_{rs}x^s - L_{rs}db^s_l x^l \end{aligned}$$

ist, ergibt sich

$$db^k_r = L^{sk}dL_{rs} - L^{lk}L_{rs}db^s_l,$$

also

$$L_{nk}db^k_r = dL_{rn} - L_{rs}db^s_n$$

oder

$$(34) \qquad dL_{rn} = L_{kn} db^k_r + L_{rk} db^k_n.$$

Durch eine ähnliche Rechnung findet man

$$(34') \qquad dL^{ik} = -L^{ir} db^k_r - L^{rk} db^i_r,$$

Gleichungen, die auf Grund von (30) auch

$$(34^*) \qquad \delta L_{rn} = 0 \qquad \delta L^{ik} = 0$$

geschrieben werden können. Führt man noch die linearen Formen

$$(35) \qquad \tfrac{1}{2} dP_{12} = L_{i1} db^i_2, \quad \tfrac{1}{2} dP_{21} = L_{i2} db^i_1$$

ein, die durch die Beziehung

$$(36) \qquad dP_{12} + dP_{21} = 2dL_{12}$$

verbunden sind, so kann man das Gleichungssystem (34) durch das folgende ersetzen:

$$(37) \qquad \begin{aligned} \tfrac{1}{2} dL_{11} &= L_{11} db^1_1 + L_{12} db^2_1 \\ \tfrac{1}{2} dP_{21} &= L_{12} db^1_1 + L_{22} db^2_1 \end{aligned}$$

$$(38) \qquad \begin{aligned} \tfrac{1}{2} dP_{12} &= L_{11} db^1_2 + L_{12} db^2_2 \\ \tfrac{1}{2} dL_{22} &= L_{21} db^1_2 + L_{22} db^2_2, \end{aligned}$$

aus denen sich die „Komponenten des affinen Zusammenhangs“

$$(39) \qquad \begin{aligned} db^1_1 &= \tfrac{1}{2} (L^{11} dL_{11} + L^{12} dP_{21}) \\ db^2_1 &= \tfrac{1}{2} (L^{12} dL_{11} + L^{22} dP_{21}) \end{aligned}$$

$$(40) \qquad \begin{aligned} db^1_2 &= \tfrac{1}{2} (L^{11} dP_{12} + L^{12} dL_{22}) \\ db^2_2 &= \tfrac{1}{2} (L^{12} dP_{12} + L^{22} dL_{22}) \end{aligned}$$

ergeben. Diese Gleichungen besagen, daß die $\beta^k_{i,s}$ sich durch die Vektoren $\dfrac{\partial L_{ii}}{\partial u^s}$ und zwei Vektoren $P_{12,s}$, $P_{21,s}$ eindeutig bestimmen lassen, wobei letztere eine beliebige Zerlegung des Vektors

$$(41) \qquad 2 \frac{\partial L_{12}}{\partial u^s} = P_{12,s} + P_{21,s}$$

in zwei Komponenten bedeuten.

Die Komponenten $\beta^k_{i,s}$ des affinen Zusammenhangs sind daher durch die L_{ik}, ihre ersten Ableitungen und zwei beliebige Funktionen $P_{12,1}$, $P_{21,2}$ eindeutig bestimmt.

Übung 1. Man leite noch folgende gelegentlich gebrauchte Formel her: Es ist

$$(42) \qquad \frac{dL}{L} = \frac{d(L_{11}L_{22} - L^2_{12})}{L} = L^{ik} dL_{ik}$$

und daraus folgt mittels (34), bzw. (39) und (40):

$$(43) \qquad \frac{1}{2} \frac{dL}{L} = db^1_1 + db^2_2 = db^l_l.$$

Übung 2. Man leite die Formeln (34) aus der Bedingung her, daß ein Einheitsvektor (ξ^1, ξ^2) bei jeder Verpflanzung Einheitsvektor bleibt, d. h. daß

$$L_{ik} \xi^i \xi^k = 1,$$

also

$$\delta(L_{ik} \xi^i \xi^k) = 0,$$

d. h.

$$\delta L_{rn} \xi^r \xi^n = 0$$

sein muß.

Übung 3. Es war bereits früher gezeigt, daß die beiden kogredienten zweiten Differentiale φ_{ik} und φ_{ki} eines Skalars nur dann übereinstimmen, wenn $\beta^1_{1,2} = \beta^1_{2,1}$ und zugleich $\beta^2_{2,1} = \beta^2_{1,2}$ ist. Man zeige aus (39) und (40), daß dazu notwendig und hinreichend ist, daß

$$P_{12,1} = \frac{\partial L_{11}}{\partial u^2}, \quad P_{21,2} = \frac{\partial L_{22}}{\partial u^1} \tag{44}$$

ist, und rechne die zugehörigen $\beta^l_{i,k}$ aus; diese sind eindeutig durch die Koordinaten des Grundtensors und ihre Ableitungen bestimmt.

Übung 4. Man berechne aus (39) und (40) die acht Größen $\beta^l_{i,k}$ einzeln und bilde aus ihnen die Größen

$$\beta_{i,kr} = \beta^s_{i,k} L_{sr}. \tag{45}$$

Es ergibt sich:

$$\begin{aligned}
\beta_{1,11} &= \frac{1}{2}\frac{\partial L_{11}}{\partial u^1}, & \beta_{1,12} &= \frac{1}{2} P_{21,1}\\
\beta_{1,21} &= \frac{1}{2}\frac{\partial L_{11}}{\partial u^2}, & \beta_{1,22} &= \frac{1}{2} P_{21,2}\\
\beta_{2,11} &= \frac{1}{2} P_{12,1}, & \beta_{2,12} &= \frac{1}{2}\frac{\partial L_{22}}{\partial u^1}\\
\beta_{2,21} &= \frac{1}{2} P_{12,2}, & \beta_{2,22} &= \frac{1}{2}\frac{\partial L_{22}}{\partial u^2}.
\end{aligned} \tag{45*}$$

Man zeige, daß diese Gleichungen für den Fall der „symmetrischen Übertragung" ($\varphi_{ik} = \varphi_{ki}$) unter Benutzung von (44) und (41) sich folgendermaßen zusammenfassen lassen:

$$\beta_{ik,r} = \frac{1}{2}\left(\frac{\partial L_{ir}}{\partial u^k} + \frac{\partial L_{kr}}{\partial u^i} - \frac{\partial L_{ik}}{\partial u^r}\right). \tag{46}$$

Setzt man weiter

$$2\,\lambda_{ikr} = \frac{\partial L_{ir}}{\partial u^k} + \frac{\partial L_{kr}}{\partial u^i} + \frac{\partial L_{ik}}{\partial u^r}, \tag{47}$$

so wird

$$\beta_{ik,r} = \lambda_{ikr} - \frac{\partial L_{ik}}{\partial u^r}. \tag{48}$$

In diesem besonderen Falle sind also die Komponenten des affinen Zusammenhangs allein durch die Maßbestimmung gegeben. (Vgl. Übung 3.)

Übung 5. Wie ändern sich die Komponenten des affinen Zusammenhangs bei einer beliebigen Koordinatentransformation $u^i = u^i(\bar{u}^1, \bar{u}^2)$?

Die Grundvektoren werden nach Formel (12) des dritten Kapitels durch

$$\bar{x}_k = \alpha^i_k x_i \tag{49}$$

transformiert, wobei

$$\alpha^i_k = \frac{\partial u^i}{\partial \bar{u}^k} \tag{50}$$

gesetzt ist. Dann ist einmal

$$\mathfrak{d}\bar{x}_k = d\bar{b}^l_k \bar{x}_l = \alpha^i_l d\bar{b}^l_k x_i, \tag{51}$$

wenn $d\bar{b}^l_k$ die Komponenten des affinen Zusammenhangs im transformierten System bedeuten, andererseits nach Formel (49)

$$\mathfrak{d}\bar{x}_k = d\alpha_k^i x_i + \alpha_k^i \mathfrak{d} x_i . \tag{52}$$

Es wird somit:

$$\alpha_l^i d\bar{b}_k^l = d\alpha_k^i + \alpha_k^r d b_r^i , \tag{53}$$

oder, da

$$d b_r^i = \beta_{rt}^i d u^t = \beta_{r,t}^i \alpha_s^t d\bar{u}^s \tag{54}$$

ist:

$$\alpha_l^i \bar{\beta}_{k,s}^l = \frac{\partial^2 u^i}{\partial \bar{u}^k \partial \bar{u}^s} + \alpha_k^r \alpha_s^t \beta_{r,t}^i . \tag{55}$$

Die Größen $\beta_{i,k}^l$ bilden somit keinen Tensor, da sie sich nicht wie die Komponenten eines solchen homogen und linear transformieren!

§ 33. Kurven auf einer Fläche. Geradeste Linien.

Es sei auf der Fläche $U(u^1, u^2)$ mit vorgegebener Metrik und vorgegebener affinen Übertragung eine Kurve

$$u^i = u^i(t) \tag{56}$$

gegeben. Dann ist ihr Tangentenvektor durch

$$\dot{x} = x_i \dot{u}^i \tag{57}$$

und ihr Bogenelement durch

$$\dot{s} = \sqrt{L_{ik} \dot{u}^i \dot{u}^k}$$

bestimmt. Der Vektor

$$\mathfrak{t} = \frac{\dot{x}}{\dot{s}} = \frac{\dot{u}^i}{\dot{s}} x_i \tag{58}$$

ist der Einheitsvektor in der Richtung der Tangente, seine Änderung

$$\dot{\mathfrak{t}} = \frac{\mathfrak{d}\mathfrak{t}}{dt} \tag{59}$$

mißt daher die Richtungsänderung der Kurve. Man wird dann, wie in der elementaren Differentialgeometrie, den Vektor

$$\mathfrak{k} = \frac{\dot{\mathfrak{t}}}{\dot{s}} \tag{60}$$

als den **Krümmungsvektor** der Kurve (t) bezeichnen können, und die Kurve $\mathfrak{k} = 0$ sind diejenigen Kurven der Fläche U, die bei der gewählten Parallelübertragung ihre Richtung nicht ändern; man bezeichnet sie daher als die „**geradesten Linien**" der gegebenen Maßbestimmung und Übertragung.

Wählt man als Parameter die „Bogenlänge" der Kurve, setzt also $s = t$, so wird

$$\dot{s} = 1.$$

Damit wird

$$\mathfrak{d}\mathfrak{t} = \delta \dot{u}^i x_i ,$$

also, da

$$\delta \dot{u}^i = d\dot{u}^i + \dot{u}^p db^i_p$$

ist:

(61) $$\mathfrak{k} = (\ddot{u}^i + \dot{u}^p \dot{u}^q \beta^i_{p,q}) x_i .$$

Hieraus folgt:

$$\begin{aligned} \mathfrak{t}\mathfrak{k} &= (\dot{u}^i x_i)(\ddot{u}^k + \dot{u}^p \dot{u}^q \beta^k_{p,q}) x_k \\ &= L_{ik} \dot{u}^i \ddot{u}^k + L_{ik} \dot{u}^i \dot{u}^p \dot{u}^q \beta^k_{p,q} = \tfrac{1}{2} \frac{\mathfrak{d}}{ds}(L_{ik} \dot{u}^i \dot{u}^k) = 0 , \end{aligned}$$

d. h. der Vektor $\mathfrak{k}$ steht auf $\mathfrak{t}$ senkrecht, wofern er nicht selbst verschwindet. Im letzteren Falle sind die Kurven die geradesten Linien der Übertragung, die also durch die Differentialgleichungen

(62) $$\ddot{u}^i + \dot{u}^p \dot{u}^q \beta^i_{p,q} = 0$$

bestimmt sind.

Beispiel. Bei der grundlegenden Bedeutung, die der eben abgeleitete Formalismus für das Verständnis der ganzen Theorie besitzt, begnüge man sich nicht mit der einfachen Aneignung des Rechenapparats, sondern mache sich die Verhältnisse immer wieder an einfachen Beispielen deutlich.

Wir betrachten die Fläche (U), deren Metrik durch die Eichkurve

(α) $$(\dot{u}^1)^2 + (\dot{u}^2)^2 = 1$$

gegeben ist. Hier ist also

(β) $$\begin{aligned} L_{11} &= L_{22} = 1 \quad L_{12} = 0 , \\ L^{11} &= L^{22} = 1 \quad L^{12} = 0 . \end{aligned}$$

Ihr einfachster metrischer Repräsentant ist die Ebene, bezogen auf ein festes rechtwinkliges kartesisches Koordinatensystem mit gleich langen Grundvektoren $\mathfrak{e}_1, \mathfrak{e}_2$, deren Punkte durch die Vektoren

(γ) $$x = u^i \mathfrak{e}_i$$

gegeben sind. Hierbei wird

(δ) $$\begin{aligned} \mathfrak{e}_1 &= \mathfrak{e}^1, \quad \mathfrak{e}_2 = \mathfrak{e}^2 \\ (\mathfrak{e}_1)^2 &= (\mathfrak{e}_2)^2 = 1, \quad \mathfrak{e}_1\mathfrak{e}_2 = 0 , \end{aligned}$$

und die Grundvektoren sind in allen Punkten (u^1, u^2)

$$x_i = \mathfrak{e}_i, \quad x^k = \mathfrak{e}^k ,$$

also im Sinne der euklidischen Geometrie parallel zu den festen Grundvektoren des Koordinatensystms $(\mathfrak{e}_1, \mathfrak{e}_2)$. Sie brauchen aber nicht parallel zu sein im Sinne einer affinen Richtungsübertragung. Denn hier sind die durch (39) und (40) gegebenen Komponenten des affinen Zusammenhangs

(ε) $$\begin{aligned} db^1_1 &= db^2_2 = 0 \\ db^2_1 &= -db^1_2 = \tfrac{1}{2} dP_{21} = -\tfrac{1}{2} dP_{12} , \end{aligned}$$

so daß

(ζ) $$\mathfrak{d}x_1 = -db^1_2 x_2 \qquad \mathfrak{d}x_2 = db^1_2 x_1$$

wird. Diese Gleichungen (ζ) sind aus den Elementen bekannt als die Komponenten der infinitesimalen Drehung um den Nullpunkt. Die lineare Form

$$dP_{12} = 2U_i(u^1, u^2) du^i$$

ist dabei völlig willkürlich, d. h. die U_i können als beliebige Funktionen ihrer Argumente gewählt werden. Die von Null verschiedenen Werte der $\beta^l_{i,k}$ sind somit

(η) $$\beta^1_{21} = -\beta^2_{11} = U_1 \quad \beta^1_{22} = -\beta^2_{12} = U_2 ,$$

so daß die geradesten Linien der Übertragung durch die Differentialgleichungen

$$(\vartheta)\qquad \begin{aligned} \ddot{u}^1 + \dot{u}^2(U_1\dot{u}^1 + U_2\dot{u}^2) &= 0 \\ \ddot{u}^2 - \dot{u}^1(U_1\dot{u}^1 + U_2\dot{u}^2) &= 0 \end{aligned}$$

gegeben sind. Diese Gleichungen können als das System der Bewegungsgleichungen eines Punktes von der Masse Eins in der Ebene aufgefaßt werden, ihre Integralkurven

$$(\iota)\qquad \Phi(u^1, u^2, a, b) = 0,$$

die von zwei willkürlichen Konstanten abhängen, sind dann die „*Bahnkurven*" dieser Bewegung, und deren Tangenten heißen im Sinne der Übertragung (ζ) parallel. Durch jeden Punkt der Ebene gehen ∞^1 dieser Kurven hindurch.

Für $U_1 = U_2 = 0$ erhält man

$$u^i = c^i s + c_0^i,$$

d. h. die Geraden oder die „geodätischen Linien" der Ebene. Dabei bedeuten die c^i und c_0^i Konstanten, die wegen (α) der Gleichung

$$(c^1)^2 + (c^2)^2 = 1$$

genügen müssen. Die Geraden bilden also den besonderen Fall der „geradesten Linien" der Ebene, in dem die Gleichungen (ϑ) allein von der Grundform abhängig sind. Nur in diesem Fall, wo $\mathfrak{b} x_i = 0$ ist, führt die Parallelübertragung solche Richtungen ineinander über, die auch im Sinne der euklidischen Geometrie der Ebene parallel sind.

Um auch ein anschauliches Beispiel nicht geradliniger „Geradesten" zu geben, sei die Schar von ∞^2 Kurven

$$(\varkappa)\qquad \Phi \equiv (u^1)^2 + (u^2)^2 - 2au^1 - 2bu^2 + C = 0$$

betrachtet, wobei C eine absolute Konstante bedeutet, während a und b zwei Parameter sind, die die Einzelkurven dieses Systems kennzeichnen. Ist es dann möglich, die Funktionen U_1 und U_2 in den Gleichungen (η) so zu bestimmen, daß die Kurven ($\varkappa$) als Bahnkurven der Bewegung (ϑ) aufgefaßt werden können? Die Kurven $\Phi =$ konst. oder

$$(u^1 - a)^2 + (u^2 - b)^2 = a^2 + b^2 - C$$

sind bekanntlich die ∞^2 Kreise, die im Falle $C = 0$ durch den Nullpunkt gehen, im Falle $C > 0$ den festen Kreis mit dem Radius $\sqrt{C}$, dessen Mittelpunkt der Nullpunkt ist, senkrecht, für $C < 0$ den festen Kreis mit dem Radius $\sqrt{-C}$ unter einem Durchmesser schneiden. In jedem Falle ergeben sich durch wiederholte Differentiation von ($\varkappa$) die Gleichungen

$$(\lambda)\qquad \begin{aligned} (u^1 - a)\dot{u}^1 + (u^2 - b)\dot{u}^2 &= 0 \\ (u^1 - a)\ddot{u}^1 + (u^2 - b)\ddot{u}^2 + (\dot{u}^1)^2 + (\dot{u}^2)^2 &= 0, \end{aligned}$$

von denen sich die letzte mittels (α) und (ϑ) in die Form

$$(\mu)\qquad (U_1\dot{u}_1 + U_2\dot{u}^2)\,(-(u^1 - a)\dot{u}^2 + (u^2 - b)\dot{u}^1) + 1 = 0$$

schreiben läßt. Nimmt man zu (λ) und (μ) noch die Gleichung ($\varkappa$) in der Form

$$(\varkappa')\qquad 2(u^1 - a)u^1 + 2(u^2 - b)u^2 + C - (u^1)^2 - (u^2)^2 = 0$$

hinzu, so erhält man durch Elimination von $(u^1 - a)$ und $(u^2 - b)$ die Bedingung

$$(\nu)\qquad \begin{vmatrix} \dot{u}^1, & \dot{u}^2, & 0 \\ -\dot{u}^2, & \dot{u}^1, & \dfrac{1}{U_i\dot{u}^i} \\ 2u^1, & 2u^2, & C - (u^1)^2 - (u^2)^2 \end{vmatrix} = 0$$

oder

$$(\nu')\qquad U_i u^i(C - (u^1)^2 - (u^2)^2) = 2u^1u^2 - 2\dot{u}^2u^1,$$

eine Gleichung, die dann und nur dann für alle Fortschreitungsrichtungen $\alpha\dot{u}^1 + \beta\dot{u}^2$ erfüllt sein kann, wenn

$$(\xi) \qquad U_1 = \frac{2u^2}{C - (u^1)^2 - (u^2)^2} \qquad U_2 = \frac{-2u^1}{C - (u^1)^2 - (u^2)^2}$$

ist. Man kann also in der Tat einen affinen Zusammenhang derart definieren, daß das Kurvensystem ($\varkappa$) die geradesten Linien der Ebene darstellen.

Zur weiteren Übung betrachte man in unserem Beispiel den Einfluß der Koordinatentransformation auf die Komponenten des affinen Zusammenhangs und setze

$$(o) \qquad u^1 = \bar{u}^1 \cos \bar{u}^2, \qquad u^2 = \bar{u}^1 \sin \bar{u}^2,$$

d. h. man gehe von rechtwinkligen zu Polarkoordinaten der Ebene über. Dann ergibt sich nach einfacher Rechnung der transformierte Grundtensor:

$$(\pi) \qquad \bar{L}_{11} = 1, \quad \bar{L}_{12} = 0, \quad \bar{L}_{22} = (\bar{u}^1)^2$$

$$(\varrho) \qquad \begin{aligned} &\bar{\beta}^1_{11} = \bar{\beta}^1_{12} = \bar{\beta}^2_{22} = 0 \\ &\bar{\beta}^2_{21} = \frac{1}{\bar{u}^1}, \quad \bar{\beta}^1_{21} + (\bar{u}^1)^2 \bar{\beta}^2_{11} = 0 \\ &\bar{\beta}^1_{22} + \bar{\beta}^2_{12} (\bar{u}^1)^2 = 0. \end{aligned}$$

Auch diese sind von zwei willkürlichen Funktionen $\bar{U}_1, \bar{U}_2$ abhängig. Man ermittele durch direkte Ausrechnung mit Hilfe der Formeln (50), welcher Zusammenhang zwischen diesen Funktionen und U_1, U_2 besteht.

Der Tensor Q^l_{ik}. Es war bereits in § 32, Bemerkung 3, betont worden, daß der Tensor

$$\varphi_{ik} = \frac{\partial^2 \varphi}{\partial u^i \partial u^k} - \beta^l_{i,k} \frac{\partial \varphi}{\partial u^l} = \frac{\partial^2 \varphi}{\partial u^i \partial u^k} - \beta^l_{i,k} \varphi_l$$

für die allgemeine affine Übertragung unsymmetrisch ist. Daraus folgt, daß die Größen

$$(63) \qquad Q^l_{ik} = \beta^l_{k,i} - \beta^l_{i,k}$$

die Komponenten eines im allgemeinen nicht verschwindenden Tensors dritter Stufe $\{Q\}$ bilden. Es ist nämlich

$$Q^l_{ik} \varphi_l = \varphi_{ik} - \varphi_{ki}$$

als Differenz zweier Tensoren zweiter Stufe wieder ein solcher.

Die Komponenten Q^l_{ik} lassen sich mittels (39) und (40) sofort hinschreiben:

$$(64) \qquad \begin{aligned} Q^l_{ii} = 0, \quad Q^1_{12} &= -Q^1_{21} = \frac{1}{2}\left\{L^{11}\left(P_{12,1} - \frac{\partial L_{11}}{\partial u^2}\right) + L^{12}\left(\frac{\partial L_{22}}{\partial u^1} - P_{21,2}\right)\right\} \\ Q^2_{12} &= -Q^2_{21} = \frac{1}{2}\left\{L^{12}\left(P_{12,1} - \frac{\partial L_{11}}{\partial u^2}\right) + L^{22}\left(\frac{\partial L_{22}}{\partial u^1} - P_{21,2}\right)\right\} \end{aligned}$$

Schreibt man den Tensor Q kovariant:

$$Q_{iks} = Q^r_{ik} L_{rs},$$

so folgt:

$$(65) \qquad \begin{aligned} Q_{ii,s} = 0 \quad Q_{121} &= \frac{1}{2}\left(P_{12,1} - \frac{\partial L_{11}}{\partial u^2}\right) = -Q_{211} \\ Q_{122} &= \frac{1}{2}\left(P_{21,2} - \frac{\partial L_{22}}{\partial u^1}\right) = -Q_{212}. \end{aligned}$$

Die symmetrische Übertragung ist durch das Verschwinden des Tensors $\{Q\}$ gekennzeichnet.

§ 34. Geodätische Linien.

Wir haben durch die Formeln (39), (40), (41) eine Übersicht über die Gesamtheit der affinen Richtungsübertragungen gewonnen, die für eine durch ihr „Linienelement“

$$ds = \sqrt{L_{ik} du^i du^k} \tag{66}$$

gegebene Fläche möglich sind. Wir haben ferner gesehen, daß es unter ihnen nur eine Übertragung gibt, deren Komponenten durch den Grundtensor L_{ik} allein bestimmt sind. Diese war noch dadurch ausgezeichnet, daß für sie der Tensor Q verschwindet, also die zweiten kovarianten Ableitungen einen symmetrischen Tensor bilden. Wir haben endlich gezeigt, daß es für jede Übertragung ein bestimmtes Feld von ∞^2 Kurven gibt, die als die „geradesten Linien“ dieser Übertragung bezeichnet werden können.

Nun gibt es auf jeder Fläche mit dem Linienelement (66) ein Kurvenfeld, das gleichfalls nur von den L_{ik} abhängt, das Feld der „geodätischen Linien“, d. h. der Extremalen des „Variationsproblems“

$$\int_{P_1}^{P_2} ds = \int_{P_1}^{P_2} \sqrt{L_{ik} \dot{u}^i \dot{u}^k}\, dt. \tag{67}$$

Die Aufgabe ist, zwei beliebige Punkte $P_1(u_1^1 u_1^2)$, $P_2(u_2^1, u_2^2)$ auf der Fläche durch eine Kurve

$$u^i = u^i(t)$$

so zu verbinden, daß die erste Variation des Integrals (67) verschwindet. Diese Kurven sind dann, wie aus der Variationsrechnung bekannt ist, innerhalb gewisser Grenzen die im Sinne der gegebenen Maßbestimmung kürzesten Verbindungslinien der beiden gegebenen Punkte. Die naheliegende Vermutung, daß das Feld der geodätischen Linien mit dem der geradesten Linien der symmetrischen Übertragung zusammenfällt, läßt sich nunmehr durch eine einfache Rechnung bestätigen.

Wir variieren unter Festhaltung der Endpunkte P_1, P_2 die Koordinaten u^i, indem wir

$$\tilde{u}^i = u^i + \varepsilon U^i + \varepsilon^2(\cdots) \tag{68}$$

ansetzen[1]). Die Größen

$$U^i = \left(\frac{\partial \tilde{u}^i(t, \varepsilon)}{\partial \varepsilon}\right)_{\varepsilon=0}$$

bilden einen kontravarianten Tensor erster Stufe, und es ergibt sich die Bogenlänge der variierten Kurve, wenn man noch

$$\mathfrak{L}(u^i, \dot{u}^i) = \mathfrak{L}(u^1, u^2, \dot{u}^1, \dot{u}^2) = \sqrt{L_{ik} \dot{u}^i \dot{u}^k}$$

setzt:

$$\tilde{s} = \int_{t_1}^{t_2} \mathfrak{L}(\tilde{u}^i, \dot{\tilde{u}}^i)\, dt = \int_{t_1}^{t_2} \left[\mathfrak{L}(u^i, \dot{u}^i) + \left(\frac{\partial \mathfrak{L}}{\partial u^i} U^i + \frac{\partial \mathfrak{L}}{\partial \dot{u}^i} \dot{U}^i\right) \varepsilon + \varepsilon^2(\ldots)\right] dt, \tag{69}$$

[1]) Die Funktionen U^i haben hier natürlich nichts mit den im Beispiel des § 33 auftretenden Größen U_i zu tun!

und die Variation der Bogenlänge [1])

$$\delta s = \left(\frac{ds}{d\varepsilon}\right)_{\varepsilon=0} = \int_{t_1}^{t_2} \left(\frac{\partial \mathfrak{L}}{\partial u^i} U^i + \frac{\partial \mathfrak{L}}{\partial \dot{u}^i} \dot{U}^i\right) dt,$$

die, da

$$\int_{t_1}^{t_2} \frac{\partial \mathfrak{L}}{\partial \dot{u}^i} \dot{U}^i dt = \left[U^i \frac{\partial \mathfrak{L}}{\partial \dot{u}^i}\right]_{t_1}^{t_2} - \int_{t_1}^{t_2} U^i \left[\frac{d}{dt}\left(\frac{\partial \mathfrak{L}}{\partial \dot{u}^i}\right)\right] dt$$

ist und der Voraussetzung nach an den Grenzen $t = t_1$ und $t = t_2$

$$U^i = 0$$

sein soll, in der Form

$$\delta s = \int_{t_1}^{t_2} \left(\frac{\partial \mathfrak{L}}{\partial u^i} - \frac{d}{dt} \frac{\partial \mathfrak{L}}{\partial \dot{u}^i}\right) U^i dt \tag{70}$$

geschrieben werden kann. Die gesuchte Kurve soll so bestimmt werden, daß δs für alle nur möglichen Variationen von u^i, also auch für alle nur möglichen Werte von U^i verschwindet. Dies ist nur möglich, wenn der kovariante Vektor

$$V_i = \frac{d}{dt} \frac{\partial \mathfrak{L}}{\partial \dot{u}^i} - \frac{\partial \mathfrak{L}}{\partial u^i} \tag{71}$$

identisch gleich Null ist. Führen wir die Differentiationen auf der rechten Seite dieser Gleichung aus, so erhalten wir:

$$\begin{aligned} \frac{\partial \mathfrak{L}}{\partial \dot{u}^i} &= \frac{1}{2\mathfrak{L}} \frac{\partial \mathfrak{L}^2}{\partial \dot{u}^i} = \frac{1}{\mathfrak{L}} L_{ik} \dot{u}^k \\ \frac{\partial \mathfrak{L}}{\partial u^i} &= \frac{1}{2\mathfrak{L}} \frac{\partial \mathfrak{L}^2}{\partial u^i} = \frac{1}{2\mathfrak{L}} \frac{\partial L_{rs}}{\partial u^i} \dot{u}^r \dot{u}^s. \end{aligned} \tag{72}$$

Diese Ausdrücke vereinfachen sich formal, wenn man als Parameter t die Bogenlänge s der Extremalen einführt, da dann

$$\mathfrak{L} = 1$$

ist. Damit wird

$$V_i = L_{ik} \ddot{u}^k + \frac{\partial L_{ik}}{\partial u^s} \dot{u}^k \dot{u}^s - \frac{1}{2} \frac{\partial L_{ks}}{\partial u^i} \dot{u}^k \dot{u}^s. \tag{73}$$

Dieser Ausdruck nimmt eine übersichtliche Form an, wenn man

$$2 \frac{\partial L_{ik}}{\partial u^s} \dot{u}^k \dot{u}^s = \frac{\partial L_{ik}}{\partial u^s} \dot{u}^k \dot{u}^s + \frac{\partial L_{is}}{\partial u^k} \dot{u}^k \dot{u}^s$$

schreibt, was natürlich zulässig ist, da es auf die Bezeichnung des Summations-

[1]) Das Zeichen δ wird in diesem Abschnitt im Sinne der Variationsrechnung gebraucht; eine Verwechslung mit dem gleichfalls so bezeichneten kogredienten Differential, mit dem die Variation des Integrals (67) natürlich nichts zu tun hat, ist indes nicht zu befürchten, da dieses hier nicht auftritt.

buchstaben nicht ankommt. Der Koeffizient von $\dot{u}^k \dot{u}^s$ in (73) wird somit

$$\gamma_{ks,i} = \frac{1}{2}\left(\frac{\partial L_{ik}}{\partial u^s} + \frac{\partial L_{is}}{\partial u^k} - \frac{\partial L_{ks}}{\partial u^i}\right) = \gamma_{sk,i}, \tag{74}$$

stimmt also, wie die Formel (46) zeigt, mit der Komponente $\beta_{ks,i}$ der symmetrischen Übertragung überein; es ist also

$$V_i = L_{ik}\ddot{u}^k + \gamma_{rs,i}\dot{u}^r\dot{u}^s, \tag{75}$$

woraus sich die kontravarianten Komponenten des Vektors (V_1, V_2) in der Form

$$V^l = L^{il} V_i = \ddot{u}^l + \gamma^l_{rs}\dot{u}^r\dot{u}^s \tag{76}$$

ergeben, wenn man noch

$$\gamma^l_{rs} = L^{il}\gamma_{rs,i} \tag{77}$$

gesetzt hat. Demnach gelten für die Lösungen unseres Variationsproblems, d. h. für die geodätischen Linien der Fläche die Gleichungen

$$\boxed{\ddot{u}^l + \gamma^l_{rs}\dot{u}^r\dot{u}^s = 0}\,, \tag{78}$$

bezogen auf ihre Bogenlänge als Parameter.

Diese Gleichungen sind aber in der Tat nichts anderes als die geradesten Linien für die symmetrische Richtungsübertragung, da die Gleichungen (78) mit (62) übereinstimmen.

Damit ist der geforderte Nachweis geliefert, daß das Feld der geodätischen Linien mit dem der geradesten Linien für den Fall der symmetrischen Übertragung zusammenfällt.

Bemerkung 1. Die Größen γ^l_{ik} bzw. $\gamma_{ik,l}$ sind dieselben, die von Christoffel unter der Bezeichnung $\left\{ {ik \atop l} \right\}$ bzw. $\left[{ik \atop l} \right]$ eingeführt worden sind.

Bemerkung 2. Da für jede Übertragung wegen (34)

$$\frac{\partial L_{ik}}{\partial u^r} = \beta^s_{i,r} L_{sk} + \beta^s_{k,r} L_{si} = \beta_{ir,k} + \beta_{kr,i}$$

ist, so lassen sich die $\gamma_{ik,l}$ leicht durch die Komponenten β^n_{pq} einer beliebigen Übertragung ausdrücken. Man führe diese Rechnung durch.

Bemerkung 3. Das Problem der geodätischen Linien hatten wir hier der Anschaulichkeit halber so gelöst, daß wir uns die Ebenen mit der Eichkurve $\mathfrak{L}^2 = 1$ als Tangentialebenen an einer Fläche im euklidischen Raume geheftet dachten, deren Bogenelement $ds = \mathfrak{L} dt$ ist. Nach den Auseinandersetzungen im Anfang dieses Kapitels ist indes dies nur eine Deutung der Aufgabe. Eine andere gleichberechtigte Deutung erhält man, wenn man sich die Ebenen auf ein und derselben Ebene

$$\mathfrak{u} = u^1 \mathfrak{e}_1 + u^2 \mathfrak{e}_2$$

ausgebreitet denkt, derart, daß in jedem Punkte (u^1, u^2) die Eichkurve $\mathfrak{L}^2 = 1$ eingeführt wird. Dies kommt darauf hinaus, in der Ebene $(\mathfrak{u})$ ein Kraftfeld einzuführen, derart, daß $\frac{1}{2}\mathfrak{L}^2$ den Ausdruck der kinetischen Energie an der Stelle (u^1, u^2) bedeutet. Dann stellen die Differentialgleichungen (78) die Bahnkurven der durch das gegebene Kraftfeld definierten Bewegung eines Punktes dar. Hat man also in der Ebene $(\mathfrak{u})$ ein solches allgemeines Kraftfeld gegeben, so kann man durch Übergang zu einer zweckmäßig gewählten Fläche ihre Bahnkurven in die geodätischen Linien dieser Fläche, d. h. in die Bahnkurven einer kräftefreien Bewegung verwandeln. Man kann also durch diesen Wechsel der Deutung jedes beliebige Kraftfeld „wegtransformieren", eine Vorstellung, die für die moderne Physik in der Relativitätstheorie von grundlegender Bedeutung geworden ist [1]).

Bemerkung 4. Man stelle die Komponenten des geodätischen Zusammenhangs a) für $L_{12} = 0$

b) für $L_{11} = L_{22} = 0$ auf. Es ergibt sich:

a) $$\gamma_{11,1} = \frac{1}{2}\frac{\partial L_{11}}{\partial u^1}, \qquad \gamma_{12,1} = \frac{1}{2}\frac{\partial L_{11}}{\partial u^2}, \qquad \gamma_{22,1} = -\frac{1}{2}\frac{\partial L_{22}}{\partial u^1},$$

$$\gamma_{11,2} = -\frac{1}{2}\frac{\partial L_{11}}{\partial u^2}, \qquad \gamma_{12,2} = \frac{1}{2}\frac{\partial L_{22}}{\partial u^1}, \qquad \gamma_{22,2} = \frac{1}{2}\frac{\partial L_{22}}{\partial u^2}.$$

$$\gamma_{11}^1 = \tfrac{1}{2}L^{11}\frac{\partial L_{11}}{\partial u^1}, \quad \gamma_{12}^1 = \tfrac{1}{2}L^{11}\frac{\partial L_{11}}{\partial u^2}, \quad \gamma_{22}^1 = -\tfrac{1}{2}L^{11}\frac{\partial L_{22}}{\partial u^1}$$

$$\gamma_{11}^2 = -\tfrac{1}{2}L^{22}\frac{\partial L_{11}}{\partial u^2}, \quad \gamma_{12}^2 = \tfrac{1}{2}L^{22}\frac{\partial L_{22}}{\partial u^1}, \quad \gamma_{22}^2 = \tfrac{1}{2}L^{22}\frac{\partial L_{22}}{\partial u^2}$$

b) $$\gamma_{11,1} = 0, \qquad \gamma_{12,1} = 0, \qquad \gamma_{22,1} = \frac{\partial L_{12}}{\partial u^2}$$

$$\gamma_{11,2} = \frac{\partial L_{12}}{\partial u^1}, \qquad \gamma_{12,2} = 0, \qquad \gamma_{22,2} = 0,$$

$$\gamma_{11}^1 = L^{12}\frac{\partial L_{12}}{\partial u^1}, \qquad \gamma_{12}^1 = 0, \qquad \gamma_{22}^1 = 0,$$

$$\gamma_{11}^2 = 0, \qquad \gamma_{12}^2 = 0, \qquad \gamma_{22}^2 = L^{12}\frac{\partial L_{12}}{\partial u^2}.$$

Bemerkung 5. Auf jeder Fläche kann man auf mehrfach unendliche Arten das Koordinatennetz aus einer Schar $u^1 =$ konst. von geodätischen Linien und den diese senkrecht schneidenden Kurven wählen. Für diese besonderen „geodätischen Parallelkoordinaten" gelten die Formeln der Bemerkung (4 a), außerdem muß (78) das Integral $u^1 =$ konst. besitzen. Es muß daher $\gamma_{22}^1 = 0$, also

$$\frac{\partial L_{22}}{\partial u^1} = 0, \qquad L_{22} = L_{22}(u^2)$$

werden. Der Maßtensor kann, wenn man statt u^2

$$\bar{u}^2 = \int \sqrt{L_{22}}\, du^2$$

als Parameter wählt, auf die Form

$$ds^2 = L_{11}(du^1)^2 + (d\bar{u}^2)^2$$

gebracht werden. — Die Bedingung dagegen, daß beide Kurvenscharen eines orthogonalen Koordinatennetzes geodätisch sind, läßt sich nun für Flächen, deren Grundform auf die Gestalt

$$ds^2 = (d\bar{u}^1)^2 + (d\bar{u}^2)^2$$

gebracht werden kann, erfüllen.

§ 35. Konforme Änderung des Grundtensors.

Sind zwei „Flächen" $U(u^1, u^2)$ und $\overline{U}(u^1, u^2)$ durch gleiche Werte der Parameter punktweis aufeinander bezogen und gelten für ihre Grundtensoren

[1]) Diese Deutung findet sich bereits in Darboux' Théorie des surfaces (t. 2. livre V, chap. VI—VIII.) ausführlich entwickelt.

die Beziehungen

$$(79)\qquad \overline{L}_{ik} = M L_{ik},$$

so sind entsprechende Winkel einander gleich, die Flächen sind also einander konform zugeordnet. In diesem Falle stehen die Komponenten der Richtungsübertragungen $\beta^l_{i,k}$ und $\overline{\beta}^t_{r,s}$ in nahen Beziehungen zueinander. Zunächst sieht man, daß

$$\overline{L} = M^2 L,$$

also

$$(80)\qquad \overline{L}^{ik} = \frac{1}{M} L^{ik}$$

wird. Setzt man ferner

$$(81)\qquad d\overline{P}_{21} = M dP_{21},$$

so wird auf Grund von (36), S. 111

$$(82)\qquad d\overline{P}_{12} = M dP_{12} + 2L_{12} dM,$$

und drückt man mit (39) und (40) die Komponenten der affinen Übertragung für $\overline{U}$ durch die von U aus, so ergibt sich:

$$(83)\qquad \begin{aligned} d\overline{b}^1_1 &= db^1_1 + \tfrac{1}{2} L^{11} L_{11}\, d\log M \\ d\overline{b}^2_1 &= db^2_1 + \tfrac{1}{2} L^{12} L_{11}\, d\log M \\ d\overline{b}^1_2 &= db^1_2 + \tfrac{1}{2} (L^{12} L_{22} + 2L^{11} L_{12})\, d\log M \\ d\overline{b}^2_2 &= db^2_2 + \tfrac{1}{2} (L^{22} L_{22} + 2L^{12} L_{12})\, d\log M\,. \end{aligned}$$

Damit ist jeder affinen Übertragung der Fläche U eine solche der Fläche $\overline{U}$ eindeutig zugeordnet. Man beachte, daß der geodätischen Übertragung der einen Fläche aber nicht eine ebensolche der zweiten Fläche entspricht. Aber auch diese lassen sich leicht ineinander umrechnen.

In diesem Falle drücken sich die β_{ikr} durch die Gleichungen (48) aus, und es wird

$$(84)\qquad \overline{\lambda}_{ikr} = M(\lambda_{ikr} + \mu_{ikr}),$$

wobei

$$(85)\qquad \mu_{ikr} = \frac{1}{2M} (L_{ir} M_k + L_{kr} M_i + L_{ik} M_r)$$

gesetzt ist. Damit wird

$$(86)\qquad \overline{\beta}_{ikr} = M(\beta_{ikr} - \nu_{ikr}),$$

wenn

$$(87)\qquad \nu_{ik,r} = \mu_{ik,r} - L_{ik} \frac{M_r}{M}$$

bedeutet. Somit hat man schließlich

$$(88)\qquad \overline{\beta}^l_{ik} = \overline{L}^{lr} \overline{\beta}_{ik,r} = \beta^l_{ik} - \nu^l_{ik},$$

wenn

$$(89)\qquad \nu^l_{ik} = \nu_{ik,r} L^{rl}$$

gesetzt ist.

Sind φ und ψ zwei Skalare und φ_{ik} bzw. $\overline{\varphi}_{ik}$ die zweiten kovarianten Ableitungen des ersten bezüglich der geodätischen Übertragungen von U bzw. $\overline{U}$, so besteht für die „Zwischenparameter" die Gleichung

$$\overline{\nabla}(\varphi, \psi) = \overline{L}^{ik} \varphi_i \psi_k = \frac{1}{M} L^{ik} \varphi_i \psi_k = \frac{1}{M} \nabla(\varphi, \psi), \tag{90}$$

also

$$\overline{\nabla}(\varphi, \varphi) = \overline{\nabla}(\varphi) = \frac{1}{M} \nabla(\varphi), \tag{91}$$

und für die „Beltramischen Differentialparameter" (Differentiator)

$$\overline{\Delta}\varphi = \overline{L}^{ik} \overline{\varphi}_{ik} = \frac{1}{M} L^{ik} \varphi_{ik} = \frac{1}{M} \Delta\varphi, \tag{92}$$

da ja

$$L^{ik} \nu^l_{ik} = 0$$

wird.

Bemerkung. Durch die Gleichungen (91) und (92) transformiert sich die Differentialgleichung

$$\Delta\varphi - 2\varphi = \nabla(\varphi, \psi) \tag{93}$$

in

$$\overline{\Delta}\varphi - 2\frac{\varphi}{M} = \overline{\nabla}(\varphi, \psi). \tag{94}$$

§ 36. Der Krümmungstensor.

Unter den verschiedenen möglichen affinen Richtungsübertragungen hat die symmetrische oder, wie wir jetzt, nach den Ergebnissen des § 34 sagen können, „geodätische" Übertragung wesentliche Vorzüge. Sie ist die einzige, die durch den Maßtensor allein bestimmt ist und die einzige, für die die zweiten kovarianten Ableitungen

$$\varphi_{ik} = \frac{\partial^2 \varphi}{\partial u^i \partial u^k} - \gamma^l_{ik} \varphi_l = \varphi_{ki} \tag{95}$$

einen symmetrischen Tensor bilden, so daß für sie, wie bei der gewöhnlichen Differentiation, die Umkehrung der Differentiationsordnung gestattet ist. Aus diesen Gründen werden wir uns ihrer in Zukunft ausschließlich bedienen, wobei dahingestellt bleiben mag, ob in besonderen Fällen vielleicht eine andere Übertragung sich dem geometrischen Problem besser anpaßt.

Es stellt sich nun sofort die Frage, ob die Vertauschbarkeit der Differentiationsordnung auch für höhere kogrediente Differentiale gilt. Dies ist nun leider allgemein nicht der Fall, sondern tritt nur für eine besonders einfache Form des Maßtensors ein, bei der ein Tensor $R_{ij,rk}$ vierter Stufe verschwindet, dessen Komponenten in nicht ganz einfacher Weise aus denen des Maßtensors und ihren Ableitungen erster und zweiter Ordnung zusammengesetzt sind. Es ergibt sich, daß in diesem Ausnahmefall der Grundtensor auf die Form $L_{11} = L_{22} = 1$, $L_{12} = 0$ transformiert werden kann, also die euklidische Metrik der Ebene bestimmt; die Geometrie auf der Fläche U ist daher die euklidische Geometrie. Man sagt daher, die Fläche U bzw. ihre quadratische Grundform ist „nicht gekrümmt" oder „hat die Krümmung Null". Verschwindet der Tensor $R_{ij,rk}$ dagegen nicht, so steht er in naher Beziehung zu einer von Gauß eingeführten und als Krümmungsmaß der Fläche U bezeichneten Invariante. Aus diesem Grunde nennt man ihn den „Krümmungstensor" der quadratischen Form $\mathfrak{L}^2$. — Wir gehen jetzt an seine Ausrechnung. Auf Grund der letzten Gleichung (31) (S. 110) ergibt sich aus φ_{ik} durch kovariante Differentiation

$$\varphi_{ik,r} = \frac{\partial \varphi_{ik}}{\partial u^r} - \gamma^l_{ir}\varphi_{kl} - \gamma^l_{kr}\varphi_{il}. \tag{96}$$

Nun ist

$$\frac{\partial \varphi_{ik}}{\partial u^r} = \frac{\partial^3 \varphi}{\partial u^i \partial u^k \partial u^r} - \frac{\partial \gamma^l_{ik}}{\partial u^r}\varphi_l - \gamma^l_{ik}\frac{\partial^2 \varphi}{\partial u^r \partial u^l}$$
$$= \frac{\partial^3 \varphi}{\partial u^i \partial u^k \partial u^l} - \gamma^l_{ik}\varphi_{lr} - \left(\gamma^l_{ik}\gamma^s_{rl} + \frac{\partial \gamma^s_{ik}}{\partial u^r}\right)\varphi_s.$$

Damit wird

$$\varphi_{ik,r} = \frac{\partial^3 \varphi}{\partial u^i \partial u^k \partial u^r} - \gamma^l_{ik}\varphi_{lr} - \gamma^l_{ir}\varphi_{lk} - \gamma^l_{kr}\varphi_{li} - \left(\frac{\partial \gamma^s_{ik}}{\partial u^r} + \gamma^l_{ik}\gamma^s_{lr}\right)\varphi_s. \tag{97}$$

Rechnet man in derselben Weise $\varphi_{ir,k}$ aus, so ergibt sich:

$$\varphi_{ir,k} = \frac{\partial^3 \varphi}{\partial u^i \partial u^k \partial u^r} - \gamma^l_{ir}\varphi_{lk} - \gamma^l_{ik}\varphi_{lr} - \gamma^l_{rk}\varphi_{li} - \left(\frac{\partial \gamma^s_{ir}}{\partial u^k} + \gamma^l_{ir}\gamma^s_{lk}\right)\varphi_s. \tag{98}$$

Die Ausdrücke auf den rechten Seiten von (97) und (98) stimmen bis auf die Klammern überein. Diese lassen noch folgende rechnerische Umformung zu. Es ist

$$\frac{\partial \gamma^s_{ik}}{\partial u^r} = \frac{\partial L^{ls}\gamma_{ikl}}{\partial u^r} = L^{ls}\frac{\partial \gamma_{ikl}}{\partial u^r} + \gamma_{ikl}\frac{\partial L^{ls}}{\partial u^r}$$

und wegen (34')

$$\frac{\partial L^{ls}}{\partial u^r} = -L^{lm}\gamma^s_{mr} - L^{sm}\gamma^l_{mr}.$$

Somit wird

$$\frac{\partial \gamma^s_{ik}}{\partial u^r} + \gamma^l_{ik}\gamma^s_{lr} = L^{ls}\left(\frac{\partial \gamma_{ikl}}{\partial u^r} - \gamma_{ikm}\gamma^m_{lr}\right). \tag{99}$$

Der Tensor dritter Stufe

$$\varphi_{ik,r} - \varphi_{ir,k} = L^{ls}\left(\frac{\partial \gamma_{irl}}{\partial u^k} - \frac{\partial \gamma_{ikl}}{\partial u^r} + \gamma_{ikm}\gamma^m_{lr} - \gamma_{irm}\gamma^m_{lk}\right)\varphi_s$$

entsteht daher aus der Verjüngung eines Tensors vierter Stufe

$$R^s_{i,rk} = L^{ls}\left(\frac{\partial \gamma_{irl}}{\partial u^k} - \frac{\partial \gamma_{ikl}}{\partial u^r} + \gamma_{ikm}\gamma^m_{lr} - \gamma_{irm}\gamma^m_{lk}\right)$$

mit dem Vektor φ_s. Man schreibt ihn kovariant, indem man

$$R_{ij,rk} = R^s_{i,rk} L_{js}$$

bildet. Dadurch ergibt sich der „Riemannsche Krümmungstensor“[1])

(100) $$\boxed{R_{ij,rk} = \frac{\partial \gamma_{irj}}{\partial u^k} - \frac{\partial \gamma_{ikj}}{\partial u^r} + \gamma_{ikm}\gamma^m_{jr} - \gamma_{irm}\gamma^m_{jk}}.$$

Von seinen 16 Komponenten sind nur vier von Null verschieden. Da nämlich

(101) $$\gamma_{ikm}\gamma^m_{jr} = L_{mn}\gamma^n_{ik}\gamma^m_{jr} = \gamma^n_{ik}\gamma_{jrn}$$

ist, sieht man sofort, daß je zwei seiner Komponenten, bei denen die beiden letzten Marken vertauscht sind, sich nur durch das Vorzeichen unterscheiden

(102) $$R_{ij,rk} = -R_{ij,kr},$$

also ist:

(102′) $$\begin{aligned} R_{ij,kk} &= 0 \qquad (k = 1, 2) \\ R_{ij,21} &= -R_{ij,12}. \end{aligned}$$

Aber auch bei Vertauschung der ersten beiden Indizes geht eine Komponente in eine gleiche mit entgegengesetztem Vorzeichen über:

(103) $$R_{ji,rk} = -R_{ij,rk},$$

so daß auch

(104) $$\begin{aligned} R_{ii,rk} &= 0 \\ R_{21,rk} &= -R_{12,rk} \end{aligned}$$

wird. Wegen (46) wird nämlich

$$R_{ij,rk} + R_{ji,rk} = \frac{\partial}{\partial u^k}(\gamma_{irj} + \gamma_{jri}) - \frac{\partial}{\partial u^r}(\gamma_{ikj} + \gamma_{jki}),$$

und aus der Bemerkung 2 (S. 118) folgt, daß rechts

$$\frac{\partial^2 L_{ij}}{\partial u^k \partial u^r} - \frac{\partial^2 L_{ij}}{\partial u^r \partial u^k} = 0$$

steht. Alle von Null verschiedenen Komponenten lassen sich demnach durch eine von ihnen ausdrücken:

(105) $$R_{12,12} = -R_{21,12} = -R_{12,21} = R_{21,21}.$$

Durch Verjüngung erhält man aus dem Krümmungstensor den Skalar

(106) $$S = \tfrac{1}{2} R_{ij,rk} L^{ir} L^{jk}$$

oder ausgerechnet

(107) $$S = \frac{R_{12,12}}{L};$$

allgemein wird

(108) $$R_{ij,rk} = (L_{ir}L_{jk} - L_{ik}L_{jr})\, S.$$

Diese Größe S ist das Gaußsche Krümmungsmaß der Form $\mathfrak{L}^2$ bzw. der Fläche U.

---

[1]) Riemann, Werke. 2 Aufl. S. 391.

Der Krümmungstensor ist eine Invariante, die auch für Mannigfaltigkeiten oder Räume $\mathfrak{R}_n$ durch Messungen innerhalb $\mathfrak{R}_n$ gefunden werden kann, wenn die Dimension $n > 2$ ist. Es hat daher einen physikalischen Sinn, zu fragen, ob unser Erfahrungsraum eine von Null verschiedene „Krümmung" hat. Damit ist aber nicht die Vorstellung zu verknüpfen, als ob dieser gekrümmte Raum in eine etwa euklidische Mannigfaltigkeit höherer Dimensionenzahl eingebettet sei, wie in der klassischen Geometrie eine gekrümmte Fläche in einem euklidischen $\mathfrak{R}_3$. Unsere Beobachtungen sind schlechthin auf den Erfahrungsraum beschränkt, können also niemals über die Struktur eines etwaigen Einbettungsraumes Auskunft geben.

Übung 1. Man berechne das Gaußsche Krümmungsmaß, durch die L_{ik} und seine Ableitungen allein ausgedrückt.

Übung 2. Für rechtwinklige Koordinatenlinien wird

$$S = -\frac{1}{4L}\left(\frac{\partial^2 L_{11}}{\partial u^2 \partial u^2} + \frac{\partial^2 L_{22}}{\partial u^1 \partial u^1}\right) + \frac{1}{8L}\left\{L^{11}\left[\frac{\partial L_{11}}{\partial u^1}\frac{\partial L_{22}}{\partial u^1} - \left(\frac{\partial L_{11}}{\partial u^2}\right)^2\right] + L^{22}\left[\frac{\partial L_{11}}{\partial u^2}\frac{\partial L_{22}}{\partial u^2} - \left(\frac{\partial L_{22}}{\partial u^1}\right)^2\right]\right\},$$

für $L_{11} = L_{22} = 0$ ist

$$S = -\frac{1}{L_{12}^3}\left(L_{12}\frac{\partial^2 L_{12}}{\partial u^1 \partial u^2} - \frac{\partial L_{12}}{\partial u^1}\frac{\partial L_{12}}{\partial u^2}\right) = -\frac{1}{L_{12}}\frac{\partial^2 \log L_{12}}{\partial u^1 \partial u^2}.$$

Aus der letzten Gleichung liest man unmittelbar ab, daß $S = 0$ dann und nur dann sein kann, wenn die quadratische Grundform sich in die Gestalt

$$\mathfrak{L}^2 dt^2 = du^1\, du^2$$

oder die gleichwertige

$$\mathfrak{L}^2 dt^2 = (d\bar{u}^1)^2 + (d\bar{u}^2)^2$$

setzen läßt.

Übung 3. Man rechne den Krümmungstensor für orthogonal-geodätische Koordinaten aus.

Übung 4. Man berechne die Vektoren $\mathfrak{t}$ und $\mathfrak{k}$ (§ 33, Formel (58) und (60)) für die Kurven einer Schar $\varphi(u^1, u^2) = \text{konst.}$

Fünftes Kapitel.

Flächentheorie der radialen Affinitäten.

§ 37. Die quadratische Grundform.

Nachdem wir den Rechenapparat, der die Geometrie in der Fläche beherrscht, aufgebaut haben, kehren wir zu der Untersuchung der Fläche im affinen Raume zurück. Dabei wollen wir zunächst ausschließlich die Geometrie der radialen Affinitäten betrachten, bei der die quadratische Grundform mit den Koeffizienten

$$g_{ik} = \frac{1}{w}\left(\frac{\partial^2 x}{\partial u^i \partial u^k}, x_1, x_2\right) \tag{1}$$

$$w = (x, x_1, x_2) \tag{1'}$$

invariant ist und eine Metrik auf der Fläche (x) bestimmt. Wir setzen in Zukunft ausschließlich die geodätische Übertragung voraus, da die Verwendung der allgemeinen linearen Übertragung für geometrische Zwecke zunächst nicht erforderlich ist und wegen der Unsymmetrie der durch zweimalige Differentiation aus einem Skalar hervorgehenden Tensoren zweiter Stufe nur auf rechnerische Verwicklungen führt. Es wird daher immer

$$x_{ik} = \frac{\partial^2 x}{\partial u^i \partial u^k} - \gamma_{ik}^l x_l \tag{2}$$

gesetzt werden, wobei die Koeffizienten der Übertragung

$$\gamma_{ik}^l = \gamma_{ki}^l = \gamma_{ik,r} g^{lr} \tag{3}$$

die Christoffelschen Größen sind, die durch die Gleichungen

$$\gamma_{ik,r} = \gamma_{ki,r} = \frac{1}{2}\left(\frac{\partial g_{ri}}{\partial u^k} + \frac{\partial g_{rk}}{\partial u^i} - \frac{\partial g_{ik}}{\partial u^r}\right) \tag{4}$$

bestimmt sind, und die nach Einführung von

$$\sigma_{ikr} = \frac{1}{2}\left(\frac{\partial g_{ri}}{\partial u^k} + \frac{\partial g_{ik}}{\partial u^r} + \frac{\partial g_{kr}}{\partial u^i}\right) \tag{5}$$

übersichtlicher in der Form

$$\gamma_{ik,r} = \sigma_{ikr} - \frac{\partial g_{ik}}{\partial u^r} \tag{6}$$

geschrieben werden können.

Während σ_{ikr} in allen drei Indizes symmetrisch ist, sind die $\gamma_{ik,r}$ nur für die ersten beiden symmetrisch; es ist aber

$$\gamma_{ik,r} + \gamma_{kr,i} + \gamma_{ri,k} = \sigma_{ikr} \tag{5a}$$

und damit

$$\gamma_{ik,r} + \gamma_{rk,i} = \frac{\partial g_{ir}}{\partial u^k}. \tag{5b}$$

Der Normalenvektor und das Normalenbild. Die Gleichung der Tangentialebene

$$(z - x, x_1, x_2) = 0 \tag{7}$$

kann durch Einführung des Vektors

$$\xi = \frac{x_1 \times x_2}{w}, \tag{8}$$

der zu dem räumlichen Vektor (x) kontravariant ist, in der Form

$$z\xi = 1 \tag{9}$$

geschrieben werden.

Man beachte dabei, daß für die Geometrie in der Fläche weder x noch ξ Vektoren sind, daß vielmehr ihre drei Raumkoordinaten x^α, ξ_λ als skalare Ortsfunktionen der Punkte (u^1, u^2) der Flächen aufzufassen sind. Nur wenn es sich um „äußere" Eigenschaften der Fläche handelt, d. h. um Beziehungen zu Gebilden des dreidimensionalen Raumes, hat man (x) und ebenso (ξ) als Vektoren aufzufassen.

Da, wie sich aus (1') und (8) ergibt,

$$(10) \qquad x\xi = 1$$

ist, sind diese räumlichen Vektoren raumkontravariant, d. h. ihre gegenseitige Beziehung ändert sich bei einer räumlichen Affinität des Vektors x

$$(11) \qquad x^\alpha = a^\alpha_\lambda \bar{x}^\lambda$$

nur dann nicht, wenn ξ gleichzeitig der kontragredienten Transformation

$$(12) \qquad \bar{\xi}_\lambda = a^\alpha_\lambda \xi_\alpha$$

unterworfen wird [1]).

Die Größen x_{ik} in der Gleichung (2) und ebenso die gleichgebauten

$$(13) \qquad \xi_{ik} = \frac{\partial^2 \xi}{\partial u^i \partial u^k} - \gamma^l_{ik} \xi_l$$

stellen also jedesmal drei Tensoren zweiter Stufe auf der Fläche dar, die durch zweimalige Differentiation kogredient aus den drei Skalaren x^α bzw. ξ_λ $(\alpha, \lambda = 1, 2, 3)$ hervorgehen.

Da infolge von (8)

$$(14) \qquad \xi x_1 = 0, \quad \xi x_2 = 0$$

ist, so steht der Raumvektor ξ auf der Tangentialebene senkrecht; er ist durch (10) normiert und soll als Normalenvektor der Fläche bezeichnet werden.

Leitet man auf beiden Seiten der Gleichung (10) ab, so ergibt sich aus (14)

$$(15) \qquad \xi_i x = 0,$$

d. h. für die Fläche ξ ist x der normierte Normalenvektor, und die Beziehung der Flächen x und ξ ist somit vollkommen wechselseitig. Sie sind sich überdies punktweis so zugeordnet, daß sie bezüglich der Einheitskugel

$$(x^\alpha x^\alpha) = 1 \qquad (\alpha = 1, 2, 3)$$

reziprok polar sind, eine Beziehung, die bei kontragredienten Transformationen der x^α und ξ_λ erhalten bleibt. Insbesondere wird auch

$$(16) \qquad x = \frac{\xi_1 \times \xi_2}{\omega},$$

$$\omega = (\xi \xi_1 \xi_2).$$

Aus (1) und (2) ergibt sich, daß der Grundtensor der Fläche x

$$g_{ik} = x_{ik} \xi$$

geschrieben werden kann; da aber aus (14) und (15)

---

[1]) In der Regel werden wir die Koordinaten von Raumvektoren nicht einzeln zum Ausdruck zu bringen brauchen. Wenn das ausnahmsweise wie hier der Fall ist: $x = x^\alpha e_\alpha$, $\xi = \xi_\lambda e^\lambda$, so sollen, wie noch einmal betont sei, zu ihrer Bezeichnung durchweg griechische Buchstaben als Indizes benutzt werden $(\alpha, \lambda = 1, 2, 3)$. Dagegen sollen grundsätzlich die lateinischen Buchstaben als Indizes nur für „innere Eigenschaften" der Fläche vorbehalten werden $(i, k, l, \ldots, = 1, 2)$. Auch Zahlenindizes, wie sie in (1), (1'), (8) auftreten, sollen stets für innere Eigenschaften vorbehalten bleiben, so daß z. B. $x_1 = \frac{\partial x}{\partial u^1}$, $\xi_2 = \frac{\partial \xi}{\partial u^2}$ bedeutet.

(17) $$g_{ik} = x_{ik}\xi = -x_i\xi_k = \xi_{ik}x$$

folgt, d. h.

(18) $$\frac{1}{\omega}\left(\frac{\partial^2\xi}{\partial u^i \partial u^k}, \xi_1, \xi_2\right) = g_{ik}$$

wird, so ergibt sich:

Zwei Flächen, die bezüglich der Einheitskugel reziprok polar sind, besitzen dieselbe quadratische Grundform.

Sie haben also insbesondere auch denselben Krümmungstensor. Die Gleichung (17) zeigt überdies, daß man die quadratische Grundform

(19) $$\mathfrak{g}_2 = \xi d^2 x = x d^2\xi = -dx\,d\xi = -x_i\xi_k du^i du^k$$

schreiben kann.

Aus (1') und (16) ergibt sich noch

$$w\omega = (x\,x_1 x_2)\,(\xi\,\xi_1\xi_2)$$

oder, nach Ausrechnung des Determinantenprodukts

(20) $$w\omega = g.$$

Geometrische Bedeutung der quadratischen Grundform. Die Einführung der Grundform war zunächst nur von dem rein analytischen Gesichtspunkt geleitet, eine affininvariante differentialgeometrische Bestimmung der Fläche zu gewinnen. Ein geometrisches Verständnis des Sachverhalts erfordert indessen auch eine Deutung des analytischen Vorgehens.

Ist $u^i = u^i(t)$ eine Kurve auf der Fläche, so ist ihr räumlicher Tangentenvektor

$$\frac{dx}{dt} = \dot{x} = x_i \dot{u}^i.$$

Ferner wird

$$\ddot{x} = \frac{d^2x}{dt^2} = x_{ik}\dot{u}^i\dot{u}^k + x_i\ddot{u}^i + \gamma^i_{kl}x_i\dot{u}^k\dot{u}^l,$$

so daß

$$\ddot{x}\xi = \frac{1}{w}(\ddot{x}, x_1, x_2) = g_{ik}\dot{u}^i\dot{u}^k$$

wird.

Dieser Ausdruck verschwindet dann und nur dann, wenn die beiden Vektoren $\dot{x}$, $\ddot{x}$ auf ξ senkrecht stehen, d. h. in der Tangentialebene der Fläche liegen. Dies tritt immer ein, wenn $\ddot{x}$ zu $\dot{x}$ parallel ist, d. h. die Kurve eine Gerade ist, oder aber, wenn ihre Schmiegungsebene mit der Tangentialebene zusammenfällt.

Man bezeichnet die Kurven, für die $\mathfrak{g}_2$ verschwindet, als Asymptotenlinien (vgl. Kap. 3, S. 95); diese sind also entweder geradlinig oder ihre Schmiegungsebenen sind die Tangentialebenen der Fläche.

Alle Flächen, die dieselbe quadratische Grundform $\mathfrak{g}_2$ besitzen, sind durch Asymptotenlinien auf einander bezogen; diese bilden das Kurvennetz $\mathfrak{g}_2 = 0$.

Wählt man die Asymptotenlinien als Parameterkurven $u^1 =$ konst., $u^2 =$ konst., so reduziert sich die Grundform auf

$$\mathfrak{g}_2 \equiv 2 g_{12} du^1 du^2.$$

Es war bereits im Kap. 3 erwähnt, daß die Form $\mathfrak{g}_2$, konstant gesetzt, mit der Gleichung der passend normierten Dupinschen Indikatrix übereinstimmt.

§ 38. Die kubische Grundform.

Da es unendlich viele affine nicht äquivalente Flächen gibt, die zu derselben quadratischen Grundform gehören — die Flächen (x) und (ξ), die ja nicht durch Affinitäten ineinander übergehen, sind nur ein Beispiel dafür — werden wir zur eindeutigen Bestimmung der Fläche im radial-affinen Raume noch eine zweite kennzeichnende Form hinzunehmen müssen. Während es aber in der metrischen Geometrie gelingt, zur Eichform noch eine zweite quadratische Form hinzuzunehmen, müssen wir im Affinen zu Formen dritten Grades emporsteigen.

Durch kovariante Differentiation von (17) erhält man, da nach (34*), S. 111

$$g_{ik,l} \equiv 0$$

ist:

$$(21)\qquad \begin{aligned} x_{ikl}\xi + x_{ik}\xi_l &= 0 \qquad & x_{ik}\xi_l + x_i\xi_{lk} &= 0 \\ \xi_{ikl}x + \xi_{ik}x_l &= 0 \qquad & \xi_{ik}x_l + \xi_i x_{kl} &= 0, \end{aligned}$$

so daß die Ausdrücke

$$(22)\qquad a_{ikl} = x_{ikl}\xi = -x_{ik}\xi_l = x_i\xi_{lk} = -\xi_{ikl}x$$

denselben kovarianten, und zwar symmetrischen Tensor dritter Stufe darstellen, der seiner Entstehung nach vom Koordinatensystem (u^i) unabhängig ist. Er ist aber auch gegenüber Raumaffinitäten invariant, da ebenso wie x und ξ, so auch x_{ikl} und ξ_{ikl} im Raume kontravariante Vektoren (!) darstellen. Man sieht die Invarianz auch unmittelbar, wenn man in (21) die Werte von ξ und x mit Hilfe von (8) bzw. (16) einsetzt:

$$(23)\qquad a_{ikl} = \frac{1}{w}(x_{ikl}, x_1, x_2) = -\frac{1}{\omega}(\xi_{ikl}, \xi_1, \xi_2) = -\bar{a}_{ikl}.$$

Definiert man so den Tensor a_{ikl} durch die Koordinaten der Fläche (x) bzw. (ξ) allein, so erhält man für (x) die Grundform dritten Grades

$$\mathfrak{g}_3 = a_{ikl} du^i du^k du^l,$$

für (ξ)

$$\bar{\mathfrak{g}}_3 = -\mathfrak{g}_3,$$

d. h.:

Zwei bezüglich der Einheitskugel reziproke Flächen (x), (ξ) haben Grundtensoren dritter Stufe, deren Koordinaten numerisch gleich, aber von entgegengesetztem Vorzeichen sind.

Auch die Form $\mathfrak{g}_3$ läßt sich so schreiben, daß ihre Unabhängigkeit von dem Koordinatensystem auf der Fläche unmittelbar zutage tritt. Es ist

$$d\mathfrak{g}_2 = d(\xi d^2 x) = -d(d\xi\, dx) = +d(x d^2 \xi)$$

also:

$$\xi d^3 x + d\xi d^2 x = -dx d^2 \xi - d\xi d^2 x = x d^3 \xi + dx d^2 \xi;$$

hieraus folgt

$$\xi d^3 x - x d^3 \xi = dx d^2 \xi - d\xi d^2 x$$

$$= x_l du^l (\xi_{ik} + \gamma_{ik}^r \xi_r)\, du^i du^k - \xi_l du^l\, (x_{ik} + \gamma_{ik}^r x_r)\, du^i du^k$$

(24) $\xi d^3 x - x d^3 \xi = dx d^2 \xi - d\xi d^2 x = 2\, a_{ikl} du^i du^k du^l = 2\, \mathfrak{g}_3.$

Es läßt sich von vornherein erwarten, daß der Tensor a_{ikl} nicht unabhängig von g_{ik} sein wird, daß vielmehr gewisse Bedingungen für die Integrierbarkeit erfüllt sein müssen, damit ein Größensystem g_{ik}, a_{ikl} eine Fläche (x) bis auf radiale Affinitäten eindeutig bestimmt. Diese Bedingungen, die für die Handhabung des Rechenapparates grundlegende Bedeutung haben, gilt es aufzusuchen, ehe an seine Anwendung auf einzelne Aufgaben gedacht werden kann.

Übung. Man berechne für eine beliebige Flächenkurve $u^i(t)$ die Ausdrücke

$$\dot{x}\ddot{\xi} = \frac{\mathfrak{g}_3}{dt^3} - g_{lr}(\ddot{u}^l + \gamma_{ik}^l \dot{u}^i \dot{u}^k)\, \dot{u}^r$$

$$\ddot{x}\dot{\xi} = -\frac{\mathfrak{g}_3}{dt^3} - g_{rl}(\ddot{u}^l + \gamma_{ik}^l \dot{u}^i \dot{u}^k)\, \dot{u}^r.$$

Für geodätische Linien wird

$$\dot{x}\ddot{\xi} = -\ddot{x}\dot{\xi} = \frac{\mathfrak{g}_3}{dt^3} = a_{ikl}\dot{u}^i \dot{u}^k \dot{u}^l.$$

§ 39. Die Ableitungsgleichungen.

Es war bereits betont, daß die Größen x_{11}, x_{12}, x_{22} im affinen Raume drei Vektoren bedeuten, die sich, wie alle räumlichen Vektoren, nach drei unabhängigen Grundvektoren in Komponenten zerlegen lassen. Wählt man als Grundvektoren x, x_1, x_2, so müssen daher Gleichungen von der Form

(25) $$x_{ik} = \alpha_{ik}^l x_l + p_{ik} x$$

bestehen. Die Koeffizienten α_{ik}^l und p_{ik} lassen sich nun einfach durch die beiden Grundtensoren der Fläche ausdrücken. Multipliziert man nämlich beide Seiten der Gleichung (25) der Reihe nach mit ξ, ξ_1, ξ_2 so ergibt sich

$$g_{ik} = x_{ik}\xi = p_{ik}(x\xi) = p_{ik}$$

$$-a_{ikr} = x_{ik}\xi_r = \alpha_{ik}^l(\xi_r x_l) = -\alpha_{ik}^l g_{rl} = -\alpha_{ikr},$$

so daß man die Ableitungsgleichung

(I) $$\boxed{x_{ik} = a_{ik}^l x_l + g_{ik} x}$$

und ebenso

(II) $$\boxed{\xi_{ik} = -a_{ik}^l \xi_l + g_{ik}\xi}$$

erhält. Die zweite Gleichung ergibt sich ohne weiteres durch die Überlegung, daß die Grundtensoren der Fläche (ξ) g_{ik} und $-a_{ikl}$ sind.

Die Bedeutung der Formeln (I) und (II) liegt analytisch darin, daß sie gestatten, alle kovarianten Ableitungen $x_{ik}, x_{ikr}, x_{iklr}, \ldots$ der Koordinaten der Fläche durch die Grundtensoren darzustellen, geometrisch darin, daß alle durch Differentiation der Koordinaten zu gewinnenden Vektoren nach Komponenten in der Richtung des Radiusvektors und der Tangentialebene zerlegt werden.

Der Vektor v_i. Durch kovariante Ableitung der Gleichung (1') ergibt sich

$$w_i = (x, x_{1i}, x_2) + (x, x_1, x_{2i}),$$

woraus unter Benutzung der Gleichungen (I)

$$\frac{w_i}{w} = a_{1i}^1 + a_{2i}^2 = a_{ki}^k \tag{26}$$

folgt. Setzt man

$$v_i = \frac{1}{2}\frac{w_i}{w} = -\frac{1}{2}\frac{\omega_i}{\omega} = \tfrac{1}{2} a_{ki}^k \tag{27}$$

oder

$$\boxed{v_i = \tfrac{1}{2} a_{ikl} g^{kl}}, \tag{III}$$

so ist damit ein kovarianter Flächenvektor v_i eingeführt, dessen Koordinaten, ausführlich geschrieben,

$$v_1 = \frac{1}{2}(a_{111}g^{11} + 2a_{112}g^{12} + a_{122}g^{22}) = \frac{1}{2g}(a_{111}g_{22} - 2a_{112}g_{12} + a_{122}g_{11})$$

$$v_2 = \frac{1}{2}(a_{112}g^{11} + 2a_{122}g^{12} + a_{222}g^{22}) = \frac{1}{2g}(a_{112}g_{22} - 2a_{122}g_{12} + a_{222}g_{11})$$

sind. Die Flächen, für die v_i verschwindet, bei denen also die beiden Grundtensoren „apolar" sind, bilden eine ausgezeichnete Klasse, deren Eigenschaften uns später noch beschäftigen werden. (S. Kap. 7, § 45 „Affinsphären".)

Der Vektor v_i war durch kovariante Ableitung der Größe w erhalten; daß seine Komponenten auch als gewöhnliche Ableitungen eines Skalars v aufgefaßt werden können, ist leicht auszurechnen. Aus den Ableitungsgleichungen (I) folgt nämlich

$$\begin{aligned} w_i &= \left(x, \frac{\partial^2 x}{\partial u^i \partial u^1} - \gamma_{i1}^l x_l, x_2\right) + \left(x, x_1, \frac{\partial^2 x}{\partial u^2 \partial u^i} - \gamma_{i2}^l x_l\right) \\ &= \frac{\partial w}{\partial u^i} - \gamma_{i1}^1(x, x_1, x_2) - \gamma_{i2}^2(x, x_1, x_2), \end{aligned}$$

also:

$$w_i = \frac{\partial w}{\partial u^i} - w(\gamma_{1i}^1 + \gamma_{2i}^2),$$

und da nach (43) S. 111

$$\gamma_{1i}^1 + \gamma_{2i}^2 = \frac{1}{2}\frac{\partial \log g}{\partial u^i}$$

ist, so folgt

$$\frac{\partial v}{\partial u^i} = v_i = \frac{1}{2}\frac{\partial \log w}{\partial u^i} - \frac{1}{4}\frac{\partial \log g}{\partial u^i},$$

d. h.

(28) $$v = \log \frac{w^{1/2}}{g^{1/4}}.$$

Es ist also immer

(29) $$\frac{\partial v_2}{\partial u^1} = \frac{\partial v_1}{\partial u^2}$$

und ferner

(30) $$v_{ki} = v_{ik}.$$

Von dieser Tatsache, die bereits eine Integrationsbedingung enthält, wird später Gebrauch gemacht werden.

Der Ausdruck

(31) $$\varrho = e^v = \frac{w}{l^{1/4}} = \frac{w^{1/2}}{g^{1/4}}$$

war bereits auf S. 94 (35) als Affinentfernung der Tangentialebene vom Anfangspunkte eingeführt worden.

Man beachte, daß, wenn $\bar{\varrho}$ dieselbe Bedeutung für die entsprechende Tangentialebene der Fläche (ξ) ist, immer

(32) $$\varrho\bar{\varrho} = 1$$

wird.

Aus der Bedeutung von a_{ikl} ergibt sich eine andere bemerkenswerte Darstellung des Vektors v_l. Es ist nämlich

$$v_l = \tfrac{1}{2} g^{ik}(\xi_{ik} x_l) = -\tfrac{1}{2} g^{ik}(x_{ik}\xi_l);$$

führt man also mit Hilfe des Beltramischen Differentiators den Raumvektor

(IV) $$\boxed{y = \tfrac{1}{2}\Delta x = \tfrac{1}{2} g^{ik} x_{ik}}$$

ein, und ebenso

(V) $$\boxed{\eta = \tfrac{1}{2}\Delta \xi = \tfrac{1}{2} g^{ik} \xi_{ik}},$$

so wird

(33) $$v_l = \eta x_l = -y\xi_l.$$

Andererseits wird vermöge (I) bzw. (II)

$$y = \tfrac{1}{2} g^{ik}(a_{ikr} g^{lr} x_l + g_{ik} x) = v_r g^{lr} x_l + x,$$

also

(VI) $$\boxed{\begin{aligned} y &= v^l x_l + x \\ \eta &= -v^l \xi_l + \xi \end{aligned}}.$$

Die Gleichungen (IV), (V), bzw. (VI) definieren zwei mit der Fläche (x) bzw. (ξ) kovariant verbundene Raumvektoren, die für die Affinsphären mit dem Radiusvektor zusammenfallen. Sie werden als „Affinnormale“

von (x) bzw. von (ξ) bezeichnet. Ihre geometrische Bedeutung wird erst später zu erörtern sein, wenn wir zur geometrischen Anwendung des Formelapparates kommen. Man beachte übrigens die aus (VI) unmittelbar folgenden Beziehungen

$$(34) \qquad y\xi = 1 \qquad \eta x = 1;$$

sie besagen daß der Punkt, der durch den Radiusvektor y bzw. η dargestellt wird, in der Polarebene des Punktes ξ bzw. x bezüglich der Einheitskugel liegt.

Die Gleichungen (IV), (V) und (VI) zeigen, daß, wenn der Maßtensor g_{ik} und der Abstand $\varrho = e^{v}$ gegeben ist, die Koordinaten x^{α} bzw. ξ_{λ} eines Flächenpaares (x), (ξ) durch die Differentialgleichungen

$$(\text{IV}') \qquad \Delta x - 2x = 2v^{l} x_{l} = 2g^{ik} v_{i} x_{k} = 2\nabla(v, x)$$

und

$$(\text{V}') \qquad \Delta\xi - 2\xi = -2\nabla(v, \xi)$$

gegeben sind. Die beiden Gleichungen (IV′) und (V′) sind in der bemerkenswerten Weise miteinander verknüpft, daß, wenn $x^{\alpha}(\alpha = 1, 2, 3)$ drei Lösungen der ersten sind, drei Lösungen $\xi_{\lambda}(\lambda = 1, 2, 3)$ der zweiten unmittelbar durch die Gleichung (8) gegeben sind.

Sie lassen sich noch in mannigfacher Weise umformen. Setzt man z. B. in (V′)

$$\varrho\xi = \boldsymbol{\xi},$$

so geht (V′) in

$$(\text{V}'') \qquad \varrho\Delta\boldsymbol{\xi} - \boldsymbol{\xi}\Delta\varrho = 2\varrho\ddot{\boldsymbol{\xi}}$$

über, und es wird ebenso, wenn man in (IV′)

$$\tilde{\varrho}x = \boldsymbol{x}$$

setzt,

$$(\text{IV}'') \qquad \tilde{\varrho}\Delta\boldsymbol{x} - \boldsymbol{x}\Delta\tilde{\varrho} = 2\tilde{\varrho}\boldsymbol{x}.$$

Diese Differentialgleichungen haben für die Theorie der Flächen eine grundlegende Bedeutung.

Bemerkung. Aus (VI) ergibt sich

$$y\xi_i = -v_i = -\frac{\varrho_i}{\varrho},$$

so daß

$$(\text{VI}') \qquad y\boldsymbol{\xi}_i = 0$$

und

$$(\text{VI}'') \qquad y_i\boldsymbol{\xi} = \varrho_i$$

ist.

Weitere Formelsysteme. An das System der Grundformeln (I) bis (VI) sei gleich die Ableitung einer Anzahl von Beziehungen zwischen einer Fläche (x) und ihrem Normalenbild (ξ) angeknüpft, die für das folgende wichtig sein werden. Mit jedem Punkt der Fläche (x) war ein räumliches Bezugssystem x, x_1, x_2 und ein dazu kontragredientes ξ, ξ_1, ξ_2 verknüpft.

Für viele Zwecke ist es indessen vorteilhafter, das letztere durch das System $x \times x_1$, $x \times x_2$, $x_1 \times x_2 = w\xi$ zu ersetzen. Diese Größen lassen sich durch folgende einfache Gleichungen ineinander überführen:

$$\begin{aligned} w\xi &= x_1 \times x_2 \\ w\xi_1 &= -g_{12}(x \times x_1) + g_{11}(x \times x_2) \\ w\xi_2 &= -g_{22}(x \times x_1) + g_{12}(x \times x_2) \\ \omega(x \times x_1) &= g_{12}\xi_1 - g_{11}\xi_2 \\ \omega(x \times x_2) &= g_{22}\xi_1 - g_{12}\xi_2 \\ \omega(x_1 \times x_2) &= g\xi . \end{aligned} \tag{35}$$

Ebenso wird

$$\begin{aligned} \omega x &= \xi_1 \times \xi_2 \\ \omega x_1 &= -g_{12}(\xi \times \xi_1) + g_{11}(\xi \times \xi_2) \\ \omega x_2 &= -g_{22}(\xi \times \xi_1) + g_{12}(\xi \times \xi_2) \\ w(\xi \times \xi_1) &= g_{12}x_1 - g_{11}x_2 \\ w(\xi \times \xi_2) &= g_{22}x - g_{12}x_2 \\ w(\xi_1 \times \xi_2) &= gx . \end{aligned} \tag{36}$$

Die Ableitung aller dieser Formeln geschieht nach demselben Schema; man setzt z. B. an

$$w\xi_1 = \alpha(x \times x_1) + \beta(x \times x_2)$$

und bestimmt die Werte von α und β dadurch, daß man auf beiden Seiten mit x_1 bzw. x_2 multipliziert.

Die Formeln (35) und (36) lassen sich formal noch einfacher schreiben, wenn man die Flächenvektoren auf den rechten Seiten x_i, ξ_i in kontravarianter Form schreibt, also

$$x^k = g^{ik} x_i, \qquad \xi^k = g^{ik}\xi_i$$

setzt und beachtet, daß

$$g^{11} = \frac{g_{22}}{g} \qquad g^{12} = -\frac{g_{12}}{g} \qquad g^{22} = \frac{g_{11}}{g}$$

ist.

Damit wird

$$\xi_1 = \omega(x \times x^2), \qquad \xi_2 = -\omega(x \times x^1), \tag{35'}$$

$$x_1 = w(\xi \times \xi^2), \qquad x_2 = -w(\xi \times \xi^1). \tag{36'}$$

Eine letzte formale Vereinfachung gestattet die Einführung des schiefsymmetrischen „Einheitstensors“

$$e_{11} = e_{22} = 0 \qquad e_{12} = -e_{21} = \sqrt{g}, \tag{37}$$

oder kontravariant geschrieben,

$$e^{11} = e^{22} = 0 \qquad e^{12} = -e^{21} = \frac{1}{\sqrt{g}}. \tag{37'}$$

Die bisherigen Formeln lassen sich dann zusammenfassen:

$$\varrho^2\xi_i = e_{ik}(x \times x^k) \tag{35''}$$

$$\bar{\varrho}^2 x_i = e_{ik}(\xi \times \xi^k). \tag{36''}$$

§ 40. Die Fläche, auf Asymptotenlinien bezogen.

Das zunächst vielleicht undurchdringliche Gestrüpp von Formeln wird wesentlich übersichtlicher, wenn man sich die Mühe macht, den Sachverhalt für geometrisch besonders einfache Fälle zu durchdenken. Ehe wir die Untersuchung weiterführen, seien daher die bisherigen Ergebnisse für den besonderen Fall der Asymptotenlinien als Parameterkurven u^1, u^2 zusammengestellt und geometrisch gedeutet. Daraus werden sich dann ungezwungen die Richtlinien für den weiteren Verlauf der allgemeinen Untersuchung ergeben.

Die Formeln der vorigen Nummern vereinfachen sich hier, da

$$(\alpha) \qquad g_{11} = g_{22} = g^{11} = g^{22} = 0$$

ist, während

$$(\beta) \qquad g_{12} = \frac{1}{g^{12}} = f(u^1, u^2),$$

$$(\gamma) \qquad g = -f^2$$

gesetzt werden kann. Die Komponenten der geodätischen Übertragung (vgl. S. 120) sind hier alle gleich Null bis auf

$$(\delta) \qquad \begin{aligned} \gamma_{11,2} &= f_1, & \gamma_{22,1} &= f_2, \\ \gamma_{11}^1 &= \frac{f_1}{f}, & \gamma_{22}^2 &= \frac{f_2}{f}, \end{aligned}$$

der Grundtensor dritter Stufe

$$a_{ikl} = -x_{ik}\xi_l$$

wird auf Grund der Formeln

$$(35) \qquad w\xi_1 = -f(x \times x_1), \qquad w\xi_2 = f(x \times x_2)$$

durch die Gleichungen

$$(\varepsilon) \qquad \begin{aligned} wa_{111} &= (x_{11}, x, x_1)f, \\ wa_{112} &= -(x_{11}, x, x_2)f = (x_{12}, x, x_1)f \\ wa_{122} &= -(x_{12}, x, x_2)f = (x_{22}, x, x_1)f \\ wa_{222} &= -(x_{22}, x, x_2)f \end{aligned}$$

gegeben. Hieraus folgt zunächst, daß

$$w_1 = (x, x_{11}, x_2) + (x, x_1, x_{12}) = 2(x_{12}, x, x_1) = 2\frac{w}{f}a_{112}$$

$$w_2 = (x, x_{12}, x_2) + (x, x_1, x_{22}) = 2(x_{22}, x, x_1) = 2\frac{w}{f}a_{122}$$

wird. Setzt man noch zur Abkürzung

$$\begin{aligned} (x_{11}, x, x_1) &= Pw \\ -(x_{22}, x, x_2) &= Qw, \end{aligned}$$

so wird

$$(\xi) \qquad a_{111} = Pf, \quad a_{112} = v_1 f, \quad a_{122} = v_2 f, \quad a_{222} = Qf,$$

$$(\eta) \qquad \begin{aligned} a_{11}^1 &= a_{12}^2 = v_1, & a_{22}^2 &= a_{21}^1 = v_2, \\ a_{11}^2 &= P, & a_{22}^1 &= Q. \end{aligned}$$

Damit ergibt sich folgendes System von Ableitungsgleichungen:

$$\text{(I)}\qquad \begin{aligned} \frac{\partial^2 x}{\partial u^1 \partial u^1} &= \left(\frac{f_1}{f} + v_1\right) x_1 + P x_2 \\ \frac{\partial^2 x}{\partial u^1 \partial u^2} &= v_2 x_1 + v_1 x_2 + f x \\ \frac{\partial^2 x}{\partial u^2 \partial u^2} &= Q x_1 + \left(\frac{f_2}{f} + v_2\right) x_2 \end{aligned}$$

$$\text{(II)}\qquad \begin{aligned} \frac{\partial^2 \xi}{\partial u^1 \partial u^1} &= \left(\frac{f_1}{f} - v_1\right) \xi_1 - P \xi_2 \\ \frac{\partial^2 \xi}{\partial u^1 \partial u^2} &= -v_2 \xi_1 - v_1 \xi_2 + f \xi \\ \frac{\partial^2 \xi}{\partial u^2 \partial u^2} &= -Q \xi_1 + \left(\frac{f_2}{f} - v_2\right) \xi_2, \end{aligned}$$

von denen sich die beiden mittleren Gleichungen mittelst (IV) und (V) bzw. (VI) S. 132 noch in der Form

$$(\vartheta)\qquad \frac{\partial^2 x}{\partial u^1 \partial u^2} = f y, \qquad \frac{\partial^2 \xi}{\partial u^1 \partial u^2} = f \eta$$

schreiben lassen.

Ist $v_1 = v_2 = 0$, so stimmen diese beiden Gleichungen überein; in diesem Falle, also für Affinsphären, sind die Koordinaten von (x) und (ξ) sechs Lösungen derselben Moutardschen Gleichung

$$(\iota)\qquad \frac{\partial^2 \vartheta}{\partial u^1 \partial u^2} = f \vartheta.$$

Aus der Theorie der partiellen Differentialgleichungen ist bekannt, daß drei Gleichungen von der Form (I) bzw. (II) drei unabhängige Lösungen besitzen, wenn die Bedingungen für die Integration

$$\frac{\partial^3 x}{\partial u^i \partial u^k \partial u^l} = \frac{\partial^3 x}{\partial u^i \partial u^l \partial u^k}$$

erfüllt sind. Diese Bedingungen stellen Beziehungen zwischen den in den Koeffizienten auftretenden vier Funktionen v, f, P, Q dar, die nunmehr aufgestellt werden sollen. Zerlegt man die Raumvektoren

$$\frac{\partial}{\partial u^2}\left(\frac{\partial^2 x}{\partial u^1 \partial u^1}\right) = \frac{\partial}{\partial u^1}\left(\frac{\partial^2 x}{\partial u^1 \partial u^2}\right)$$

$$\frac{\partial}{\partial u^2}\left(\frac{\partial^2 x}{\partial u^1 \partial u^2}\right) = \frac{\partial}{\partial u^1}\left(\frac{\partial^2 x}{\partial u^2 \partial u^2}\right)$$

nach den Komponenten x, x_1, x_2 und beachtet, daß links und rechts die entsprechenden Komponenten einander gleich sein müssen, so ergibt sich nach leichter Rechnung (die sich besonders vereinfacht, wenn man gleichzeitig die Bedingungen für die Integrierbarkeit des Systems (II) aufstellt):

$$\frac{\partial v_1}{\partial u^2} = \frac{\partial v_2}{\partial u^1}$$

$$(\varkappa)\qquad \begin{aligned} f\frac{\partial^2 v}{\partial u^1\partial u^1} &= v_1 f_1 + (Pf)_2 \\ f\frac{\partial^2 v}{\partial u^2\partial u^2} &= v_2 f_2 + (Qf)_1 \\ \frac{\partial^2 \log f}{\partial u^1\partial u^2} - f &= v_1 v_2 - PQ. \end{aligned}$$

Die erste besagt nur, daß v_1 und v_2 die Ableitungen eines Skalars v sind, die letzte läßt sich mit Hilfe des Krümmungsmaßes der Grundform

$$S = -\frac{1}{f}\frac{\partial^2 \log f}{\partial u^1\partial u^2}$$

$$(\lambda)\qquad f(S+1) = PQ - v_1 v_2$$

schreiben.

Für Affinsphären besagen die beiden mittleren Gleichungen, daß

$$(Pf)_2 = 0, \quad (Qf)_1 = 0$$

sein muß, also nach einer passenden Transformation der Veränderlichen

$$(\mu)\qquad P = \frac{1}{f} \qquad Q = \frac{1}{f}$$

gesetzt werden kann, so daß für sie der Koeffizient der Moutardschen Gleichung (ι) durch die Gleichung

$$(\nu)\qquad \frac{\partial^2 \log f}{\partial u^1\partial u^2} - f = -\frac{1}{f^2}$$

gegeben ist.

Kehren wir noch einmal zu den Gleichungen (ϑ) zurück. Setzt man in ihnen

$$(\xi)\qquad \begin{gathered} x = \mathfrak{x}\varrho, \quad \mathfrak{s} = \varrho\xi, \\ \varrho = e^v, \quad \bar{\varrho} = \frac{1}{\varrho} = e^{-v}, \end{gathered}$$

so gehen sie über in:

$$(o)\qquad \frac{\partial^2 \mathfrak{x}}{\partial u^1\partial u^2} + M\mathfrak{x} = 0, \quad \frac{\partial^2 \mathfrak{s}}{\partial u^1\partial u^2} + \mathsf{M}\mathfrak{s} = 0,$$

wobei

$$(\pi)\qquad \begin{aligned} M &= \frac{1}{\varrho}\frac{\partial^2 \varrho}{\partial u^1\partial u^2} - \frac{2\varrho_1\varrho_2}{\varrho^2} - f = -\frac{1}{\bar\varrho}\frac{\partial^2 \bar\varrho}{\partial u^1\partial u^2} - f. \\ \mathsf{M} &= -\frac{1}{\varrho}\frac{\partial^2 \varrho}{\partial u^1\partial u^2} - f \end{aligned}$$

gesetzt ist.

Übung 1. Man stelle die Formeln (35), (36) für Asymptotenlinien als Parameterkurven zusammen und zeige, daß sich aus den Formeln (36) die Lelieuvresche Darstellung einer Fläche, bezogen auf Asymptotenlinien, ergibt:

$$(\varrho)\qquad x = \int[(\mathfrak{s}\times\mathfrak{s}_1)\,du^1 - (\mathfrak{s}\times\mathfrak{s}_2)\,du^2],$$

wobei die Koordinaten des Vektors $\mathfrak{s}$ drei Lösungen der zweiten Differentialgleichung (o) sind. Insbesondere kann man für $\mathsf{M} = 0$, wenn also die Fläche $(\mathfrak{s})$ eine Schubfläche ist, die zugehörige Fläche (x) ohne Quadraturen bestimmen. (Vgl. Kap. 7, Affinminimalflächen).

Bemerkung 1. Für $S = 0$ kann f auf die Form

$$f = -1$$

gebracht werden. Zu diesen Flächen gehören alle Flächen zweiter Ordnung.

Bemerkung 2. Die Gleichungen (ϑ) sind zwei Laplacesche Gleichungen „mit gleichen Invarianten", und zwar sind diese für die erste

$$h = k = -M,$$

für die zweite

$$h = k = -\mathsf{M}.$$

Bemerkung 3. Der durch die Gleichungen (ξ) bestimmte Zusammenhang zwischen den Lösungstripeln zweier zugeordneten Moutardschen Gleichungen (o) gibt in Verbindung mit (36) die bemerkenswerte Tatsache, daß nach Lösung der einen Gleichung die der anderen nur Quadraturen erfordert. Die Gleichungen (36) lauten hier

$$\omega x_1 = -g_{12}(\xi \times \xi_1), \quad \omega x_2 = g_{12}(\xi \times \xi_2)$$

oder, da

$$\varrho^2 = \frac{w}{g^{1/2}} = \frac{g^{1/2}}{\omega} = \frac{if}{\omega}$$

ist,

$$(\sigma) \qquad x_1 = i(\mathfrak{x} \times \mathfrak{x}_1), \quad x_2 = -i(\mathfrak{x} \times \mathfrak{x}_2).$$

Dies besagt folgendes: Kennt man drei Lösungen $\mathfrak{x}_\lambda$ $(\lambda = 1, 2, 3)$ der zweiten Gleichung (o), so erhält man durch Ausführung der Quadraturen (σ) drei solche Funktionen $x^\alpha(\alpha = 1, 2, 3)$, die, durch ϱ dividiert, Lösungen der ersten Gleichung (o) darstellen. Wir verfolgen diesen analytischen Zusammenhang weiter. Als eine Lösung kann man $\xi_\lambda = 0$ setzen, zwei andere seien φ und R, so daß die Moutardsche Gleichung

$$(\tau) \qquad \frac{1}{\varphi} \frac{\partial^2 \varphi}{\partial u^1 \partial u^2} = \frac{1}{R} \frac{\partial^2 R}{\partial u^1 \partial u^2}$$

angesetzt werden kann; dann sind zwei der Lösungen x_α von (σ) konstant, die dritte, ψ, durch die Quadraturen

$$(\upsilon) \qquad \psi_1 = i \begin{vmatrix} \varphi & R \\ \varphi_1 & R_1 \end{vmatrix} \qquad \psi_2 = -i \begin{vmatrix} \varphi & R \\ \varphi_2 & R_2 \end{vmatrix}$$

gegeben. Diese Gleichungen lassen sich nun auch folgendermaßen schreiben:

$$(\varphi) \qquad \frac{1}{R^2}\psi_1 = i\left(\frac{\varphi}{R}\right)_1, \quad \frac{1}{R^2}\psi_2 = -i\left(\frac{\varphi}{R}\right)_2,$$

die Bedingung für die Integration ist

$$\left(\frac{1}{R^2}\psi_1\right)_2 + \left(\frac{1}{R^2}\psi_2\right)_1 = 0,$$

die, wenn man weiter

$$\psi = \Psi R, \qquad \mathsf{P} = \frac{1}{R}$$

setzt, in die Form

$$(\psi) \qquad \frac{1}{\Psi} \frac{\partial^2 \Psi}{\partial u^1 \partial u^2} = \frac{1}{\mathsf{P}} \frac{\partial^2 \mathsf{P}}{\partial u^1 \partial u^2}$$

übergeht, d. h. aus je zwei Lösungen der Gleichung (υ) erhält man durch Quadratur eine Lösung der Gleichung (ψ). Die letztere heißt[1] die „**Moutardsche Transformierte**“ der Gleichung (τ).

§ 41. Die Integrierbarkeitsbedingungen.

Wir kehren nunmehr zu der allgemeinen Flächendarstellung zurück und fragen, welche Bedingungen die Koeffizienten der affinen Grundformen $\mathfrak{g}_2$ und $\mathfrak{g}_3$ erfüllen müssen, damit die Gleichungen (I) und die aus ihnen folgenden Gleichungen (II) (S. 130) drei Systeme von Lösungen ($x^\varkappa$) bzw. (ξ_λ) haben können. Eine erste Bedingung besteht darin, daß der Vektor

$$v_i = \tfrac{1}{2}\, a_{lmi} g^{lm} \tag{38}$$

die Ableitung eines Skalars ist und daher

$$v_{ik} = v_{ki}$$

sein muß.
Aus (38) ergibt sich sofort, daß

$$g^{lm} a_{lmi,k} = g^{lm} a_{lmk,i}$$

oder

$$a^l_{lk,i} = a^l_{li,k}, \tag{39}$$

ausführlicher geschrieben

$$a^1_{11,2} + a^2_{21,2} = a^1_{12,1} + a^2_{22,1} \tag{39'}$$

ist.

Weitere Bedingungen für die Integrierbarkeit der Systeme (I) und (II) ergeben sich aus der Bemerkung, daß die Differenzen

$$\varphi_{ik,r} - \varphi_{ir,k}$$

der Komponenten des unsymmetrischen Tensors $\varphi_{ik,r}$ durch den Krümmungstensor von $\mathfrak{g}_2$ in der Form

$$\varphi_{ik,r} - \varphi_{ir,k} = R_{im,rk} g^{lm} \varphi_l \tag{40}$$

dargestellt werden.
Nun berechnet man aus (I):

$$\begin{aligned} x_{ik,r} &= (a^n_{ik,r} + a^l_{ik} a^n_{lr})\, x_n + g_{ik} x_r + a^l_{ik} g_{lr} x \\ x_{ir,k} &= (a^n_{ir,k} + a^l_{ir} a^n_{lk})\, x_n + g_{ir} x_k + a^l_{ir} g_{lk} x. \end{aligned} \tag{41}$$

Demnach wird:

$$x_l R_{is,rk} g^{ls} = \{(a^n_{ik,r} - a^n_{ir,k}) + (a_{ik} a^n_{lr} - a_{ir} a^n_{lk})\} x_n + g_{ik} x_r - g_{ir} x_k.$$

Multipliziert man auf beiden Seiten mit $-\xi_m$, so ergibt sich:

$$R_{im,rk} = (a_{ikm,r} - a_{imr,k}) + a^l_{ik} a_{lmr} - a^l_{ir} a_{lmk} + g_{ik} g_{rm} - g_{ir} g_{km}. \tag{42}$$

Führt man dieselbe Rechnung für die Fläche ξ durch, so folgt ebenso

$$R_{im,rk} = -(a_{ikm,r} - a_{imr,k}) + a^l_{ik} a_{lmr} - a^l_{ir} a_{lkm} + g_{ik} g_{rm} - g_{ir} g_{km}. \tag{42'}$$

Diese Gleichungen sind nur dann miteinander verträglich, wenn

---

[1]) Betreffs der Moutardschen Transformation vgl. L. Bianchi, Lezioni d geometria differenziale, Pisa 1903. t. 2. § 241.

(43) $$a_{ikm,r} = a_{irm,k},$$

d. h. der Tensor $a_{ikm,r}$ ist symmetrisch; er hat also nur vier voneinander verschiedene Komponenten, zwischen denen die Beziehungen

(43′) $$a_{111,2} = a_{112,1}, \quad a_{112,2} = a_{122,1}, \quad a_{122,2} = a_{222,1},$$

oder ausführlicher

(43″) $$\begin{aligned} \frac{\partial a_{111}}{\partial u^2} - 2\gamma^l_{12}\, a_{11l} &= \frac{\partial a_{112}}{\partial u^1} - 2\gamma^l_{11}\, a_{12l} \\ \frac{\partial a_{112}}{\partial u^2} - \gamma^l_{22}\, a_{11l} &= \frac{\partial a_{122}}{\partial u^1} - \gamma^l_{11}\, a_{22l} \\ \frac{\partial a_{122}}{\partial u^2} - 2\gamma^l_{22}\, a_{12l} &= \frac{\partial a_{222}}{\partial u^1} - 2\gamma^l_{12}\, a_{22l} \end{aligned}$$

bestehen. Die Gleichungen (43) stellen indes nicht drei neue, zu (39) hinzutretende Bedingungen dar, vielmehr erkennt man, daß (39) durch Verjüngung von $a_{imk,r}$ mit g^{im} entsteht. Man überzeugt sich leicht, daß die für Asymptotenlinienparameter gefundenen Bedingungen ($\varkappa$) mit (43) völlig übereinstimmen.

Aus (43) erhält man durch Verjüngung den Tensor zweiter Stufe

$$a_{ikmr}\, g^{mr} = a_{mrik}\, g^{mr} = 2 v_{ik}$$

und durch nochmalige Verjüngung den Skalar

(44) $$\boxed{a_{ikmr} g^{mr} g^{ik} = 2 v_{ik} g^{ik} = 2 \Delta v}\,.$$

Das Gaußsche Krümmungsmaß. Infolge von (43) gestaltet sich die Formel (42) für das Krümmungsmaß wesentlich einfacher. Dieses setzt sich additiv aus den beiden Tensoren

(45) $$N_{im,rk} = a^l_{ik}\, a_{lmr} - a^l_{ir}\, a_{lkm} = g^{ln}\,(a_{ikl}\, a_{rmn} - a_{irl}\, a_{kmn})$$

und

(46) $$G_{im,rk} = g_{ik} g_{rm} - g_{ir} g_{km}$$

zusammen, die, ebenso wie der Krümmungstensor selbst, nur vier von Null verschiedene Komponenten besitzen:

(45′) $$\begin{aligned} N_{12,12} = N_{21,21} = -N_{12,21} &= -N_{21,12} \\ &= a^l_{12}\, a_{12l} - a^l_{11}\, a_{22l} \end{aligned}$$

(46′) $$G_{12,12} = G_{21,21} = -G_{12,21} = -G_{21,12} = -g.$$

Hieraus erhält man durch Verjüngung die Skalare

(47) $$\tfrac{1}{2}\, g^{ik} g^{mr} N_{im,rk} = N$$

und

(48) $$\tfrac{1}{2}\, g^{ik} g^{mr} G_{im,rk} = 1,$$

die zusammen mit

$$-\tfrac{1}{2}\, g^{ik} g^{mr} R_{im,rk} = S$$

die Beziehung

(49) $$N = -(S + 1)$$

ergeben. Dabei hat N den Wert

$$N = \tfrac{1}{2} g^{ik} g^{mr} g^{ln} (a_{ikn} a_{lrm} - a_{irn} a_{lkm})$$
$$= \tfrac{1}{2} (4 g^{ln} v_n v_l - a_{irn} a^{irn})$$

(50) $$\boxed{N = 2 g^{ik} v_i v_k - \tfrac{1}{2} a_{ikl} a^{ikl}}\,.$$

Sechstes Kapitel.

Flächentheorie der Scherungsgeometrie.

§ 42. Grundformeln.

In derselben Weise wie für die Geometrie der radialen Affinitäten soll nun auch für die Scherungsgeometrie der naturgemäße Rechenapparat der Flächentheorie entwickelt werden. Hier ist, wie bereits im dritten Kapitel dargetan worden ist, von der Grundform

(1) $$\mathfrak{g}_2 = \mathbf{g}_{ik} du^i du^k$$

auszugehen [1]), in der

(2) $$\mathbf{g}_{ik} = \varrho g_{ik} = \frac{l_{ik}}{l^{1/4}}, \quad \mathbf{g} = \varrho^2 g = w g^{\frac{1}{2}},$$

ϱ den Affinabstand des Nullpunkts von der Tangentialebene bedeutet [2]) und $\mathfrak{g}_2$ die auf der Fläche (x) eine gegenüber Scherungen invariante Metrik definiert. Die Komponenten der geodätischen Parallelverschiebung sind dann

(3) $$\gamma_{ik,r} = \gamma_{ki,r} = \sigma_{ikr} - \frac{\partial \mathbf{g}_{ik}}{\partial u^r},$$

wobei

(4) $$\sigma_{ikr} = \frac{1}{2}\left(\frac{\partial \mathbf{g}_{ir}}{\partial u^k} + \frac{\partial \mathbf{g}_{kr}}{\partial u^i} + \frac{\partial \mathbf{g}_{ik}}{\partial u^r}\right)$$

gesetzt ist, sowie

(5) $$\gamma^l_{ik} = \mathbf{g}^{rl} \gamma_{ik,r}.$$

Man kann natürlich an Hand dieser Formeln die ganze Entwicklung unabhängig von den Ergebnissen des vorigen Kapitels durchführen, doch erleichtert es die Übersicht, wenn man beachtet, daß auf Grund von (2) die Grundtensoren $\mathbf{g}_{ik}$ und g_{ik} eine konforme Beziehung vermitteln, daß z. B. der räumliche Vektor

---

[1]) Man beachte, daß, wie im dritten Kapitel, auch hier alle Operationen und Größen, die sich auf die Scherungsgruppe beziehen, durch Fettdruck gekennzeichnet werden!

[2]) Daß der Affinabstand für Flächen mit reellen Asymptotenlinien „imaginär" ist, ist im Bereiche der „analytischen Flächen" unwesentlich. Es wäre ein leichtes, ihn jeweils als reelle Größe zu normieren, doch bedeutete dies eine überflüssige Verwickelung der formalen Rechnung.

(6) $$\mathfrak{y} = \tfrac{1}{2}\Delta\mathfrak{x} = \tfrac{1}{2}\mathfrak{g}^{ik}\mathfrak{x}_{ik} = \frac{1}{2\varrho}g^{ik}x_{ik} = \frac{y}{\varrho}$$

ist, daß also $\mathfrak{y}$ den für Scherungen normierten Affinnormalenvektor der Fläche (x) darstellt.

Die Formel (6) ergibt sich ohne weiteres aus den Ergebnissen des § 35. In unserem Falle ist

(7) $$\Gamma_{ik,r} = \varrho(\gamma_{ik,r} + \zeta_{ik,r}),$$

wobei

(8) $$\zeta_{ik,r} = \mu_{ik,r} - g_{ik}\frac{\varrho_r}{\varrho}$$

und

(9) $$2\,\mu_{ikr} = g_{ik}\frac{\varrho_r}{\varrho} + g_{ir}\frac{\varrho_k}{\varrho} + g_{kr}\frac{\varrho}{\varrho}$$

gesetzt ist. Damit wird

(10) $$\Gamma^l_{ik} = \gamma^l_{ik} + \zeta^l_{ik},$$

so daß

(11) $$\varphi_{ik} = \varphi_{ik} - \zeta^l_{ik}\varphi_l$$

ist. Demnach wird weiter

(9′) $$g^{ik}\mu_{ikr} = 2\,\frac{\varrho_r}{\varrho}$$

und

(8′) $$g^{ik}\zeta_{ikr} = 0.$$

Es ist also immer

$$\Delta\varphi = \frac{1}{\varrho}\,\Delta\varphi.$$

Überdies ist

(9″) $$d\varrho\, dx\, d\xi = \varrho_i x_k \xi_l du^i du^k du^l = -g_{kl}\varrho_i du^i du^k du^l = -\tfrac{2}{3}\varrho\mu_{ikl}du^i du^k du^l.$$

Der Normalenvektor und das Normalenbild. Auch der zum Radiusvektor (x) raumkontravariante Normalenvektor ist bereits für die Gruppe der Scherungen normiert und

(12) $$\mathfrak{\xi} = \frac{x_1 \times x_2}{l^{1/4}} = \varrho\xi$$

gefunden worden, so daß die Gleichung der Tangentialebene

(13) $$(z - x, x_1, x_2) = 0$$

hier in der Normalform

(14) $$z\mathfrak{\xi} = x\mathfrak{\xi} = \varrho$$

zu schreiben ist. Da

$$x_1\mathfrak{\xi} = 0 \qquad x_2\mathfrak{\xi} = 0$$

ist, so folgt aus (14) sofort

(15) $$\varrho_i = x\,\mathfrak{\xi}_i.$$

Ferner wird

(16) $$\mathfrak{g}_{ik} = \mathfrak{x}_{ik}\xi = -x_i\xi_k = -x_k\xi_i,$$

also

(17) $$dx\,d\xi = -\mathfrak{g}_2.$$

Die Fläche (ξ), das Scherungsbild der Normalen, war uns übrigens bereits in Formel (V″) auf S. 133 entgegengetreten.

Krümmungsbild und Normalenbild. Die Fläche $\mathfrak{y}$, das Scherungsbild der Affinnormalen, wird nach W. Blaschke als das Krümmungsbild der Fläche (x) bezeichnet. Da aus Formel (34) S. 133 und den eben aufgestellten Formeln (6) und (12)

(18) $$\mathfrak{y}\xi = 1$$

folgt, ferner wegen (VI′)

(19) $$\mathfrak{y}\xi_i = 0$$

und damit auch

(20) $$\mathfrak{y}_i\xi = 0$$

ist, so ergibt sich:

Das Krümmungsbild $\mathfrak{y}$ *und das Scherungsbild* ξ *der Normalen einer Fläche* (x) *sind bezüglich der Einheitskugel polarreziproke Flächen.*

Der Vektor ξ ist also nicht nur zur Fläche (x), sondern auch zu ($\mathfrak{y}$) normal, d. h.:

Das Affinkrümmungsbild ($\mathfrak{y}$) *und die Ausgangsfläche* (x) *haben in entsprechenden Punkten parallele Tangentialebenen.*

Daher lassen sich die $\mathfrak{y}_i$ homogen und linear durch die x_k ausdrücken:

(21) $$\mathfrak{y}_i = \alpha_i^r x_r.$$

Die Koeffizienten α^k stehen in naher Beziehung zu den Koeffizienten

$$G_{ik} = \xi\mathfrak{y}_{ik} = -\xi_i\mathfrak{y}_k = -\xi_k\mathfrak{y}_i = \mathfrak{y}\xi_{ik}$$

des gemeinsamen Grundtensors zweiter Stufe der Flächen ξ und $\mathfrak{y}$ gegenüber radialen Affinitäten. In der Tat wird

$$-G_{ik} = \mathfrak{y}_i\xi_k = \alpha_i^r x_r\xi_k = -\alpha_i^r\mathfrak{g}_{rk},$$

also

(22) $$\alpha_i^l = G_{ik}\mathfrak{g}^{kl} = \mathbf{G}_i^l.$$

Die G_{ik} lassen sich ohne weiteres durch die Größen der Radialgeometrie ausdrücken[1]). Aus

---

[1]) Man beachte, daß der Fettdruck sich immer auf Beziehungen der Scherungsgeometrie bezieht. Da der Tensor G_{ik} eine radial-affine Beziehung der Flächen $\mathfrak{y}$ und ξ bedeutet, ist bei ihm kein Fettdruck angewandt, wohl aber bei seiner Verjüngung $\mathbf{G}_i^l$ mittels des scherungsgeometrischen Grundtensors $\mathfrak{g}_{ik}$. Ebenso bedeutet später $\mathbf{G}_{ik,r}$ die kovariante Ableitung von G_{ik} nach dem Tensor $\mathfrak{g}_{ik}$.

$$(23)\qquad \begin{aligned} \mathbf{y}_i &= \frac{1}{\varrho}\,x_i + \left\{\frac{g^{rl}\varrho_{ri}}{\varrho^2} - 2g^{rl}\frac{\varrho_r\varrho_i}{\varrho^3} + g^{kr}a^l_{ki}\frac{\varrho_r}{\varrho^2}\right\}x_l \\ \boldsymbol{\xi}_k &= \varrho_k\xi + \varrho\,\xi_k \end{aligned}$$

folgt nämlich:

$$(24)\qquad -\mathbf{y}_i\boldsymbol{\xi}_k = G_{ik} = g_{ik} + \frac{\varrho_{ik}}{\varrho} - 2\,\frac{\varrho_i\varrho_k}{\varrho^2} + a^r_{ik}\,\frac{\varrho_r}{\varrho}.$$

Übung. Man berechne

$$(\boldsymbol{\xi}, \boldsymbol{\xi}_1, \boldsymbol{\xi}_2) = \mathbf{g}^{1/2},$$
$$(\mathbf{y}, x_1, x_2) = \mathbf{g}^{1/2}.$$

Der Grundtensor dritter Stufe $\mathbf{a}_{ikl}$. Auch in der Scherungsgeometrie genügt der Maßtensor $\mathfrak{g}_2$ nicht zur eindeutigen Kennzeichnung einer Fläche. Hier wird die Rauminvariante

$$(25)\qquad \mathfrak{g}_3 = \tfrac{1}{2}\,(dxd^2\boldsymbol{\xi} - d^2xd\boldsymbol{\xi})$$

einen Tensor dritter Stufe der Tangentialebene definieren. In der Tat ist

$$\begin{aligned} dx\,d^2\boldsymbol{\xi} &= x_l(\boldsymbol{\xi}_{ik} + \gamma^r_{ik}\boldsymbol{\xi}_r)du^i du^k du^l + x_l\boldsymbol{\xi}_r du^l d^2u^r \\ d^2x\,d\boldsymbol{\xi} &= \boldsymbol{\xi}_l(\mathbf{x}_{ik} + \gamma^r_{ik}x_r)\,du^i du^k du^l + \boldsymbol{\xi}_r x_l d^2u^l du^r \end{aligned}$$

oder

$$\begin{aligned} dx\,d^2\boldsymbol{\xi} &= (\mathbf{a}_{ikl} - \gamma_{ik,l})\,du^i du^k du^l - g_{rl}du^l\,d^2u^r \\ d^2x\,d\boldsymbol{\xi} &= (-\,\mathbf{a}_{ikl} - \gamma_{ik,l})\,du^i du^k du^l - g_{rl}du^l d^2u^r, \end{aligned}$$

wobei

$$(26)\qquad \mathbf{a}_{ikl} = \mathbf{x}_{ikl}\boldsymbol{\xi} = -\,\mathbf{x}_{ik}\boldsymbol{\xi}_l = +\,x_l\boldsymbol{\xi}_{ik}$$

einen kovarianten symmetrischen Tensor dritter Stufe definiert, durch den die Form

$$(27)\qquad \mathfrak{g}_3 = \mathbf{a}_{ikl}du^i du^k du^l$$

bestimmt ist.

Bemerkung. Es war für radiale Affinitäten (Kap. 5 (22))

$$a_{ikl} = x_{ikl}\xi = -\,x_{ik}\xi_l = +\,x_l\xi_{ik} = -\,\xi_{ikl}x.$$

Man beachte, daß die letzte Darstellung hier **nicht** gilt!

Die Tensoren $\mathbf{a}_{ikl}$ und a_{ikl} stehen in nahen Beziehungen zueinander. Aus

$$\mathbf{x}_{ik} = x_{ik} - \zeta^r_{ik}\,x_r$$

und

$$\boldsymbol{\xi}_l = \varrho_l\xi + \varrho\xi_l$$

folgt

$$\mathbf{a}_{ikl} = \varrho a_{ikl} - g_{ik}\varrho_l - \varrho\zeta_{ikl}$$

$$(28)\qquad \boxed{\begin{aligned} \mathbf{a}_{ikl} &= \varrho(a_{ikl} - \mu_{ikl}) \\ \mathbf{a}^r_{ik} &= a^r_{ik} - \mu^r_{ik} \end{aligned}}\,.$$

Daraus folgt weiter

$$(29)\qquad \mathbf{a}_{ikl}\mathbf{g}^{ik} = a_{ikl}g^{ik} - \mu_{ikl}g^{ik} = 2\,\frac{\varrho_l}{\varrho} - 2\,\frac{\varrho_l}{\varrho} = 0$$

oder ausführlicher geschrieben:

$$(29') \qquad a_{111}g^{11} + 2a_{112}g^{12} + a_{122}g^{22} = 0$$
$$a_{112}g^{11} + 2a_{122}g^{12} + a_{222}g^{22} = 0,$$

d. h. die Formen $\mathfrak{g}_2$ und $\mathfrak{g}_3$ sind apolar. Diese Gleichungen, die übrigens auch in der Form

$$a^1_{11} + a^2_{12} = 0, \quad a^1_{21} + a^2_{22} = 0$$

geschrieben werden können, besagen:

Alle Flächen, die zu derselben kubischen Grundform gehören, sind konform aufeinander bezogen. In der Tat sind durch die a_{ikr} auf Grund der Gleichungen (29') die Koordinaten des Maßtensors bis auf einen gemeinsamen Faktor bestimmt:

$$(30) \qquad g^{11} = \lambda \begin{vmatrix} a_{112} & a_{122} \\ a_{122} & a_{222} \end{vmatrix}, \qquad 2g^{12} = \lambda \begin{vmatrix} a_{122} & a_{111} \\ a_{222} & a_{112} \end{vmatrix},$$
$$g^{22} = \lambda \begin{vmatrix} a_{111} & a_{112} \\ a_{112} & a_{122} \end{vmatrix}.$$

§ 43. Die Ableitungsgleichungen und Integrierbarkeitsbedingungen.

Da

$$(31) \qquad (y, x_1, x_2) = \frac{1}{\varrho}(x, x_1, x_2) = w^{1/2} g^{1/4} = g^{1/2} \neq 0$$

ist, bilden y, x_1, x_2 drei linear unabhängige gegen Scherungen invariante Raumvektoren. Man kann daher jeden räumlichen Vektor in drei Komponenten nach diesen Richtungen zerlegen. Insbesondere kann

$$x_{ik} = a^l_{ik} x_l + P_{ik} y$$

gesetzt werden. Die Koeffizienten dieser Gleichung ergeben sich, wenn man auf beiden Seiten der Reihe nach mit ξ, ξ_1, ξ_2 multipliziert. Dann erhält man

$$g_{ik} = P_{ik} y \xi = P_{ik}$$
$$-a_{ikr} = x_{ik}\xi_r = -a^l_{ik} g_{lr} = -a_{ikr},$$

so daß

$$(\mathrm{VII}) \qquad \boxed{x_{ik} = a^l_{ik} x_l + g_{ik} y}$$

wird. Man überzeugt sich leicht, daß diese Gleichung inhaltlich mit (I) (S. 130) übereinstimmt. Zerlegt man in derselben Weise den Raumvektor ξ_{ik} nach ξ, ξ_1, ξ_2, so ergibt eine entsprechende Rechnung

$$(\mathrm{VIII}) \qquad \boxed{\xi_{ik} = -a^l_{ik}\xi_l + G_{ik}\xi},$$

wobei

$$(24') \qquad G_{ik} = y\xi_{ik} = -y_i\xi_k = -\xi y_{ik}$$

den gemeinsamen quadratischen Grundtensor der Fläche ξ und y für radiale Affinitäten bedeutet. (Doch ist natürlich ξ_{ik} nicht die kovariante Ableitung $\bar{\xi}_{ik}$ von ξ bezüglich dieses Tensors, vielmehr unterscheiden sich ξ_{ik} und $\bar{\xi}_{ik}$ durch eine Komponente in der Tangentialebene!)

Ferner wird auf Grund der Gleichungen (21) und (22)

$$\text{(IX)} \qquad \boxed{\mathfrak{y}_i = G_i^l x_l},$$

wobei

$$\text{(24'')} \qquad G_i^l = \mathfrak{g}^{lk} G_{ik} = \frac{1}{\varrho} g^{lk} G_{ik}$$

gesetzt ist.

Die Integrierbarkeitsbedingungen. Die Aufgabe, aus den beiden Grundtensoren $\mathfrak{g}_{ik}$ und $\mathfrak{a}_{ikr}$ eine Fläche (x) zu bestimmen, bedeutet die Lösung des Systems (VII) von Differentialgleichungen. Aus der allgemeinen Theorie der Differentialgleichungen ist nun bekannt, daß es im Sinne der Scherungsgeometrie eine und nur eine Lösung gibt, wofern noch gewisse Bedingungen erfüllt sind, die die Verträglichkeit dieser Gleichungen gewährleisten. Die Ableitung dieser Bedingungen ist im wesentlichen dieselbe Aufgabe, die bereits in § 41 gelöst wurde, das Ergebnis ist etwas abweichend, weil hier die Grundformen in anderer Weise miteinander verknüpft sind als dort.

Auch hier ist

$$\text{(32)} \qquad \mathfrak{x}_{ikr} - \mathfrak{x}_{irk} = \mathfrak{R}_{im,rk}\, \mathfrak{g}^{lm}\, x_l,$$

wobei

$$\text{(33)} \qquad \mathfrak{R}_{im,rk} = \frac{\partial \gamma_{ir,m}}{\partial u^k} - \frac{\partial \gamma_{ik,m}}{\partial u^r} + \gamma_{ik,s}\, \gamma^s_{mr} - \gamma_{ir,s}\, \gamma^s_{mk}$$

den Krümmungstensor der Form $\mathfrak{g}_2$ bedeutet.

Andererseits folgt aus (VII)

$$\text{(34)} \qquad \begin{aligned} \mathfrak{x}_{ikr} - \mathfrak{x}_{irk} = [(\mathfrak{a}^l_{ik,r} - \mathfrak{a}^l_{ir,k}) + (\mathfrak{a}^n_{ik}\, \mathfrak{a}^l_{nr} - \mathfrak{a}^n_{ir}\, \mathfrak{a}^l_{nk}) \\ + \mathfrak{g}_{ik}\, G^l_r - \mathfrak{g}_{ir}\, G^l_k]\, x_l, \end{aligned}$$

so daß das Gaußsche Theorema egregium in der Geometrie der Scherungen folgende Gestalt annimmt:

$$\text{(X)} \quad \boxed{\mathfrak{R}_{ip,rk} = (\mathfrak{a}_{ikp,r} - \mathfrak{a}_{irp,k}) + (\mathfrak{a}^n_{ik}\, \mathfrak{a}_{nrp} - \mathfrak{a}^n_{ir}\, \mathfrak{a}_{nkp}) + \mathfrak{g}_{ik}\, G_{rp} - \mathfrak{g}_{ir}\, G_{kp}}.$$

Ebenso folgt aus (VIII):

$$\text{(X')} \qquad \begin{aligned} \mathfrak{R}_{ip,rk} = -(\mathfrak{a}_{ikp,r} - \mathfrak{a}_{irp,k}) + (\mathfrak{a}^n_{ik}\, \mathfrak{a}_{nrp} - \mathfrak{a}^n_{ir}\, \mathfrak{a}_{nkp}) \\ + G_{ik}\, \mathfrak{g}_{rp} - G_{ir}\, \mathfrak{g}_{kp} \end{aligned}$$

nebst den Bedingungen

$$\text{(XI)} \qquad (G_{ik,r} - \mathfrak{a}^n_{ik}\, G_{nr}) - (G_{ir,k} - \mathfrak{a}^n_{ir}\, G_{nk}) = 0,$$

wenn man beachtet, daß der Tensor

$$\text{(35)} \qquad \xi_{ikr} - \xi_{irk} = \mathfrak{R}_{im,rk}\, \mathfrak{g}^{lm}\, \xi_l$$

ist, also der Koeffizient von ξ, der gleich der linken Seite von (XI) ist, verschwinden muß. Die Gleichungen (XI), die Codazzischen Gleichungen der Scherungsgeometrie, sind, wie man sich leicht durch Nachrechnung überzeugt, die Bedingungen dafür, daß

$$y_{\overline{ki}} = y_{ik}$$

ist.

Aus (X) und (X′) erhält man durch Subtraktion

$$(36)\quad 2(a_{ikp,r} - a_{irp,k}) + (g_{ik}\, G_{rp} - G_{ik}\, g_{rp}) - (g_{ir}\, G_{kp} - G_{ir}\, g_{kp}) = 0$$

und, da wegen der Apolaritätsbedingungen

$$(29)\quad a_{ikp}\, g^{ik} = 0$$

auch

$$(37)\quad a_{ikp,r}\, g^{ik} = 0 \qquad a_{irp,k}\, g^{ik} = a^k_{rp,k}$$

ist, so folgt aus (36) durch Verjüngung mit g^{ik}

$$(38)\quad G_{rp} = -g_{rp} H + a^k_{rp,k},$$

wenn

$$(39)\quad -\frac{1}{2}\, G^i_i = -\frac{1}{2}\, g^{ir} G_{ir} = H = -\frac{1}{\varrho}\,(\tfrac{1}{2}\varDelta\varrho + 1) = -\frac{1}{\varrho^3}\,(\tfrac{1}{2}\varDelta\varrho + \varrho)$$

die „mittlere Affinkrümmung“ der Fläche bedeutet. Die geometrische Bedeutung dieser Flächeninvariante, die den Namen rechtfertigt, wird sich erst später (§ 45) ergeben.

Die Einführung des symmetrischen Tensors

$$(40)\quad c_{ik} = a^l_{ik,l}$$

gestattet nunmehr, die Gleichungen (IX) in folgender Form zu schreiben:

$$(41)\quad y_i = -H x_i + c^k_i\, x_k;$$

auch die Integrationsbedingungen (XI) werden nach Multiplikation mit g^{ik} jetzt übersichtlicher:

$$(\mathrm{XI}')\quad \boxed{H_r = a_{rkl}\, c^{kl} - c^i_{r,i}}\,.$$

Bildet man schließlich den Tensor

$$(42)\quad a^{ikl} = a_{pqr}\, g^{pi} g^{qk} g^{rl}$$

und die Invariante

$$(43)\quad \tfrac{1}{2}\, a^{ikl} a_{ikl} = J,$$

so ergibt sich

$$(44)\quad J = S - H.$$

Übung 1. Man schreibe die Grundgleichungen der Scherungsgeometrie in Asymptotenlinienparametern und leite für die Parameterkurven den Affinbogen, die Affinkrümmung und Affintorsion her.

Zu diesem Zwecke setze man

$$(45)\quad g_{12} = F = \varrho f, \qquad A = PF, \qquad D = QF$$

und berechne den Grundtensor dritter Stufe sowie den Tensor G_{ik}. Sodann wird

$$(46) \qquad -H = G_1^1 = G_2^2 = \frac{1}{F}\frac{\partial^2 \log F}{\partial u^1 \partial u^2} + \frac{AD}{F^3},$$

und die Ableitungsgleichungen nehmen die Form an:

$$(47) \qquad \begin{aligned} \frac{\partial^2 x}{\partial u^1 \partial u^1} &= \frac{F_1}{F} x_1 + \frac{A}{F} x_2 \\ \frac{\partial^2 x}{\partial u^1 \partial u^2} &= F y \\ \frac{\partial^2 x}{\partial u^2 \partial u^2} &= \frac{D}{F} x_1 + \frac{F_2}{F} x_2 \end{aligned}$$

$$(48) \qquad \begin{aligned} \frac{\partial^2 \xi}{\partial u^1 \partial u^1} &= \frac{F_1}{F} \xi_1 - \frac{A}{F} \xi_2 + \frac{A_2}{F} \xi \\ \frac{\partial^2 \xi}{\partial u^1 \partial u^2} &= -HF\xi \\ \frac{\partial^2 \xi}{\partial u^2 \partial u^2} &= -\frac{D}{F} \xi_1 + \frac{F_2}{F} \xi_2 + \frac{D_1}{F} \xi \end{aligned}$$

$$(49) \qquad \begin{aligned} y_1 &= -H x_1 + \frac{A_2}{F^2} x_2 \\ y_2 &= \frac{D_1}{F^2} x_1 - H x_2 . \end{aligned}$$

Die Codazzischen Formeln lauten hier:

$$(50) \qquad H_1 = \frac{AD_1}{F^2} - \frac{1}{F}\left(\frac{A_2}{F}\right)_2, \quad H_2 = \frac{DA_2}{F^2} - \frac{1}{F}\left(\frac{D_1}{F}\right)_1.$$

Um den Affinbogen s der Asymptotenlinie $u^2 =$ konst. zu berechnen, bilde man

$$\frac{\partial^3 x}{(\partial u^1)^3} = \frac{1}{F}\frac{\partial^2 F}{\partial u^1 \partial u^1} x_1 + \frac{A_1}{F} x_2 + A y$$

und bilde

$$ds^6 = \left(x_1, \frac{\partial^2 x}{\partial u^1 \partial u^1}, \frac{\partial^3 x}{(\partial u^1)^3}\right)(du^1)^6 = A^2 (du^1)^6 .$$

Somit ist

$$\dot{s} = A^{1/3}$$

und

$$x' = \frac{x_1}{A^{1/3}}.$$

Daraus folgt:

$$x'' = \frac{1}{\dot{s}}\frac{\partial x'}{\partial u^1} = \frac{1}{A^{1/3}}\left[\left(\frac{F_1}{F} - \frac{1}{3}\frac{A_1}{A}\right) x' + \frac{A^{\frac{2}{3}}}{F} x_2\right].$$

Setzt man

$$(51) \qquad F = A^{1/3}\Phi,$$

so folgt

$$(52) \qquad x'' = \frac{\Phi'}{\Phi} x' + \frac{x_2}{\Phi}$$

und

$$x''' = \frac{\Phi''}{\Phi} x' + \left(\frac{\Phi'}{\Phi}\right)\left\{x'' - \frac{\Phi'}{\Phi} x' - \frac{x_2}{\Phi}\right\} + y,$$

oder, da der Ausdruck in der Klammer { } verschwindet,

$$x''' = \frac{\Phi''}{\Phi} x' + y, \tag{53}$$

d. h.: *Die Affinnormale der Fläche liegt immer in der Durchmesserebene des Schmiegungsgewindes der Asymptotenlinie.*

Durch eine nochmalige Ableitung nach s erhält man, wenn man noch

$$y' = \frac{1}{A^{1/3}} y_1 = -Hx' + \frac{A_2}{F^2 A^{1/3}} x_2$$
$$= -\left(H + \frac{\Phi'}{\Phi^2}\frac{A_2}{A}\right) x' + \frac{A_2}{A\Phi} x''$$

berücksichtigt,

$$x^{\text{IV}} = \left(\frac{\Phi''}{\Phi} + \frac{A_2}{A\Phi}\right) x'' - \left\{H - \left(\frac{\Phi''}{\Phi}\right)' + \frac{A_2}{A}\frac{\Phi'}{\Phi^2}\right\} x', \tag{54}$$

so daß die Affinkrümmung und -torsion durch

$$\mathfrak{k} = -\left(\frac{\Phi''}{\Phi} + \frac{A_2}{A\Phi}\right), \quad \mathfrak{t} = +H - \left(\frac{\Phi''}{\Phi}\right)' + \frac{A_2}{A}\frac{\Phi'}{\Phi^2} \tag{55}$$

gegeben sind. Daraus folgt:

$$\mathfrak{t} - \mathfrak{k}' = H + \frac{1}{F}\frac{\partial^2 \log A}{\partial u^1 \partial u^2} \tag{56}$$

oder, wenn wir aus (46) den Wert von H einsetzen,

$$\mathfrak{t} - \mathfrak{k}' = -\frac{AD}{F^3} + \frac{1}{F}\frac{\partial^2 \log \frac{A}{F}}{\partial u^1 \partial u^2}. \tag{57}$$

Übung 2. Auf den Flächen

$$x = \left(u - \frac{2U}{U' - V'}\right) \mathfrak{e}_1 + \left(v + \frac{2V}{U' - V'}\right) \mathfrak{e}_2 + \left(uv + \frac{2(Vu - Uv)}{U' - V'}\right) \mathfrak{e}_3$$

sind alle Asymptotenlinien Gewindekurven. (Terracini, Modena Atti (5) 5, 1920.)

Übung 3. Man berechne den Affinbogen der Kurven u^1 = konst., u^2 = konst. auf der Fläche $\mathfrak{x}$ und zeige, daß diese Kurven eben sind, wenn die Asymptotenlinien der Fläche (x) Gewindekurven $\mathfrak{t} - \mathfrak{k}' = 0$ sind.

Übung 4. Für einen weiteren systematischen Ausbau der Rechnung mit kovarianten Ableitungen, für die hier nur die Grundlagen gegeben werden können, ist die von Clebsch, Aronhold und Gordan ausgebaute Theorie der simultanen Invarianten binärer Formen heranzuziehen. Es ist von vornherein anzunehmen, daß jedes Ergebnis dieser Theorie eine bemerkenswerte geometrische Tatsache bedeutet. Insbesondere weise man nach, daß die gemeinsame kubische Invariante der Formen $\mathfrak{g}_2$ und $\mathfrak{g}_3$ in Beziehung zu der affingeodätischen Krümmung der Flächenkurven steht. (Vgl. Blaschkes Affingeometrie S. 129.)

Siebentes Kapitel.

Geometrische Deutung der Affininvarianten. Affinkrümmungslinien und Affinevoluten.

§ 44. Die Affinnormale.

Asymptotenlinien. Während die analytische Behandlung der Differentialgeometrie mit Hilfe der Tensorrechnung ohne jede besondere Annahme über die Koordinatenlinien ebenso leicht durchgeführt werden kann wie durch Einführung ausgezeichneter Parameterkurven, ist es für die geometrische Auffassung des Sachverhalts vielfach nützlich, solche Koordinaten einzuführen, die für die besondere Fragestellung eine ausgezeichnete Rolle spielen.

Der Gang der Untersuchung bei einer differentialgeometrischen Frage ist daher in der Regel der, daß man für den gegebenen geometrischen Sachverhalt eine gerade für diese Frage besonders angepaßte analytische Formulierung sucht, diese dann, wenn nötig, invariant schreibt und nach Durchführung der Rechnung durch Rückgang zu zweckmäßig dem Problem angepaßten Koordinaten das Ergebnis geometrisch deutet.

Wir hatten bereits gesehen, daß die Asymptotenlinien auf der Fläche ein affininvariantes (sogar projektiv-invariantes!) Kurvensystem bilden. Sie waren dadurch gekennzeichnet, daß ihre Schmiegungsebenen mit den Tangentialebenen der Fläche zusammenfallen. Konstruiert man durch die Punkte $P, P_1, P_2, \ldots$ einer Asymptotenlinie (U) einer Fläche (x) gerade Linien g, die in den Tangentialebenen liegen, so entsteht eine „Regelfläche" (g), die mit der Fläche in allen Punkten $P, P_1, P_2, \ldots$ die Tangentialebenen gemeinsam hat; die Kurve (U) ist also auch auf allen Regelflächen (g) Asymptotenlinie. Alle diese Regelflächen sind windschief, wenn ihre Erzeugenden nicht mit den Tangenten der Kurve (U) zusammenfallen. Unter ihnen gibt es nun eine ausgezeichnete, die mit der Fläche eine innigere Berührung hat. Zu ihr gelangt man durch folgenden Grenzübergang: Man nehme auf einer zweiten Asymptotenlinie U' derselben Schar diejenigen Punkte $P', P_1', P_2', \ldots$ an, die mit P, P_1, P_2 jeweils auf denselben Asymptotenlinien $V, V_1, V_2, \ldots$ der zweiten Schar liegen, und betrachte die Regelfläche, die von den Sehnen $PP', P_1P_1', P_2P_2' \ldots$ gebildet wird. Läßt man (U) und (U') zusammenfallen, so entsteht eine „Schmiegungsregelfläche" (σ), die aus den Tangenten aller Asymptotenlinien der Schar (V) in den Punkten einer festen Asymptotenlinie (U) gebildet ist. Man überzeugt sich leicht davon, daß (σ) eine innigere Berührung mit (x) hat als die übrigen Flächen (g). Die Fläche denke man sich mit den Asymptotenlinien (U), (V) überzogen und die Sehnen $PP_1, P_1P_2, \ldots PP', P_1P_1', \ldots P_iP_k^{(r)}, \ldots$ gezeichnet. Diese bilden ein System von windschiefen Vierecken, das sich der Fläche um so inniger anschmiegt, je näher man die Kurven (U), (V) zusammenrücken läßt. Betrachtet man nun diejenigen Vierecke, bei denen ein Paar gegenüberliegender Seiten durch die Sehnen zweier festen Kurven (U) gebildet sind, so bildet das zweite Seitenpaar aller dieser Vierecke eine Schar von Geraden, die eine Annäherung an eine Fläche (σ) um so genauer darstellt, je kleiner wir die Seitenlängen der Vierecke wählen. Man drückt diesen Sachverhalt ungenau, aber wohl nicht mißzuverstehen so aus: Die Fläche (x) und jede ihrer Schmiegungsregelflächen berühren sich längs eines „charakteristischen Streifens", der durch zwei „unendlich nahe" Asymptotenlinien derselben Schar bestimmt ist.

Die Affinnormale. Es sei wieder $P P_1 P_1' P'$ ein windschiefes Viereck, dessen Ecken von zwei Kurvenpaaren $(U), (U'), (V), (V_1)$ aus der Fläche herausgeschnitten wird. Dann kann man durch seine vier Seiten ∞^1 Flächen zweiter Ordnung F_2 legen, die mit der Fläche (x) die Ecken des Vierecks gemeinsam haben. Geht man zur Grenze über, indem man P_1, P_2' mit P zusammenfallen läßt, so erhält man $\infty^1 F_2$, die im Punkte P die Fläche (x) berühren und deren Erzeugende durch P mit den asymptotischen Richtungen zusammenfallen. Die Mittelpunkte aller dieser Flächen liegen auf ihrem Asymptotenkegel. Um diesen zu finden, hat man bekanntlich durch eine Erzeugende $P P_1$ die Ebene zu legen, die parallel zu einer zweiten Erzeugenden derselben Schar $P' P_1'$ verläuft. Die Grenzlage dieser Ebenen berührt die F_2 in einem uneigentlichen Punkt und umhüllt einen Kegel, eben den Asymptotenkegel, dessen Erzeugende parallel zu denen der F_2 sind. Konstruiert man in P die beiden Asymptotenebenen, so schneiden sie sich in einer Geraden, die der Ort aller einander in zwei Geraden schneidenden F_2 ist, die sich in P in zweiter Ordnung berühren.

Diese Gerade heißt die Affinnormale der Fläche (x) im Punkte P. Sie ist offenbar eine affininvariante Gerade, und man überzeugt sich leicht davon, daß sie mit der in Kap. 5 zunächst rein rechnerisch eingeführten Richtung übereinstimmt. Liegt nämlich P_1 auf der Kurve $u^2 =$ konst., P_2' auf der Kurve $u^1 =$ konst., so ist die Asymptotenebene durch $P P_1$ durch die Grenzlage des Vektors $P P_1$, d. h. durch x_1 und die Grenzlage des Vektors $P_2 P'$, also $x_1 + \frac{\partial}{\partial u^2}(x_1)$ bestimmt. Ebenso ist die Asymptotenebene durch $P P_2$ durch die Vektoren x_2 und $x_2 + \frac{\partial}{\partial u^1}(x_2)$ gegeben. Die beiden Ebenen haben also die Richtung

$$\frac{\partial^2 x}{\partial u^1 \partial u^2} = x_{12}$$

gemeinsam. Die Größe

$$y = g^{12} x_{12}$$

ist aber der Ausdruck von $\frac{1}{2} \Delta x$ in Asymptotenparametern.

Aus den Eigenschaften der Schmiegungsregelfläche (σ) von (x) ergibt sich sofort, daß sie mit (x) die Affinnormale gemeinsam hat.

Die Schmiegungsquadriken. Bezieht man den Raum auf ein mit der Fläche kovariant verbundenes Koordinatensystem mit dem Anfangspunkt x und den Grundvektoren x_1, x_2, y, so wird jeder Punkt des Raumes in der Form

$$\mathfrak{x} = \lambda^1 x_1 + \lambda^2 x_2 + \lambda^3 y$$

dargestellt. Die Schmiegungsquadriken werden durch eine Gleichung zweiten Grades

$$(1) \qquad A_{ik}\lambda^i\lambda^k + 2A_{0i}\lambda^i + A_{00} = 0, \quad A_{ki} = A_{ik}$$

zwischen den Koordinaten λ^1, λ^2, λ^3 gegeben sein, deren Koeffizienten A_{ik} sich aus den Eigenschaften der Fläche ergeben.

Da der Nullpunkt $\lambda^1 = \lambda^2 = \lambda^3 = 0$ auf der Fläche liegt, muß $A_{00} = 0$ sein. Da die Gerade $\mathfrak{x} = \lambda^1 x_1$ für alle Werte von λ^1 die Gleichung der Fläche erfüllt, muß $A_{11} = A_{10} = 0$, und ebenso, da $\mathfrak{x} = \lambda^2 x_2$ ganz auf der Fläche liegt, auch $A_{22} = A_{20} = 0$ sein. Wenn der Mittelpunkt durch

$$\mathfrak{x}_0 = x + ty$$

gegeben ist, so ist die Ebene

$$\mathfrak{x} = 2ty$$

eine zu $\lambda^3 = 0$ parallele Tangentialebene der Quadrik; sie wird daher von ihr in Geraden geschnitten, die zu den Asymptotenrichtungen $\lambda^2 = 0$ bzw. $\lambda^1 = 0$ parallel sind; d. h. die Gleichung

$$2A_{12}\lambda^1\lambda^2 + 4A_{33}t^2 + 4A_{13}t\lambda^1 + 4A_{23}t\lambda^2 + 4A_{03}t = 0$$

wird für alle Werte von λ^1 erfüllt sein, wenn man $\lambda^2 = 0$ setzt. Daraus folgt:

$$A_{33}t + A_{30} = 0$$

und

$$A_{13} = A_{23} = 0.$$

Die Gleichung ist damit auf die Form

$$(2) \qquad 2A_{12}\lambda^1\lambda^2 + A_{33}(\lambda^3)^2 - 2A_{33}t\lambda^3 = 0$$

zurückgeführt, eine Gleichung, die ∞^1 Flächen zweiter Ordnung darstellt, die die gegebene Fläche in P berühren und ihren Mittelpunkt im Punkte $\mathfrak{x}_0 = x + ty$ auf der Affinnormalen haben.

Unter ihnen gibt es eine „Schmiegungsfläche", die durch die Bedingung, daß auch die Gerade

$$x + x_1 du^1 + \varrho\left(x_2 + \frac{\partial^2 x}{\partial u^1 \partial u^2}\, du\right)$$

für die

$$\lambda^1 = du^1 \qquad \lambda^2 = \varrho \qquad \lambda^3 = F du^1$$

ist, für verschwindendes du^1 auf der Fläche liegen soll; daher muß

$$2A_{12}\varrho\, du^1 + A_{33}\varrho^2 F^2 (du^1)^2 - 2A_{33}t\varrho F\, du^1 = 0,$$

also

$$A_{12} = tFA_{33}$$

werden. Die Schmiegungsfläche mit gegebenem Mittelpunkt hat somit die Gleichung

$$(3) \qquad \boxed{2tF\lambda^1\lambda^2 + (\lambda^3)^2 - 2t\lambda^3 = 0}\,.$$

Die Gleichung ist dadurch ausgezeichnet, daß, obwohl die Koordinate x_1 bei der Rechnung bevorzugt war, sie für die Grundvektoren x_1 und x_2 symmetrisch ist. Dies entspricht der Tatsache, daß bei der geometrischen Erklärung der Schmiegungsfläche beide Asymptotenrichtungen dieselbe Rolle spielten.

Aus der Form der Gleichung

$$2tF\lambda^1\lambda^2 = \lambda^3(2t - \lambda^3)$$

kann man sofort die Darstellung ihrer Punktkoordinaten durch die Erzeugenden p = konst. und q = konst. ablesen. Setzt man nämlich

$$2tF\lambda^1 = p\lambda^3 \qquad 2t - \lambda^3 = p\lambda^2$$

und

$$2tF\lambda^1 = q(2t - \lambda^3) \qquad \lambda^3 = q\lambda^2,$$

so ergibt sich:

$$(4) \qquad \boxed{\lambda^1 = \frac{pq}{F(p+q)}, \quad \lambda^2 = \frac{2t}{p+q}, \quad \lambda^3 = \frac{2tq}{p+q}.}$$

§ 45. Die Affinkrümmungslinien.

Die Kongruenz der Affinnormalen. Affinkrümmung und Affinkrümmungslinien. Die Affinnormalen sind in der Geometrie der Scherungen und in der der radialen Affinitäten dieselben Geraden; man kann sie durch die gleichwertigen Formeln

$$(5) \qquad z = x + \boldsymbol{r}\boldsymbol{y}, \quad z = x + ry$$

darstellen, wobei die Parameter r und $\boldsymbol{r}$ durch die Beziehung

$$(6) \qquad \boldsymbol{r} = \varrho r$$

verknüpft sind. Die Affinnormalen bilden eine Linienkongruenz, die zwei Scharen von Torsen enthält, deren Gratlinien $\mathfrak{z}$ durch die Bedingung gegeben sind, daß ihre Tangenten in die Richtung der entsprechenden Geraden der Kongruenz fallen, daß also für sie

$$d\mathfrak{z} = \boldsymbol{y}\, d\sigma$$

sein muß. Für die Punkte $\mathfrak{z}$ muß daher

$$dx + \boldsymbol{r}\, d\boldsymbol{y} + (d\boldsymbol{r} - d\sigma)\, \boldsymbol{y} = 0$$

oder

$$(7) \qquad (x_i + \boldsymbol{r}\boldsymbol{y}_i)\, du^i + (d\boldsymbol{r} - d\sigma)\, \boldsymbol{y} = 0$$

sein. Eliminiert man hieraus du^1, du^2, $(d\boldsymbol{r} - d\sigma)$, so erhält man für die Werte $\boldsymbol{r}_1, \boldsymbol{r}_2$ die Gleichung

$$(8) \qquad (x_1 + \boldsymbol{r}\boldsymbol{y}_1,\ x_2 + \boldsymbol{r}\boldsymbol{y}_2,\ \boldsymbol{y}) = 0,$$

eliminiert man $\boldsymbol{r}$ und $(d\boldsymbol{r} - d\sigma)$, so erhält man für die Kurven, in denen die Torsen der Affinnormalenkongruenz die Fläche (x) schneiden, die Bedingung

$$(9) \qquad (x_i du^i, \boldsymbol{y}_k du^k, \boldsymbol{y}) = 0.$$

Die Größen

$$\boldsymbol{k}_1 = \frac{1}{\boldsymbol{r}_1}, \quad \boldsymbol{k}_2 = \frac{1}{\boldsymbol{r}_2}$$

bezeichnet man in Anlehnung an die entsprechenden Größen der klassischen Flächentheorie als die „affinen Hauptkrümmungen" der Scherungsgeometrie[1]; sie sind durch die Gleichung (8) bestimmt, die man in der Form

[1] Man beachte, daß die Marken bei $\boldsymbol{k}_1, \boldsymbol{k}_2, \boldsymbol{r}_1, \boldsymbol{r}_2$ keine Ableitungen bedeuten, sondern zur Unterscheidung der beiden affinen Hauptkrümmungen dienen!

$$(8') \qquad k^2 - 2\boldsymbol{H}k + \boldsymbol{K} = 0$$

schreiben kann, wobei die „mittlere Affinkrümmung“

$$(10) \qquad \boldsymbol{H} = \tfrac{1}{2}(\boldsymbol{k}_1 + \boldsymbol{k}_2) = \frac{1}{2}\left(\frac{1}{\boldsymbol{r}_1} + \frac{1}{\boldsymbol{r}_2}\right)$$

und das „Affinkrümmungsmaß“

$$(11) \qquad \boldsymbol{K} = \boldsymbol{k}_1 \boldsymbol{k}_2 = \frac{1}{\boldsymbol{r}_1 \boldsymbol{r}_2}$$

durch die Gleichungen

$$(12) \qquad \boldsymbol{H} = -\frac{1}{2}\frac{(x_1, \boldsymbol{y}_2, \boldsymbol{y}) + (\boldsymbol{y}_1, x_2, \boldsymbol{y})}{(x_1, x_2, \boldsymbol{y})} = -\tfrac{1}{2}\boldsymbol{G}_i^i$$

und

$$(13) \qquad \boldsymbol{K} = \frac{(\boldsymbol{y}_1, \boldsymbol{y}_2, \boldsymbol{y})}{(x_1, x_2 \boldsymbol{y})} = \boldsymbol{G}_1^1 \boldsymbol{G}_2^2 - \boldsymbol{G}_1^2 \boldsymbol{G}_2^1$$

mit Hilfe der Gleichungen (24″) und (39), S. 146 und 147 berechnet wird.

Für die Gruppe der radialen Affinitäten wird man mit Rücksicht auf die ihr angepaßte Normierung der Affinnormale die „radiale mittlere Affinkrümmung“

$$(14) \qquad H = \frac{1}{2}\left(\frac{1}{r_1} + \frac{1}{r_2}\right) = \varrho \boldsymbol{H}$$

und das „radiale Affinkrümmungsmaß“

$$(15) \qquad K = \frac{1}{r_1 r_2} = \varrho^2 \boldsymbol{K}$$

zu setzen haben. Die Kurven des Netzes (9)

$$(16) \qquad P_{ik} du^i du^k = 0$$

bezeichnet man als die „Affinkrümmungslinien“ der Fläche. Dabei ist

$$P_{ik} = (x_i, \boldsymbol{y}_k, \boldsymbol{y}) \frac{\varrho}{w},$$

also

$$(17) \qquad \begin{aligned} P_{11} &= \boldsymbol{G}_1^2 \qquad P_{22} = -\boldsymbol{G}_2^1 \\ P_{12} + P_{21} &= (\boldsymbol{G}_2^2 - \boldsymbol{G}_1^1). \end{aligned}$$

Wir gehen jetzt zu einer kurzen Besprechung einiger bemerkenswerter Sonderfälle über.

Affinsphären. Während in der klassischen Flächentheorie die Kugel die einzige Fläche ist, bei der die Kongruenz der Normalen in ein Strahlenbündel ausartet, gibt es eine ganze Klasse von Flächen, deren Affinnormalen sich in einem festen Punkte schneiden. Diese Flächen sind dadurch gekennzeichnet, daß für sie

$$\mathfrak{z}_1 = 0, \quad \mathfrak{z}_2 = 0$$

sein muß, d. h.

$$(1 + \boldsymbol{r}\boldsymbol{G}_1^1)\, x_1 - \boldsymbol{r}\boldsymbol{G}_1^2\, x_2 + \frac{\partial \boldsymbol{r}}{\partial u^1}\boldsymbol{y} = 0$$

$$\boldsymbol{r}\boldsymbol{G}_2^1 x_1 + (1 + \boldsymbol{r}\boldsymbol{G}_2^2)\, x_2 + \frac{\partial \boldsymbol{r}}{\partial u^2}\boldsymbol{y} = 0.$$

Links stehen jedesmal drei nicht komplanare Vektoren x_1, x_2, y, so daß die Gleichungen nur dann bestehen können, wenn

$$r = \text{konst.}$$

Ferner ist

$$G_2^1 = G_1^2 = 0$$

$$\frac{1}{r} = -G_1^1 = -G_2^2.$$

Diese Flächen werden als „Affinsphären" bezeichnet; sie sind dadurch ausgezeichnet, daß bei ihnen das Affinkrümmungsbild und die Fläche selbst parallel zugeordnet sind, es ist nämlich:

$$y_1 = -\frac{1}{r} x_1 \qquad y_2 = -\frac{1}{r} x_2,$$

d. h.

$$y = -\frac{1}{r} x.$$

Die Affinsphäre und ihr Krümmungsbild sind ähnlich und ähnlich gelegen. Da andererseits

$$y = \frac{1}{\varrho}\left(x + \frac{\varrho^l}{\varrho} x_l\right)$$

ist, muß

$$\varrho^l = 0$$

und

$$r = -\varrho$$

werden: *Der Affinabstand der Tangentialebene einer Affinsphäre vom Nullpunkt ist konstant gleich dem Affinkrümmungsradius.*

Bemerkung 1. Für Affinsphären verschwinden in der Gleichung der Affinkrümmungslinien sämtliche Koeffizienten: jede Kurve auf ihr kann als Krümmungslinie aufgefaßt werden.

Bemerkung 2. Die Asymptotenlinien der Affinsphären haben die natürliche Gleichung $k' - t = \frac{1}{\varrho} = \text{konst.}$ Zur Ableitung benutze man die Asymptotenlinien als Parameterkurven.

Bemerkung 3. Welche Flächen genügen der Bedingung, daß ihre Hauptaffinkrümmungen einander gleich, aber nicht konstant sind? Offenbar reduzieren sich hier die Brennflächen der Affinnormalenkongruenz auf eine Kurve. Zu diesen Flächen gehören insbesondere alle geradlinigen Flächen. Gibt es auch andere?

Bemerkung 4. Die Bedingung, daß das Affinkrümmungsbild zur Fläche ähnlich ist, ist offenbar kennzeichnend für Affinsphären. Daraus folgt sofort: *Eine Affinsphäre geht durch Polarisierung an einer konzentrischen Kugel wieder in eine Affinsphäre über.* Denn, wenn $y = x$, wird auch $\eta = \xi$.

Bemerkung 5. Bezieht man eine nicht geradlinige Affinsphäre auf Asymptotenlinien, so kann man $A = D = 1$ setzen, d. h. die Affinbögen der Asymptotenlinien als Parameter u^1, u^2 einführen. Ihre Ableitungsgleichungen nehmen dann die einfachere Form an:

$$\frac{\partial}{\partial u^1}\left(\frac{x_1}{F}\right) = \frac{x_2}{F^2}, \qquad \frac{\partial^2 x}{\partial u^1 \partial u^2} = -\frac{F}{r} x, \qquad \frac{\partial}{\partial u^2}\left(\frac{x_2}{F}\right) = \frac{x_1}{F^2}.$$

Uneigentliche Affinsphären. Sind alle Affinnormalen einer Fläche zueinander parallel, ist also der Schnittpunkt der Affinnormalen ein fester uneigentlicher Punkt, so nennt man die Flächen „uneigentliche Affinsphären". In diesem Falle wird

$$G_1^1 = G_2^2 = 0,$$

sie gehören also zu der Klasse der „Affinminimalflächen" $H = 0$.

Ihre Asymptotenlinien sind Gewindekurven $k' - t = 0$.

Affinminimalflächen. Eine besonders leicht zugängliche und daher schon oft untersuchte Flächenklasse bilden die Flächen

$$H = 0,$$

die in Anlehnung an die klassische Flächentheorie als Affinminimalflächen [1]) bezeichnet werden. Die Herleitung ihrer Eigenschaften ist eine einfache, aber lohnende Übungsaufgabe in der Anwendung unserer Formelsysteme.

Ihre Differentialgleichung lautet (vgl. Formel (39) S. 147):

$$\Delta \varrho + 2\varrho = 0,$$

woraus sich sofort für $\mathfrak{z}$ die Gleichung

$$\Delta \mathfrak{z} = 0$$

oder, auf Asymptotenlinien als Parameterkurven bezogen,

$$\frac{\partial^2 \mathfrak{z}}{\partial u^1 \partial u^2} = 0$$

ergibt: die Fläche $\mathfrak{z}$ ist also eine Schubfläche.

Man zeige weiter. 1. Die Schmiegungsregelflächen sind Flächen mit Richtebene.

2. Die Affinnormalen längs einer Asymptotenlinie bilden eine Regelfläche mit Richtebene.

3. Die Schmiegungsstrahlen, d. h. die Schnittlinien der Schmiegungsebenen der erzeugenden Kurven einer Schubfläche bilden eine Kongruenz, deren Mittelfläche die Schubfläche und deren Brennflächen Affinminimalflächen sind. Die Strahlen, die eine erzeugende Kurve der Schubfläche schneiden, berühren die beiden Brennflächen in Asymptotenlinien.

4. Die uneigentlichen Affinsphären sind Affinminimalflächen, bei denen die Erzeugenden der Schubfläche der vorigen Aufgabe Gewindekurven sind. Auch ihre Asymptotenlinien sind Gewindekurven.

5. Diejenigen Affinminimalflächen, die auch Minimalflächen im gewöhnlichen Sinne sind, haben allgemeine Schraubenlinien als Asymptotenlinien: ihre Hauptnormalen müssen nämlich einer festen Ebene parallel sein.

§ 46. Die Liesche Quadrik.

Wir kehren nun zu den im Anfang dieses Kapitels durchgeführten Untersuchungen zurück und stellen uns jetzt die Aufgabe, unter den ∞^1 Schmiegungsquadriken diejenige zu bestimmen, die mit der Fläche (x) die innigste Berührung hat. Längs einer Asymptotenlinie U ($u^2 =$ konst.) denke man sich an die Fläche (x) die Schmiegungsregelfläche

$$\mathfrak{x} = x + t x_2 \qquad (u^2 = \text{konst.})$$

konstruiert und die Quadrik durch drei beliebige ihrer Erzeugenden g, g_1, g_2 gelegt. Die Berührungspunkte der „Leitgeraden" g, g_1, g_2 mit der Fläche (x)

[1]) Vgl. die monographische Darstellung bei W. Blaschke, Affingeometrie, S. 175—190. Die Hauptergebnisse lassen sich auch geometrisch leicht finden, vgl. Calcutta Math. Soc. Bull. 20 (1930), Sitz. Ber. Berliner Math. Ges. 28 (1928).

seien P, P_1, P_2. Man lege ferner durch P die Erzeugende der zweiten Schar dieser Quadrik, die also g_1 und g_2 in den Punkten $\overline{P}_1$ und $\overline{P}_2$ schneidet. Läßt man nun g_1 und g_2 mit g zusammenfallen, so geht die Quadrik in eine Schmiegungsfläche sowohl der gegebenen Fläche (x) als auch der Linienfläche $\mathfrak{x}$ über, und die Gerade $P\overline{P}_1\overline{P}_2$ in die Tangente an die Kurve U.

Sind g, g_1, g_2 drei beliebige Erzeugende einer windschiefen Fläche, so kann man durch sie eine Fläche zweiter Ordnung legen. Durch jeden Punkt von P geht eine Erzeugende der zweiten Regelschar dieser F_2, die man dadurch erhält, daß man durch P und g_1 eine Ebene legt, die die Gerade g_2 in einem Punkte $\overline{P}_2$ schneidet. Die Gerade $P\overline{P}_2$ schneidet die komplanare Gerade g_1 in einem Punkte P_1. Konstruiert man ebenso durch P_1 eine Gerade, die g_2 und eine vierte Erzeugende g_3 schneidet, $P_1P_2\overline{P}_3$, und setzt das Verfahren fort, so erhält man einen gebrochenen Linienzug $PP_1P_2P_3\ldots$. Beim Grenzübergang geht dieser Linienzug in eine Kurve über, die Ebene $P_1\overline{P}_2P_2$, die ja zwei „Linienelemente" $P_1\overline{P}_2, P_1P_2$ der Fläche im Punkte P_1 enthält, in die Tangentialebene der Punkte P und zugleich in die Schmiegungsebene der Kurve (P). Die Erzeugende der Schmiegungs-F_2 im Punkte P wird also die Tangente an die krumme Asymptotenlinie der Fläche (g) in P.

Ihrer Erzeugung nach ist die Liesche Quadrik eine der Schmiegungsquadriken von (x) im Punkte P. Ihr Mittelpunkt liegt daher auf der Affinnormalen in P. Er wird somit dadurch erhalten, daß man diese mit der durch g_3 gehenden zu g_2 parallel gelegten Ebene schneidet und zur Grenze übergeht; anders ausgedrückt: Man konstruiere die Torse, die von den Ebenen umhüllt wird, die durch die Punkte einer Asymptotenlinie U und die Vektoren x_2 und y bestimmt ist. Der Mittelpunkt der Lieschen Quadrik von P liegt auf dieser Torse im Schnittpunkt mit der Affinnormale in P.

Diese Ebenen haben die Gleichung

$$(\mathfrak{x} - x, x_2, \mathfrak{y}) = 0,$$

die Erzeugenden der umhüllten Torse müssen die aus dieser durch Ableitung nach u^1 entstehende Gleichung

$$(\mathfrak{x} - x, x_{12}, \mathfrak{y}) - (x_1, x_2, \mathfrak{y}) - \boldsymbol{H}(\mathfrak{x} - x, x_2, x_1) = 0$$

erfüllen; sie sind also durch die Gleichung

$$\mathfrak{x} = x + \lambda x_2 - \frac{1}{\boldsymbol{H}}\mathfrak{y}$$

dargestellt. Der Mittelpunkt der Lieschen Quadrik ist demnach

$$\mathfrak{x}_0 = x + \frac{1}{\boldsymbol{H}}\mathfrak{y};$$

die Fläche ist somit diejenige der Schmiegungsquadriken (3) (S. 152), für deren Mittelpunkt $t = \frac{1}{\boldsymbol{H}}$ ist. Damit ergibt sich ihre Gleichung ohne weiteres durch (3), in der der eben gefundene Wert von t einzusetzen ist.

Wenn man denselben Prozeß unter Bevorzugung einer Asymptotenlinie der zweiten Schar durchführt, so ergibt sich wegen der Symmetrie des

Ergebnisses dieselbe Fläche. Damit hat man den bemerkenswerten Satz von Lie gewonnen:

Konstruiert man in je drei Punkten P, P_1, P_2; P, P', P'' der beiden durch P gehenden Asymptotenlinien die Tangenten an die Asymptotenlinien der anderen Schar, so bestimmen diese Geradentripel zwei Flächen zweiter Ordnung. Läßt man dann alle Punkte mit P zusammenfallen, so fallen diese beiden Quadriken in dieselbe Schmiegungs-F_2 zusammen.

Bemerkung 1. Für Affinsphären sind alle Lieschen F_2 konzentrisch; für Affinminimalflächen Paraboloide.

Bemerkung 2. Der Flächenpunkt P und der Mittelpunkt der Lieschen F_2 teilen die Brennstrecke der Affinnormalen harmonisch.

Bemerkung 3. Für die Flächen H = konst. ist die Fläche (z) der Mittelpunkte der Lie-Quadriken der Fläche (x) assoziiert (§ 49). In diesem Falle sind die Affinnormalen der Fläche (x) die Schnittlinien der Schmiegungsebenen der Kurven u^1 = konst. u^2 = konst. auf der Fläche $\mathfrak{x}$. Man bestimme die natürlichen Gleichungen dieser Kurven auf der Fläche (z).

Bemerkung 4. Wir haben den Begriff der Schmiegungsquadrik einer Fläche (x) auf solche F_2 beschränkt, bei denen die Erzeugenden in die Asymptotenrichtungen von (x) fallen. Allgemeiner bezeichnet man auch als Schmiegungs-F_2 diejenigen Flächen zweiter Ordnung, die die Fläche (x) in einem Punkte x derart berühren, daß in der Taylorschen Entwicklung der Koordinaten von (x) diese bis zur zweiten Ordnung mit denen der F_2 übereinstimmen. Derartiger Flächen gibt es ∞^3, und zwar für jeden Punkt des Raumes als Mittelpunkt eine. Sie schneiden die Fläche (x) in einer Kurve, die im Berührungspunkt einen dreifachen Punkt besitzt. Unter ihnen gibt es drei, für die die drei Tangenten im Berührungspunkt zusammenfallen. Die Richtungen dieser zusammenfallenden Tangenten sind durch die Differentialgleichung

$$a_{ikl}du^l du^k du^i = 0$$

gegeben. Man nennt sie die Darbouxschen Tangenten der Fläche. (Vgl. W. Blaschke, Affingeometrie § 42.)

§ 47. Volumen und Affinoberfläche.

Sind d^1x, d^2x zwei beliebige Fortschreitungsrichtungen auf der Fläche (x), so ist das Integral

$$V = \tfrac{1}{6}\iint (x, d^1x, d^2x),$$

genommen über ein beliebiges Flächenstück gleich dem Rauminhalt der Pyramide, deren Spitze im Nullpunkt, deren Leitkurve die Begrenzung des Flächenstücks ist und deren Grundfläche das Flächenstück selbst ist. Dies Volumen ist gegenüber allen den Scherungen invariant, die den Nullpunkt ungeändert lassen; es ist insbesondere auch gegenüber jeder Änderung der krummlinigen Koordinaten auf der Fläche invariant, so daß man

$$d^1x = x_1 du^1, \qquad d^2x = x_2 du^2$$

setzen kann, so daß

$$V = \tfrac{1}{6}\iint (x, x_1, x_2)\, du^1 du^2 = \tfrac{1}{6}\iint w\, du^1 du^2$$

wird. Setzt man

$$w = \varrho w^{1/2} g^{1/4} = \varrho \mathfrak{g},$$

so ist das Volumenelement

$$dV = \tfrac{1}{6}\, \varrho \mathfrak{g}\, du^1 du^2$$

durch das Produkt des Affinabstandes ϱ mit einer Größe

$$dO = \mathfrak{g}^{1/2} du^1 du^2$$

in ähnlicher Form ausgedrückt wie in der metrischen Geometrie das Volumenelement durch das Oberflächenelement und seinen Abstand vom Nullpunkte. Da das Integral

$$O = \iint \mathfrak{g}^{1/2} du^1 du^2,$$

das, wie man ohne weiteres erkennt, gegenüber Scherungen invariant ist, hier dieselbe Rolle spielt wie die Oberfläche der metrischen Geometrie, wird O als die „Affinoberfläche" der Fläche (x) bezeichnet.

Übung 1. Man zeige, daß die Extremalen des Variationsproblems $\delta O = 0$ die Affinminimalflächen sind. (W. Blaschke, Affingeometrie S. 175ff.)

Übung 2. Man bestimme die Relativoberfläche Ω in einer „Relativ-Flächentheorie" (§ 51) und löse hier das Variationsproblem $\delta\Omega = 0$. (W. Süß, Japanese J. 4, 1927.)

Achtes Kapitel.

Die Laplacesche Transformation.

§ 48. Stellung der Aufgabe.

Wenn auf einer Fläche F ein konjugiertes Netz (u, v) gegeben ist, so bilden die Tangenten an eine Schar des Netzes, etwa an die Kurven $u =$ konst. eine Linienkongruenz, für die die Fläche F eine Brennfläche ist. Gemäß der Definition konjugierter Netze bilden dann die Kongruenzstrahlen, die von den Kurven $v =$ konst. ausgehen, Torsen; die Gratlinien dieser Torsen liegen daher auf dem zweiten Brennmantel der Fläche, der im allgemeinen eine Fläche F_1 ist, der aber auch in eine eigentliche oder uneigentliche Kurve ausarten kann[1]). Die Bestimmung dieses zweiten Brennmantels F_1, der Natur der Aufgabe nach eine projektive Fragestellung, geschieht mit Hilfe einer von Laplace angegebenen Transformation, und die Fläche F_1 heißt daher die Laplacesche Transformierte von F. Da die Kongruenzstrahlen die Kurven $v =$ konst. auf F_1 berühren, wird auch F_1 von allen Kongruenzstrahlen eingehüllt, und zwar berühren die Schmiegungsebenen einer Kurve

[1]) Die Bezeichnung der krummlinigen Parameter durch u, v statt durch u^1, u^2 rechtfertigt sich dadurch, daß die beiden Koordinatenlinien in den folgenden Kapiteln eine verschiedene Rolle spielen.

$u =$ konst. von F die Fläche F_1 in Kurven $u =$ konst., die auch auf F_1 zu den Kurven $v =$ konst. konjugiert sind. Bezüglich dieser Strahlenkongruenz sind also die beiden Flächen gleichberechtigt: sie sind auf dasselbe konjugierte System (u, v) bezogen, die Strahlen der Kongruenz sind die Tangenten der Kurve $v =$ konst. auf F wie auch die Tangenten der Kurven $v =$ konst. auf F_1; die Schmiegungsebenen der Kurven $u =$ konst. von F berühren F_1, die Schmiegungsebenen der Kurven $v =$ konst. von F_1 berühren die Fläche F. Unterwirft man die Flächen einer reziproken Transformation, so wechseln die beiden Kurvenscharen ihre Bedeutung.

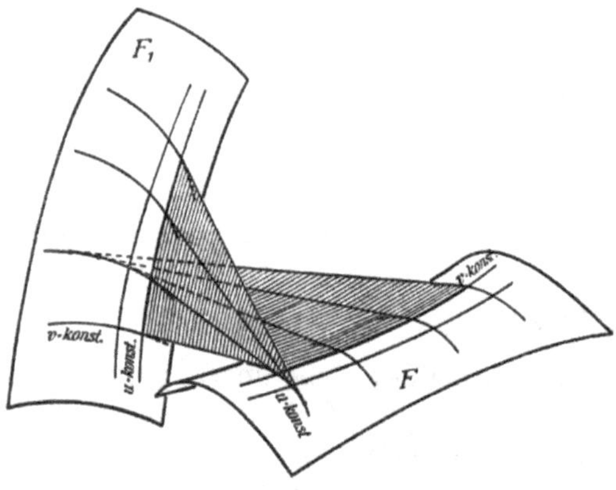

Fig. 19.

Setzt man das Verfahren fort, konstruiert also auf F_1 die Tangenten der Kurven $u =$ konst., so erhält man eine neue Linienkongruenz, deren zweiter Brennmantel eine Fläche F_2 wird, die die Fläche F_1 in den Kurven $v =$ konst. berühren. Man erhält so in F_2 die „zweite Laplacesche Transformierte" von F. Dies Verfahren kann man wiederholen und so die dritte, vierte, ... Laplacesche Transformierte von F erhalten. Auch in umgekehrter Richtung läßt sich die Konstruktion fortsetzen, d. h., man kann die Brennfläche F_{-1} der Tangenten an die Kurven $v =$ konst. von F bestimmen, und ebenso die $-2.$, $-3.$ ... Laplacesche Transformierte von F erhalten. Diese „Laplacesche Kette" ist im allgemeinen nach beiden Seiten hin unendlich ausgedehnt, sie bricht nur dann ab, wenn eine der Brennflächen sich auf eine Kurve reduziert. Tritt dies ein, so ist die Differentialgleichung des Problems durch Quadraturen zu lösen, und dies war der ursprüngliche Zweck, für den Laplace seine Transformation in die Theorie der partiellen Differentialgleichungen einführte.

Die allgemeine Untersuchung dieser Laplaceschen Transformation[1]), die, wie schon gesagt, der projektiven Geometrie angehört, ist nicht Sache der Affingeometrie. Hier sind nur solche Sonderfälle von Interesse, die affin ausgezeichnet und die wegen ihres engen Zusammenhangs mit dem metrischen Problem der Flächenbiegung von besonderer Bedeutung sind[2]).

Die Lichtgrenzkurven. Wenn die Tangenten an die Kurven $v =$ konst. längs einer Kurve $u =$ konst. alle zu einander parallel sind, so reduziert sich schon die $-1.$ Laplacesche Transformierte auf eine uneigentliche Kurve.

---

[1]) Vgl. ihre ausführliche Behandlung in Darboux' Théorie des surfaces, t. II.

[2]) A. Schur, Math. Zs. 24 (1925), S. 530.

Solcher Systeme gibt es auf jeder Fläche unendlich viele; man braucht bloß der Fläche F ∞^1 Tangentialzylinder zu umschreiben, dann sind ihre Berührungskurven die Kurven $u =$ konst.; sie entstehen, wenn man F durch paralleles Licht beleuchtet, als Eigenschattengrenzen und seien daher als „Lichtgrenzkurven" bezeichnet. Die Kurven $u =$ konst., deren Tangenten in die Lichtrichtungen fallen und die daher als „Lichtrichtungskurven" bezeichnet seien, haben in den Schnittpunkten mit derselben Lichtgrenze parallele Tangenten, sind also „Parallelkurven" [1]).

Auf jeder Fläche gibt es ebenso viele Lichtgrenzkurven wie es Lichtrichtungen gibt, also ∞^2. Dagegen kann jede Kurve c der Fläche als Lichtrichtungskurve angesehen werden. Die zugehörigen Lichtgrenzkurven erhält man dadurch, daß man in den Punkten P von c die Tangenten t konstruiert und diejenigen Berührungszylinder findet, deren Erzeugende zu den Tangenten t parallel sind. Insbesondere werden die Lichtgrenzkurven, die zu einer ebenen Lichtrichtungskurve c gehören, sich alle in einem Punkte schneiden müssen, in dem Punkte C nämlich, in dem die Berührungsebene parallel zur Ebene von c liegt. Ist die Kurve c selbst eine (ebene) Lichtgrenzkurve und sind die zu ihren Parallelschnitten konjugierten Lichtgrenzkurven ebenfalls eben, so bilden deren Ebenen einen Büschel, dessen Achse durch den Punkt C parallel zu der der Kurve c zugeordneten Lichtrichtung verläuft. Aus dieser Bemerkung kann man leicht einen geometrischen Beweis für den Satz von W. Blaschke (Affingeometrie S. 119) herleiten:

Die Flächen zweiter Ordnung sind die einzigen Flächen, auf denen alle Lichtgrenzkurven eben sind.

Die Darstellung einer Fläche, bezogen auf ein konjugiertes System von Lichtgrenzen und Lichtrichtungskurven, ergibt sich durch Quadraturen. Die ∞^1 Lichtrichtungen seien als Radienvektoren einer Kurve $\mathfrak{u}$ gegeben. Dann ist

$$x_u = \varphi(u, v)\,\mathfrak{u}, \tag{1}$$

also

$$x = \mathfrak{v} + \int \varphi(u, v)\,\mathfrak{u}\,du; \tag{2}$$

dabei ist $\mathfrak{v}$ ein beliebiger nur von v abhängiger Vektor, $\varphi(u, v)$ eine beliebige Funktion von u und v. Die Gleichung besagt, daß, wenn man eine zu $\varphi(u, v)$ gehörige Fläche F_1 gefunden hat:

$$x_1 = \int \varphi(u, v)\,\mathfrak{u}\,du,$$

alle Flächen derselben Art durch „Addition" einer Kurve $\mathfrak{v}$ erhalten werden, d. h. indem man an die Punkte x_1 die entsprechenden Radienvektoren der Kurve $\mathfrak{v}$ anheftet, längs einer Lichtrichtungskurve also einen konstanten Vektor.

Die Schubflächen. Der einfachste Sonderfall ist der, daß auch die Kurven $v =$ konst. Lichtgrenzen sind, daß also auch

$$x_v = \psi(u, v)\,\mathfrak{v}$$

ist. Es ist sowohl durch geometrische Überlegung als auch durch Rechnung leicht einzusehen, daß dann

$$\psi = \text{konst.}, \qquad \varphi = \text{konst.}$$

[1]) Schell-Salkowski, Theorie der Kurven (Leipzig 1914), Kap. 17.

sein muß, daß die Flächen, die ein konjugiertes System von Lichtgrenzen haben, durch die Gleichung

$$x = \mathfrak{U} + \mathfrak{B} \tag{3}$$

dargestellt werden, also durch Schiebung einer Kurve $\mathfrak{B}$ längs einer Kurve $\mathfrak{U}$ entstehen. In diesem Falle reduziert sich die „Laplacesche Kette" auf eine einzige Fläche.

Zylindrokonische Flächen. Dasselbe tritt ein, wenn die Kongruenz der Tangenten an die Lichtgrenzen

$$z = x + t x_v \tag{4}$$

als zweiten Brennmantel eine Kurve besitzt, d. h. wenn die Torsen $v =$ konst. in Kegel entarten. Die Gratlinien dieser Torsen sind durch die Bedingung bestimmt, daß ihre Tangente in die Richtung der Geraden x_v fällt, d. h.

$$dz = d\lambda \cdot x_v .$$

Man erhält daher den der Gratlinie entsprechenden Wert von t, wenn man

$$(d\lambda - dt)\, x_v = dx + t dx_v$$

ansetzt, d. h. es muß

$$(x_v, x_u + t x_{uv}, x_v + t x_{vv}) = 0 \tag{5}$$

werden. Da aber nach (1)

$$x_{uv} = \varphi_v \mathfrak{u}$$

ist und

$$(x_u x_v x_{vv}) \neq 0$$

sein muß, so folgt neben $t = 0$ aus (5)

$$t = -\frac{\varphi}{\varphi_v} . \tag{6}$$

Die Gratlinie ist also im allgemeinen Fall durch die Gleichung

$$z = x - \frac{\varphi}{\varphi_v} x_v \tag{7}$$

gegeben. Sie reduziert sich für $v =$ konst. auf einen Punkt, wenn

$$z_u = -\left(\frac{\varphi}{\varphi_v}\right)_u x_v = 0,$$

also

$$\varphi = U V \tag{8}$$

wird. Daraus ergibt sich für diese Flächenklasse die Darstellung

$$x = \mathfrak{v} + V \int U \mathfrak{u} du . \tag{9}$$

Beachtet man, daß mit $\mathfrak{u}$ auch $\int U \mathfrak{u} du = \mathfrak{U}$ ein beliebiger, nur von u abhängiger Radiusvektor ist, so kann man die Gleichung in der einfacheren Form

$$x = \mathfrak{v} + V \mathfrak{U} \tag{10}$$

schreiben.

Die Kurve der Kegelspitzen ist

$$(11)\qquad \mathfrak{z} = \mathfrak{v} - \frac{V}{V'}\mathfrak{v}'.$$

Schreibt man für (10)

$$x = V\left(\frac{1}{V}\,\mathfrak{v} + \mathfrak{U}\right),$$

so erkennt man die Verwandtschaft dieser Flächenklasse mit den Schubflächen; ist eine solche vorgelegt:

$$\mathfrak{x} = \mathfrak{U} + \frac{1}{V}\mathfrak{B},$$

so hat man die Radienvektoren ihrer Punkte nur in einem längs einer Kurve $\mathfrak{u}$ konstanten Verhältnis $V : 1$ zu vergrößern, um eine Fläche der verlangten Art zu erhalten.

Man überzeugt sich auch durch unmittelbare Anschauung leicht davon, daß man auf diese Weise alle „zylindrokonischen Flächen" erhalten kann. Sind nämlich zwei kongruente und parallel gestellte Kurven $\mathfrak{u}_1, \mathfrak{u}_2$ vorgelegt und transformiert man beide in beliebigen Verhältnissen V_1, V_2 ähnlich von demselben Mittelpunkt O aus, so gehen sie in zwei ähnliche Kurven über, die in entsprechenden Punkten parallele Tangenten haben. Die Verbindungslinien entsprechender Punkte müssen sich daher in einem festen Punkte schneiden, und diese Tatsache bleibt auch beim Grenzübergang erhalten. Umgekehrt kann man zwei parallele und ähnliche Kurven von einem festen Mittelpunkt aus in zwei kongruente Kurven durch Ähnlichkeitstransformation überführen, d. h. einen „Flächenstreifen" der zylindrokonischen Fläche in den einer Schubfläche transformieren.

Die zylindrokonischen Flächen stehen in naher Verwandtschaft mit ihrem Grenzfall, den Schubflächen. Bekanntlich sind diese mit der Kongruenz der Strahlen, deren Brennflächen sich auf zwei Kurven $\mathfrak{U}, \mathfrak{B}$ reduzieren, in engster Beziehung. Teilt man nämlich den Abstand der Brennpunkte in einem festen Verhältnis $\lambda : \mu$, so entsteht eine Schubfläche

$$(12)\qquad \mathfrak{x} = \frac{\lambda\mathfrak{U} + \mu\mathfrak{B}}{\lambda + \mu}.$$

Teilt man dagegen den Abstand der Brennpunkte in einem mit v veränderlichen Verhältnis $\lambda(v) : \mu(v)$, so entsteht eine zylindrokonische Fläche; sie sind also in der Guichardschen Bezeichnungsweise zu der Ausgangskongruenz konjugierte Flächen.

Man kann die zylindrokonischen Flächen, deren Name nur daran erinnern soll, daß für sie ein konjugiertes System von berührenden Kegeln und Zylindern existiert, auch als Flächen mit einem konjugierten System von Lichtgrenzen definieren, von denen die eine Schar durch Parallelbeleuchtung, die andere durch Zentralbeleuchtung erzeugt wird. Von dieser Seite her betrachtet, sind sie Sonderfälle von Petersonschen doppelkonischen Flächen

$$x = \frac{\mathfrak{u} + \mathfrak{v}}{U + V},$$

bei denen ein konjugiertes System von Berührungskegeln existiert. Diese Flächen aber bieten für die Affingeometrie kein besonderes Interesse.

Aufgabe. Was für Flächen entstehen, wenn man eine zylindrokonische Fläche an einer Mittelpunktsfläche zweiter Ordnung oder an einem Paraboloid polarisiert?

Ist $\mathfrak{v}$ eine gerade Linie

$$\mathfrak{v} = a + v\mathfrak{e} \tag{13}$$

($\mathfrak{e}$ ein konstanter Einheitsvektor, a ein beliebiger konstanter Vektor), so liegen die Kegelspitzen

$$\mathfrak{z} = a + \left(v - \frac{V}{V'}\right)\mathfrak{e} \tag{11}$$

auf derselben Geraden, und die Lichtgrenzen sind ebene Kurven, deren Ebenen durch die Gerade (13) gehen. Dies geometrisch unmittelbar einleuchtende Ergebnis läßt sich auch aus den Formeln leicht ablesen. Dabei entstehen Flächen, die als affine Verallgemeinerung der Rotationsflächen aufgefaßt werden können. Wir kommen auf diese Flächen später (Übung 3 des § 49) zurück.

§ 49. Laplacesche Flächenpaare.

Ist die Fläche (2) keine zylindrokonische, so ist ihre erste Laplacesche Transformierte (7) nicht ausgeartet, und im allgemeinen wird die Laplacesche Kette $F, F_1, F_2, \ldots$ nicht abbrechen. Es ist indessen möglich, daß die Kurven $v =$ konst. auf der Fläche F_1 Lichtgrenzen werden, d. h., daß

$$z_v = \psi(u, v)\,\mathfrak{V} \tag{14}$$

wird. Dann sind die Kurven $u =$ konst. auf der Fläche z als eine Schar von Lichtrichtungskurven zu einander parallel. Man sieht sofort ein, daß man in diesem Falle eine zylindrokonische Fläche $\overline{F}$ aufbauen kann, die in entsprechenden Punkten der Fläche F mit parallelen Tangentialebenen zugeordnet ist und die somit eine Schar von Berührungszylindern besitzt, die dann der Fläche F parallel sind. Zu diesem Zwecke geht man von einer Kurve

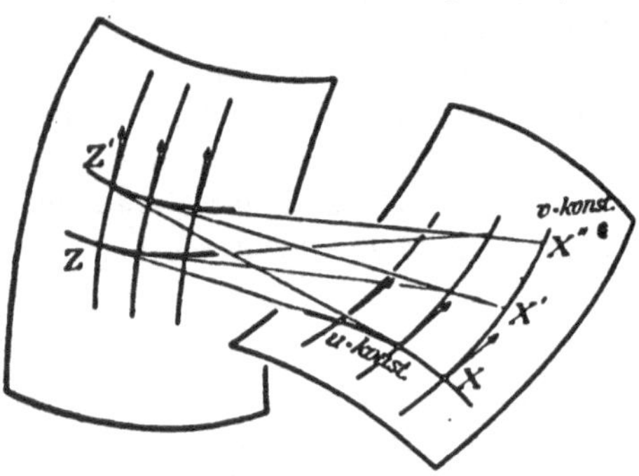

Fig. 20.

$$\bar{z} = \mathfrak{V}$$

aus und konstruiert in jedem ihrer Punkte den Kegel, dessen Erzeugende zu den Tangenten an die Kurve $v =$ konst. der Fläche (z), d. h. F_1, parallel sind. Wegen der Parallelzuordnung schneiden sich jeweils diejenigen Erzeugenden zweier Kegel mit den Spitzen $\overline{Z}$ und $\overline{Z}'$, die den zu ihnen parallelen Tangenten in den entsprechenden Punkten Z und Z' zugeordnet sind. Den Punkten $X, X', \ldots$ der Fläche (x) entsprechen daher solche Punkte $\overline{X}, \overline{X}', \ldots$, in denen die Tangenten parallel, nämlich parallel zu den entsprechenden Tangenten der Kurve X sind. Daraus folgt aber unmittelbar, daß die Punkte $\overline{X}$ eine zylindrokonische Fläche $\overline{F}$ erfüllen.

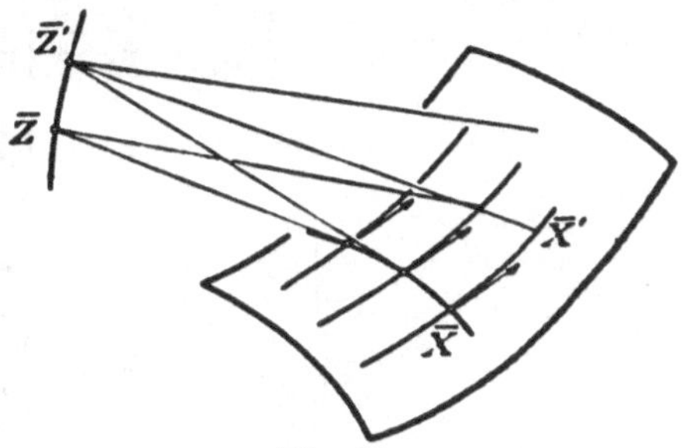

Fig. 21.

Rechnerisch stellt sich der Sachverhalt folgendermaßen dar: Aus (7) und (14) ergibt sich

$$\mathfrak{V} = \frac{z_v}{\psi} = \frac{1}{\psi}\left(\frac{\varphi\varphi_{vv}}{\varphi_v^2} x_v - \frac{\varphi}{\varphi_v} x_{vv}\right),$$

d. h. die Vektoren $\mathfrak{V}$, x_v und x_{vv} sind komplanar. Leitet man z_v nach u ab und beachtet, daß auf Grund von (1)

$$x_{uv} = \frac{\varphi_v}{\varphi} x_u, \qquad x_{uvv} = \frac{\varphi_{vv}}{\varphi} x_u$$

ist, so erhält man nach kurzer Rechnung

$$\mathfrak{V} = \frac{z_{uv}}{\psi_u} = \frac{1}{\psi_u}\left(\left(\frac{\varphi\varphi_{vv}}{\varphi_v^2}\right)_u x_v - \left(\frac{\varphi}{\varphi_v}\right)_u x_{vv}\right).$$

Auch diese Gleichung gibt eine Zerlegung des Vektors $\mathfrak{V}$ nach den Richtungen x_v und x_{vv}. Da aber die Zerspaltung eines Vektors in zwei Komponenten immer eindeutig ist, so müssen die Maßzahlen von x_v und x_{vv} in den beiden Darstellungen von $\mathfrak{V}$ dieselben sein, also:

$$\frac{\left(\frac{\varphi\varphi_{vv}}{\varphi_v^2}\right)_u}{\frac{\varphi\varphi_{vv}}{\varphi_v^2}} = \frac{\left(\frac{\varphi}{\varphi_v}\right)_u}{\frac{\varphi}{\varphi_v}} = \frac{\psi_u}{\psi}.$$

Hieraus findet man leicht

$$\varphi = U_1 + U_2 V,$$

wobei U_1, U_2 zwei beliebige Funktionen von u, V eine solche von v allein ist. Damit nimmt (1) die Form an

$$x_u = (U_1 + U_2 V)\,\mathfrak{u}.$$

Ändert man jetzt die Bezeichnungen ab und setzt $\mathfrak{u}'$ für den Vektor $U_1\mathfrak{u}$ und U für die Funktion $U_2 : U_1$, so ergibt sich die Fläche x durch die Quadratur

$$x = \mathfrak{u} + \mathfrak{v} + V\int U\mathfrak{u}'du = \mathfrak{u} + \mathfrak{v} + V\bar{\mathfrak{u}}.$$

Dabei bedeutet $\bar{\mathfrak{u}}$ eine beliebige Parallelkurve von $\mathfrak{u}$, sodann ergibt sich z mit Hilfe von (7) in der Form

$$z = \mathfrak{u}_1 + \mathfrak{v}_1 + U_1 \bar{\mathfrak{v}}_1,$$

wobei

$$\mathfrak{u}_1 = \left(\mathfrak{u} - \frac{1}{U}\bar{\mathfrak{u}}\right),$$

$$\mathfrak{v}_1 = \left(\mathfrak{v} - \frac{V}{V'}\mathfrak{v}'\right),$$

$$U_1 = -\frac{1}{U},$$

$$\bar{\mathfrak{v}}_1 = \frac{\mathfrak{v}'}{V'}$$

gesetzt ist.

Man deute die Ergebnisse geometrisch und zeige insbesondere, daß $\mathfrak{v}_1$ und $\bar{\mathfrak{v}}_1$, wie es sein muß, Parallelkurven sind. — Eine weitergehende Diskussion dieser ganzen Fragestellung findet man in der bereits genannten Abhandlung von A. Schur.

Affingesimsflächen. Flächen, die eine Schar von ebenen Lichtgrenzen enthalten, nennt man Affingesimsflächen. Die Gesimsflächen der klassischen Geometrie entsprechen dem metrischen Sonderfall, in dem die Lichtrichtungen zu den Ebenen der Lichtgrenzen senkrecht stehen.

Da die Lichtgrenzen auf den Berührungszylindern der Fläche liegen, sind zwei „benachbarte", also auch alle ebenen Lichtgrenzen zueinander affin. Aus dieser Tatsache ergibt sich ohne weiteres die analytische Darstellung der Affingesimsflächen. Man lege durch die Punkte V einer räumlichen Kurve $\mathfrak{v}$ eine beliebige Schar von Ebenen (v) (die nicht mit den Schmiegungsebenen der Kurve $(\mathfrak{v})$ zusammenfallen) und nehme auf jeder ein Koordinatensystem mit dem Anfangspunkt V und den Grundvektoren $\mathfrak{v}_1$ und $\mathfrak{v}_2$ derart an, daß diese durch Parallelprojektion in der Richtung des Tangentenvektors $\mathfrak{v}'$ ineinander übergehen, daß also

$$\mathfrak{v}_1' = V_1 \mathfrak{v}', \qquad \mathfrak{v}_2' = V_2 \mathfrak{v}'$$

wird. Dann werden die Kurven

$$x = \mathfrak{v} + U_1 \int V_1 \mathfrak{v}' dv + U_2 \int V_2 \mathfrak{v}' dv$$

der Ebenen (v) auf einer Affingesimsfläche liegen, für die die Kurven $v =$ konst. eine Schar von ebenen Lichtgrenzen, die Kurven $u =$ konst. die dazu konjugierte Schar der Lichtrichtungskurven darstellt.

Bezieht man die ebene Lichtgrenze auf ihren Affinbogen, wählt also den Parameter u so, daß

$$U_1' U_2'' - U_2' U_1'' = 1$$

wird, so werden

$$\begin{aligned} l_{11} &= (x_{uu}, x_u, x_v) = \Phi \Delta \\ l_{12} &= (x_{uv}, x_u, x_v) = 0 \\ l_{22} &= (x_{vv}, x_u, x_v) = \Phi^2 (U_1' F_{1(v)} + U_2' F_{2(v)}), \end{aligned}$$

wobei

$$\begin{aligned}\Phi &= 1 + U_1 V_1 + U_2 V_2 \\ \Delta &= -(\mathfrak{v}', \mathfrak{v}_1, \mathfrak{v}_2) \\ F_{1(v)} &= (\mathfrak{v}', \mathfrak{v}'', \mathfrak{v}_1) \\ F_{2(v)} &= (\mathfrak{v}', \mathfrak{v}'', \mathfrak{v}_2)\end{aligned}$$

gesetzt ist. Die Berechnung der Grundformeln ist nunmehr eine einfache Rechenaufgabe, die dem Leser zur Übung empfohlen sei.

Übung 1. Für welche Affingesimsflächen liegt die Affinnormale in der Ebene der ebenen Lichtgrenzen?

Übung 2. Man bestimme die Affingesimsflächen, bei denen die ebenen Schattengrenzen in den Ebenen eines Büschels liegen.

Wählt man $\mathfrak{e}_3$ als Achse des Büschels, so kann man $\mathfrak{v}_1 = \mathfrak{v}$ und $\mathfrak{v}_2 = \mathfrak{e}_3$ wählen; verlegt man weiter den Nullpunkt in den raumfesten Koordinatenanfang, so werden diese Flächen durch die Gleichung

$$x = U_1 \mathfrak{v} + U_2 \mathfrak{e}_3$$

dargestellt, wobei der Radiusvektor

$$\mathfrak{v} = V^1 \mathfrak{e}_1 + V^2 \mathfrak{e}_2 + V^3 \mathfrak{e}_3$$

eine beliebige Raumkurve darstellt.

Übung 3. Die Affingesimsflächen der vorigen Aufgabe, bei denen die Affinnormale die Achse des Ebenenbüschels schneidet, nennt man „Affinrotationsflächen“[1]). Zu ihnen gehören die Rotationsflächen im gewöhnlichen Sinne.

Man bestimme ihre Gleichungen und untersuche ihre Asymptotenlinien.

Übung 4. B. Su[2]) hat die Fragestellungen der letzten Nummer verallgemeinert. Er nennt Affingesimsflächen diejenigen Flächen, die in Parallelebenen eine Schar von Schattengrenzen bei Zentralbeleuchtung besitzen.

Affinrotationsflächen nennt Su diejenigen seiner Affingesimsflächen, bei denen die Affinnormale in die Schmiegungsebenen der Lichtrichtungskurven fällt. Man untersuche diese Flächenklasse.

Neuntes Kapitel.

Parallele Zuordnung von Flächen. Der Darbouxsche Flächenkranz.

§ 50. Parallelnetze und Radialnetze.

Daß man jedes reguläre Flächenstück punktweise einem Stück einer zweiten geschlossenen Fläche zuordnen kann, derart, daß in entsprechenden Punkten die Tangentialebenen parallel sind, ist unmittelbar anschaulich. Von dieser „Parallelzuordnung“, die offenbar affinen Charakter trägt, wird bereits in der elementaren Flächentheorie Gebrauch gemacht, wenn man das Gaußsche Bild einer Fläche F konstruiert; diese „sphärische Abbildung“

[1]) W. Süß, Math. Ann. 98 (1928).

[2]) B. Su, Affin moulding surfaces and affin surfaces of revolution. Japanese J. of Math. 5 (1928) S. 185.

durch „parallele Normalen" ist nichts anderes als eine Parallelzuordnung von Fläche und Kugel, und z. B. die Tatsache, daß auf jeder regulären Fläche ein reelles Netz von Krümmungslinien existiert, besagt affingeometrisch, daß bei Parallelzuordnung einer Fläche F zu einem Ellipsoid ein konjugiertes Netz auf der einen Fläche einem konjugierten Netz auf der anderen entspricht, derart, daß zugeordnete Kurven in entsprechenden Punkten parallele Tangenten besitzen.

Es liegt die Frage nahe, ob auch bei Parallelzuordnung beliebiger regulärer Flächenstücke ein solches ausgezeichnetes Paar von Parallelnetzen auftritt. Dies ist, zunächst rein anschaulich, leicht zu entscheiden.

Man denke sich zwei Punkte X und Y zweier Flächen (X) und (Y), in denen die Tangentialebenen parallel sind, geradlinig miteinander verbunden; dadurch entsteht eine Mannigfaltigkeit von ∞^2 Geraden XY, d. h. eine Linienkongruenz. Treffen sich alle Geraden der Kongruenz in einem festen Punkte O, so artet sie in ein Strahlenbündel aus, und die Flächen X und Y sind bezüglich O ähnlich und ähnlich gelegen. In diesem trivialen Sonderfall sind nicht nur die Flächen durch parallele Tangentialebenen zugeordnet, sondern auch alle einander entsprechenden Kurven der beiden Flächen durch parallele Tangenten. Schließen wir den trivialen Fall der Ähnlichkeit aus, so gibt es auf jedem Strahl XY zwei (reelle oder imaginäre) Brennpunkte, d. h. zwei Punkte, die als Grenzlage der Schnittpunkte des Strahls XY mit einem seiner Nachbarstrahlen erklärt sind. (Anschaulich zu erfassen ist natürlich nur der Fall reeller Brennpunkte, für den allein das Ergebnis der Überlegung auf reelle Gebilde führt.) Die Gesamtheit der Strahlen einer Linienkongruenz zerlegt sich in zwei Systeme von je ∞^1 Torsen, deren Gratlinien von je einem System von Brennpunkten F_1 bzw. F_2 gebildet sind, und diese Brennpunkte liegen auf zwei „Brennmänteln", (F_1) und (F_2), die in der Regel Flächen sind, von denen aber auch der eine oder beide in Kurven ausarten können.

Ist nun (T_1) eine Torse der ersten Schar, so werden ihre Tangentialebenen von den Tangentialebenen der Flächen (X) und (Y), die ja in den entsprechenden Punkte X und Y parallel sind, in parallelen Geraden geschnitten. Daraus ergibt sich, daß die Schnittkurven der Torse (T_1) mit den gegebenen Flächen in zugeordneten Punkten stets parallele Tangenten besitzen. Da dieser Sachverhalt für alle Torsen (T_1) und (T_2) gilt, so ergibt sich, *daß auf zwei parallel zugeordneten Flächen sich ein System von zwei (reellen oder imaginären) Kurvenscharen eindeutig bestimmen läßt, derart, daß jeder Kurve der einen Fläche sich eine Kurve der anderen Fläche durch parallele Tangenten zuordnen läßt. Diese Kurven bilden auf jeder der beiden Flächen ein Netz, d. h. ein System von konjugierten Kurven.* Das letzte ergibt sich einfach durch die Überlegung, daß, wenn zwei Kurven c_1 und c_2 auf zwei parallel zugeordneten Flächen Φ_1 und Φ_2 sich durch parallele Tangenten entsprechen, auch die zu den Flächen Φ_1 und Φ_2 längs c_1 und c_2 umgeschriebenen Tangentialtorsen parallele Erzeugende besitzen, also die zu den Richtungen c_1, c_2 konjugierten Richtungen gleichfalls parallel sein müssen. Da in unserem Falle das parallel zugeordnete Kurvensystem eindeutig bestimmt ist, so wird, wenn c_1 etwa durch eine Torse (T_1) ausgeschnitten wird, die konjugierte Schar durch die Torsen (T_2) gefunden.

Analytische Darstellung der Parallelzuordnung. Die Bedingung dafür, daß die Flächen $z(u^1, u^2)$ und $x(u^1, u^2)$ in entsprechenden Punkten (u^1, u^2) parallele Tangentialebenen haben, drückt sich dadurch aus, daß zu der Gleichung

$$x\xi = 1 \tag{1}$$

die Gleichung

$$z\xi = \varphi(u^1, u^2) \tag{2}$$

hinzutritt. Ist ζ die normierte Normale von (z), d. h.

$$z\zeta = 1, \tag{3}$$

so folgt daraus unmittelbar, daß

$$\zeta = \frac{\xi}{\varphi} \tag{4}$$

sein muß. Nun ist wegen (3) und

$$z_i\zeta = 0$$

auch

$$z\zeta_i = 0 \tag{5}$$

und

$$\zeta_i = \frac{\xi_i}{\varphi} - \frac{\xi\varphi_i}{(\varphi)^2}. \tag{6}$$

Setzt man $z = \alpha x + \alpha^i x_i$ und berechnet die α aus (3) und (5), so ergibt sich

$$\boxed{z = \varphi x - \varphi^r x_r = \varphi x - \nabla(\varphi, x)}. \tag{α}$$

Leitet man ferner ζ_i kovariant ab und bildet

$$\hat{g}_{ik} = \zeta_{ik} z = g_{ik} - \frac{\varphi_{ik}}{\varphi} - a_{ik}^r \frac{\varphi_r}{\varphi}, \tag{7}$$

so erkennt man, daß der Grundtensor $\hat{g}_{ik}$ der Fläche z

$$\hat{g}_{ik} = \frac{1}{\varphi} \Lambda_{ik}(\varphi) \tag{8}$$

ist, wobei

$$-\Lambda_{ik}(\varphi) = \varphi_{ik} + a_{ik}^r \varphi_r - g_{ik}\varphi \tag{9}$$

die linke Seite desjenigen Differentialausdrucks bedeutet, der für die Koordinaten des Radiusvektors ξ verschwindet (vgl. Formel II, S. 130). Außerdem wird

$$\boxed{z_i = x_r g^{rk} \Lambda_{ik}(\varphi) = \Lambda_i^l(\varphi)\, x_l}, \tag{10}$$

$$g^{ik}\hat{g}_{ik} = -\frac{1}{\varphi}[\Delta\varphi - 2\varphi + 2\nabla(v, \varphi)] = -\mathfrak{F}(\varphi) \tag{11}$$

und

$$
(12)\qquad \begin{aligned} -\Lambda_1^1-\Lambda_2^2 &= \varphi\,\mathfrak{F}(\varphi)\\ -\Lambda_1^2 &= \varphi_1^2+a_1^{k2}\varphi_k, \qquad -\Lambda_2^1=\varphi_2^1+a_2^{k1}\varphi_k. \end{aligned}
$$

Radiale Zuordnung. Ist die Fläche (z) mittels der Funktion φ der Fläche (x) durch die Gleichung (α) parallel zugeordnet, so ist die Polarfläche ζ von (z) bezüglich der Einheitskugel der Polarfläche (ξ) von (x) so zugeordnet, daß entsprechende Punkte auf demselben Radiusvektor liegen. Wegen der Reziprozität, die zwischen (x) und (ξ) besteht, kann man ohne weitere Rechnung sofort die Beziehungen hinschreiben, die zwischen einer Fläche (x) und einer beliebigen ihr „radial zugeordneten“:

$$
(13)\qquad \tilde{x}=\frac{x}{\psi}
$$

besteht. Insbesondere wird der Grundtensor von $\tilde{x}$ durch die Gleichung

$$
(14)\qquad \tilde{g}_{ik}=-\frac{1}{\psi}\tilde{\Lambda}_{ik}(\psi)
$$

dargestellt werden, wobei

$$
(15)\qquad \tilde{\Lambda}_{ik}=\psi_{ik}-a_{ik}^{r}\psi_r-g_{ik}\psi
$$

gesetzt ist. Ferner wird

$$
(16)\qquad g^{ik}\tilde{g}_{ik}=-\frac{1}{\psi}\big(\Delta\psi-2\psi-2\nabla(v,\psi)\big).
$$

Die Änderung des Vorzeichens von a_{ik}^{r} in (15) gegenüber (9) beruht darauf, daß ξ und x zwar denselben Grundtensor g_{ik} besitzen, daß aber ihre Grundtensoren dritter Stufe sich durch das Vorzeichen unterscheiden. Es ist natürlich leicht, diese Gleichungen auch durch direkte Ausrechnung zu finden, was als Übungsaufgabe empfohlen sei. Man braucht zu diesem Zwecke nur

$$
\tilde{g}_{ik}=-\tilde{x}_i\tilde{\xi}_k
$$

auszurechnen, wobei

$$
\tilde{\xi}=\psi\xi-\psi^{l}\xi_l
$$

zu setzen ist.

Will man insbesondere die radiale Zuordnung der Fläche $(\tilde{x})$ und (x) derart zustande bringen, daß einem konjugierten Koordinatennetz $(g_{12}=0)$ wieder ein konjugiertes Netz $\tilde{\Lambda}_{12}=0$ entspricht, so muß auf Grund von (15) ψ eine Lösung derjenigen Gleichung sein, der die Koordinaten von (x) genügen (Formel (I), S. 130). Diese radiale Zuordnung konjugierter Netze ist bereits seit langem bemerkt und untersucht worden [1]).

§ 51. Relative Flächentheorie.

Ist die Fläche (x) die Einheitskugel, so geben die eben abgeleiteten Gleichungen der Parallelzuordnung die Beziehungen einer beliebigen Fläche (z) zu ihrem sphärischen Bilde; insbesondere stellt dann die Gleichung des gemeinsamen konjugierten Systems

---

[1]) L. Pf. Eisenhart, Transformations of surfaces. Princeton 1923, S. 31.

$$(17)\qquad \begin{vmatrix} (du^1)^2, & du^1 du^2, & (du^2)^2 \\ g_{22}, & -g_{12}, & g_{11} \\ \hat{g}_{22}, & -\hat{g}_{12}, & \hat{g}_{11} \end{vmatrix} = 0$$

die Krümmungslinien der Fläche (z) dar. Diese Tatsache führte **Emil Müller** auf eine bemerkenswerte Verallgemeinerung der klassischen Theorie, indem er eine beliebige Fläche (x) als **Eichfläche** einführte, ihren Radiusvektor als „**relative Normale**" und die Orthogonalität auf der Fläche durch konjugierte Richtungen definierte. Die Gleichung (4) stellt dann die „Relativnormale" der Fläche (z) dar und (17) ihre „Relativkrümmungslinien". Dann folgt aus der Definition, daß die Torsen der Relativ-Normalenkongruenz

$$(18)\qquad \mathfrak{z} = z + tx$$

die Fläche (z) in den Kurven (17) schneiden, und es folgt durch leichte Rechnung, daß die Brennflächen der Kongruenz durch die Werte $\varrho = r_1$, $\varrho = r_2$ gegeben werden, die als Wurzeln der quadratischen Gleichung

$$(19)\qquad (z_1 + \varrho x_1,\ z_2 + \varrho x_2,\ x) = 0$$

gefunden werden können.

Sind die Parameterkurven relative Krümmungslinien, also $g_{12} = 0$, und zugleich $\Lambda_{12} = 0$, so folgt aus (9) sofort:

Alle Flächen (z), *die durch parallele Relativkrümmungslinien aufeinander bezogen sind, werden durch die Gleichung* ($\varkappa$) *dargestellt, in der für* φ *eine beliebige Lösung der Gleichung* $\Lambda_{12} = 0$, d. h.:

$$(20)\qquad \varphi_{12} + a_{12}^r \varphi_r = 0$$

einzusetzen ist.

Dieser Satz gestattet, die zahlreichen Ergebnisse über „Flächen mit derselben sphärischen Abbildung" in weitgehender Weise auf die „relative Differentialgeometrie" zu verallgemeinern.

§ 52. Assoziierte Flächenpaare.

Sind zwei Flächen (x), (z) einander parallel so zugeordnet, daß den Asymptotenlinien der einen ein konjugiertes System auf der zweiten entspricht, so nennt man sie **assoziiert**. In diesem Fall ist die Verwandtschaft der beiden Flächen auch anschaulich sehr leicht zu übersehen. Wir nehmen vorübergehend als System der Parameterkurven (u^1) (d. h. $u^2 =$ konst.) und (u^2) (d. h. $u^1 =$ konst.) die Asymptotenlinien von (x); ihnen entspricht dann ein konjugiertes System (u^1, u^2) auf z. Die Berührungsebenen von (x) längs einer Kurve (u^1) sind die Schmiegungsebenen dieser Kurve; sie umhüllen also die Torse, die von den Tangenten der Kurve (u^1) gebildet wird und deren Erzeugende parallel dem Vektor x_1 ist. Die parallelen Tangentialebenen von (z) berühren diese Fläche in einer Torse, deren Erzeugende die konjugierte Richtung zu (u^1) auf (z) bestimmen; diese aber soll mit der Richtung der Kurven (u^2), also dem Vektor z_2 zusammenfallen. Da die beiden Torsen in entsprechenden Punkten parallele Berührungsebenen haben, sind die entsprechenden Erzeugenden parallel; es ist

$$z_2 = \lambda x_1$$

und ebenso

$$z_1 = \mu x_2.$$

Die Assoziierten der geradlinigen Flächen. Ist (x) insbesondere eine geradlinige Fläche, die Kurven (u^1) ihre Erzeugenden, so ergibt sich, daß alle Tangentialebenen von (z) längs der Kurve (u^1) parallel dieser Erzeugenden von (x) sind, also einen Berührungszylinder umhüllen. Den Erzeugenden einer Regelfläche entspricht also auf einer assoziierten Fläche eine Schar von „Lichtgrenzen". Die Tangenten einer solchen Lichtgrenze (u^1) müssen der Bedingung (17) halber parallel sein zu den Tangenten der krummen Asymptotenlinien (u^2) auf (x) in den Punkten der entsprechenden Erzeugenden (u^1). Diese aber fallen mit den Richtungen der Tangenten der Lieschen Schmiegungsquadrik zusammen; ihre Richtungen sind also parallel zu den Erzeugenden des Asymptotenkegels dieser Fläche. Die Lichtgrenzen (u^1) auf (z) müssen also Kurven sein, deren Tangentenbild auf einem Kegel zweiter Ordnung liegt, also Affinschraubenlinien. Wenn die Schmiegungsquadrik ein Paraboloid ist, so reduziert sich der Richtkegel auf eine Ebene; es gilt also der Satz:

Die Assoziierten einer geradlinigen Fläche sind alle Flächen, die eine Schar von Affinschraubenlinien als Lichtgrenzen besitzen; haben die Erzeugenden eine Richtebene, so haben die Assoziierten eine Schar von ebenen Schattengrenzen, sind also Affingesimsflächen.

Ist die Fläche (x) eine Quadrik, sind also alle Asymptotenlinien geradlinig, so besteht das entsprechende konjugierte System auf der Fläche (z) aus Affinschraubenlinien, die alle denselben Richtkegel besitzen und von denen die eine Schar rechtsgewunden, die andere linksgewunden ist. Da in diesem Falle jede Kurve der einen Schar in jede andere derselben Schar durch Schiebung längs den Kurven der zweiten Schar hervorgeht, ist die Fläche (z) eine Schubfläche:

Die Assoziierten einer Mittelpunktsfläche zweiter Ordnung sind diejenigen Schubflächen, deren erzeugende Kurven zwei entgegengesetzt gewundene Affinschraubenlinien mit gemeinsamem Richtkegel sind; die Assoziierten eines Paraboloids sind Schubflächen mit ebenen Erzeugenden.

Längst bekannt ist die metrische Formulierung dieses Satzes. Ist (x) eine Kugel, so sind die Erzeugenden ihre Minimalgeraden; der Kugel entsprechen somit Schubflächen, deren erzeugende Kurven Minimalkurven sind. Dies aber sind Minimalflächen:

Die Assoziierten einer Kugel sind Minimalflächen.

Bemerkung 1. Es ist anschaulich klar, daß ein konjugiertes System von (z), dem auf (x) das System der Asymptotenlinien entsprechen soll, nicht willkürlich gewählt werden darf. Dies ergibt sich schon daraus, daß für eine allgemeine Schubfläche keine assoziierte Fläche gefunden werden kann, deren Asymptotenlinien den Schubkurven entsprechen. Vielmehr müssen diese Schubkurven, wie eben nachgewiesen, ganz besondere Eigenschaften besitzen. Man formuliere allgemein die geometrische Bedingung dafür, daß ein konjugiertes System einer Fläche (z) dem System der Asymptotenlinien einer ihrer Assoziierten (x) entspricht. Zu diesem Zwecke ersetze man die Fläche (x) durch ihre Liesche Quadrik.

Bemerkung 2. Sieht man (x) als Eichfläche einer Relativgeometrie an, so nennt man ihre Assoziierten die zu (x) gehörigen „Relativ-Minimalflächen". Die nähere Untersuchung zeigt, daß in der Tat eine weitgehende Analogie zu den

Eigenschaften der Minimalflächen in der klassischen Geometrie besteht[1]). Man zeige insbesondere: *die Relativ-Minimalfläche ist die Mittelfläche ihrer Relativ-Normalenkongruenz.* Diese ist nämlich nichts anderes als die „Ribaucourkongruenz", deren Mittelfläche (z) und deren Richtfläche die Eichfläche (x) ist.

Bemerkung 3. Aus der geometrischen Definition der Affinnormalen folgt: *Konstruiert man in den Punkten der Fläche (z) die Schmiegungsebenen derjenigen Kurven, die den Asymptotenlinien der assoziierten Fläche (x) entsprechen, so bilden die Schnittlinien dieser Schmiegungsebenen eine Kongruenz, deren Geraden den entsprechenden Affinnormalen von (x) parallel sind.*

Der Formelapparat für assoziierte Flächen. Sind zwei Flächen (x) und (z) assoziiert, so gelten für sie alle vorher für parallel zugeordnete Flächen hergeleiteten Beziehungen mit der zusätzlichen Bedingung, daß den Asymptotenlinien von (x) ein konjugiertes, d. h. im Sinne der Metrik g_{ik} von (x) orthogonales Netz entspricht. In diesem Falle muß also nach Formel (11) S. 169

$$g^{ik}\hat{g}_{ik} = \mathfrak{F}(\varphi) = 0, \tag{21}$$

sein.

Man erhält also alle zu einer Fläche (x) assoziierten Flächen (z), wenn man in die Gleichung (α) eine Lösung der Differentialgleichung

$$\boxed{\Delta\varphi - 2\varphi + 2\nabla(v, \varphi) = 0} \tag{β}$$

einsetzt, der die drei Raumkoordinaten ξ_α des Normalvektors ξ von (x) genügen.

Die Formel (21), die in g^{ik} und $\hat{g}_{ik}$ völlig symmetrisch ist, zeigt, daß auch den Asymptotenlinien von (z) ein konjugiertes System von (x) entspricht. Ferner ist auf Grund von (12)

$$\Lambda_1^1 + \Lambda_2^2 = \tfrac{1}{2}\Lambda_i^i = 0$$

d. h. für „relative Minimalflächen" ist die „mittlere Relativkrümmung" gleich Null.

Übung. Man stelle die Gleichungen für assoziierte Flächen unter der besonderen Voraussetzung auf, daß die Koordinatenlinien 1. mit den Asymptotenlinien von (x), 2. mit den Asymptotenlinien von (z), 3. mit dem entsprechenden konjugierten System zusammenfallen.

Bildet man die lineare Form

$$P_i du^i = z \times dx, \tag{22}$$

setzt also vorübergehend

$$P_i = z \times x_i = \varphi(x \times x_i) - (x_k \times x_i)\,\varphi^k,$$

d. h.

$$\begin{aligned} P_1 &= w(-\varphi\xi^2 + \varphi^2\xi) \\ P_2 &= w(\varphi\xi^1 - \varphi^1\xi), \end{aligned} \tag{23}$$

so ergibt sich nach einfacher Rechnung

$$\frac{1}{w}\left(\frac{\partial P_1}{\partial u^2} - \frac{\partial P_2}{\partial u^1}\right) = -\xi\varphi\,\mathfrak{F}(\varphi).$$

Die Form (22) stellt also immer dann und nur dann ein vollständiges Differential

[1]) Vgl. die schon genannten Aufsätze von E. Müller (Monatshefte f. Math. 31 (1921) S. 3) und Süß (Japanese Journ. of Math, 3 (1927), The Tôhoku Math. Journ. 29 (1928)).

(24) $$d\bar{x} = z \times dx$$

dar, wenn die Flächen (z) und (x) assoziiert sind. In diesem Falle gibt es also eine Fläche

(25) $$\bar{x} = \int (z \times dx)$$

von folgenden Eigenschaften:

1.) Es ist dauernd

(26) $$dx\,d\bar{x} = 0,$$

d. h. entsprechende Richtungen $du^1 : du^2$ auf (x) und $(\bar{x})$ sind zueinander orthogonal.

2.) Der Normalvektor $\bar{\xi}$ von $(\bar{x})$ ist parallel zum Radiusvektor z; die Flächen $\bar{\xi}$ und (z) sind also radial zugeordnet.

3.) Die Fläche $(\bar{x})$ und die Polarfläche (ζ) von (z) haben in entsprechenden Punkten parallele Tangentialebenen.

Da ferner die Größen

$$\mu_{11} = \bar{x}_1 z_1 = \Lambda_1^2 w\varphi, \qquad \mu_{22} = \bar{x}_2 z_2 = -\Lambda_2^1 w\varphi,$$
$$\mu_{12} = \bar{x}_1 z_2 = \bar{x}_2 z_1 = \Lambda_2^2 w\varphi = -\Lambda_1^1 w\varphi$$

proportional zu den Koeffizienten des Grundtensors

$$\mathsf{M}_{ik} = -\bar{x}_i \bar{\xi}_k$$

sind und daher aus

$$g^{ik}\mu_{ik} = 0,$$
$$g^{ik}\mathsf{M}_{ik} = 0$$

folgt, so ergibt sich, daß den Asymptotenlinien von $(\bar{x})$ ein konjugiertes System von (x) entspricht und umgekehrt. Der Zusammenhang wird noch übersichtlicher, wenn man als Koordinatenlinien das entsprechende konjugierte System auf (x) und (z) annimmt. Dann ist $\Lambda_2^1 = \Lambda_1^2 = 0$, also

$$\mathsf{M}_{11} = \mathsf{M}_{22} = 0;$$

ihm entspricht also auf $\bar{x}$ das System der Asymptotenlinien. Dann aber sind die Parameterkurven auf der Polarfläche (ζ) von (z) ebenfalls konjugiert, da ja bei Polarisierung an der Einheitskugel ein konjugiertes System in ein konjugiertes verwandelt wird. Daraus folgt also, daß den Asymptotenlinien von $\bar{x}$ ein konjugiertes System auf (ζ) entspricht; d. h.:

4) *Die Flächen $(\bar{x})$ und (ζ) sind assoziiert.*

§ 53. Weitere Verwandtschaften zwischen Flächenpaaren.

Radiale Verwandtschaft. Einer allgemeinen Parallelzuordnung zweier Flächen (x), (z) entspricht, wie wir gesehen haben, eine radiale Zuordnung ihrer Normalenbilder (ξ), (ζ), und umgekehrt kann man von einem beliebigen Paar radial zugeordneter Flächen (ξ), (ζ) durch Polarisierung an der Einheitskugel zu einem Paar parallel zugeordneter Flächen übergehen. Sind (x) und (z) assoziiert, so nimmt die radiale Zuordnung der entsprechenden Flächen (ξ), (ζ) eine besondere Gestalt an. Da nämlich die Polarisierung

Asymptotenlinien in Asymptotenlinien, konjugierte Netze in ebensolche verwandelt, so werden auch auf (ξ) und (ζ) den Asymptotenlinien der einen Fläche konjugierte Kurven auf der anderen entsprechen. Die radiale Zuordnung nimmt daher die besondere Form an, die als „radiale Verwandtschaft" bezeichnet sein möge. Das Problem der radialen Verwandtschaft ist daher im Grunde analytisch und geometrisch gleichwertig der Bestimmung assoziierter Flächenpaare.

Flächen mit senkrechten Linienelementen. Die Bestimmung einer Fläche $(\bar{x})$, die der Fläche (x) durch orthogonale Linienelemente punktweise zugeordnet ist, wurde auf dem Umwege über eine assoziierte Fläche von (x) vorgenommen. Die Aufgabe erforderte die Lösung der Differentialgleichung (α) für φ und die Quadraturen

$$(23)\qquad \begin{aligned}\bar{x}_1 &= w(-\varphi\xi^2 + \varphi^2\xi)\\ \bar{x}_2 &= w(\varphi\xi^1 - \varphi^1\xi)\,.\end{aligned}$$

Man kommt auf ein gleichwertiges Ergebnis, wenn man $\bar{x}$ so zu bestimmen sucht, daß die Bedingungsgleichung der Aufgabe

$$(27)\qquad dx\,d\bar{x} = 0$$

erfüllt ist, die sich in folgende drei Bedingungen zerlegt:

$$(28)\qquad \begin{gathered} x_1\bar{x}_1 = 0, \quad x_2\bar{x}_2 = 0,\\ x_1\bar{x}_2 + x_2\bar{x}_1 = 0.\end{gathered}$$

Setzt man

$$(29)\qquad x_1\bar{x}_2 = -x_2\bar{x}_1 = -\psi\varrho$$

an, und stellt die zu (x) raumkontravariante Fläche $\bar{x}$ mittels ξ, ξ_1, ξ_2 dar:

$$(30)\qquad \bar{x}_i = \alpha_i\xi + \beta_i^l\xi_l,$$

so ergibt sich nach Einsetzen von (28) ohne weiteres

$$(31)\qquad \begin{aligned}\bar{x}_1 &= \alpha_1\xi - \psi\varrho\xi^2\\ \bar{x}_2 &= \alpha_2\xi + \psi\varrho\xi^1,\end{aligned}$$

während die Koeffizienten α_1, α_2 sich ergeben, wenn man die Bedingung

$$\bar{x}_{12} = \bar{x}_{21}$$

ansetzt. Das Ergebnis dieser Rechnung, die dem Leser als Übungsaufgabe überlassen sei, ist, daß

$$(32)\qquad \begin{aligned}\bar{x}_1 &= (\varrho\psi^2 - \varrho^2\psi)\,\xi - \varrho\psi\xi^2\\ \bar{x}_2 &= -(\varrho\psi^1 - \varrho^1\psi)\xi + \varrho\psi\xi^1\end{aligned}$$

wird, wobei die Funktion ψ der Gleichung

$$(33)\qquad \varrho\Delta\psi - \psi\Delta\varrho = 2\varrho\psi$$

genügt, der Differentialgleichung (V''), S. 133, die für den Normalvektor ξ besteht.

Man überzeugt sich durch Nachrechnung leicht, daß die Gleichungen (23) und (32) völlig gleichwertig sind und ineinander durch die Transformation

(34) $$\varrho\psi = w\varphi$$
übergehen.

Flächen in W-Zuordnung. Wir haben gesehen, daß, wenn (x) und (z) assoziierte Flächen sind, die Gleichung

(24) $$d\bar{x} = z \times dx$$

eine Fläche definiert, die zu (x) durch senkrechte Flächenelemente zugeordnet ist, und daß die Asymptotenlinien von $\bar{x}$ dem System (Σ) der Kurven entspricht, das auf (x) und (z) gleichzeitig konjugiert ist. Dann aber stellt auch

(35) $$d\bar{z} = x \times dz = d(x \times z) + z \times dx$$

ein vollständiges Differential dar, und die Fläche

(36) $$\bar{z} = \bar{x} + x \times z\,,$$

die durch orthogonale Linienelemente (z) zugeordnet ist, ist nach Bestimmung von $\bar{x}$ durch ausführbare Operationen zu finden. Da auf $(\bar{z})$ die Asymptotenlinien demselben konjugierten Netz (Σ) entsprechen, so sind die Flächen $(\bar{x})$ und $(\bar{z})$ sich so zugeordnet, daß die Asymptotenlinien einander entsprechen. Da zudem aus (36)

(37) $$\bar{z} - \bar{x} = x \times z$$

folgt, was besagt, daß die Verbindungslinie $(\bar{z} - \bar{x})$ entsprechender Punkte auf den Normalen beider Flächen senkrecht steht, also beide Flächen berührt, so bilden diese Verbindungslinien eine Kongruenz, deren Strahlen sämtlich die Flächen $(\bar{x})$ und $(\bar{z})$ berühren, derart, daß die Kongruenzstrahlen, die von einer Asymptotenlinie von $(\bar{x})$ ausgehen, die Fläche $(\bar{z})$ in der entsprechenden Asymptotenlinie berühren. Derartige Linienkongruenzen werden als W-Kongruenzen bezeichnet, und die beiden Brennflächen $(\bar{x})$, $(\bar{z})$ unserer W-Kongruenz stehen in W-Zuordnung.

Auch diese W-Transformation, die in der Theorie der Abwicklung zweier Flächen aufeinander eine wesentliche Rolle spielt und durch die Untersuchungen von L. Bianchi, H. Jonas und anderen wohlbekannt ist, kann ohne Schwierigkeiten direkt hergeleitet werden. Dies sei als Übungsaufgabe zur Durchrechnung empfohlen. (Vgl. L. Bianchi, Geometria Differenziale, 3. Aufl. 2. Bd. S. 42ff., wo diese Herleitung unter Voraussetzung von Asymptotenlinien als Parameterkurven gegeben ist.)

Man überzeuge sich, daß die quadratischen Grundtensoren der Flächen $\bar{x}$ und $\bar{z}$ ähnlich, diese Flächen also konform aufeinander bezogen sind.

§ 54. Der Darbouxsche Flächenkranz.

Zusammenfassung der bisherigen Ergebnisse. Die Untersuchungen der letzten Nummern haben folgende Ergebnisse gezeitigt: Ist eine Fläche (x) mit der quadratischen Grundform

$$\mathfrak{g} = g_{ik}\,du^i du^k$$

gegeben, so liefert eine Lösung φ der Moutardschen Gleichung

(β) $$\Delta\varphi - 2\varphi + 2\nabla(v, \varphi) = 0$$

durch die Gleichung (α) eine assoziierte Fläche (z), ferner durch Quadraturen zwei weitere Flächen

$$d\bar{x} = z \times dx, \qquad d\bar{z} = x \times dz,$$

von denen die erste (x), die zweite (z) durch orthogonale Linienelemente zugeordnet, die gleichzeitig zu der Polarfläche (ξ) von (x) bzw. (ζ) von (z) assoziiert sind und die die Brennflächen einer W-Kongruenz bilden. Dabei sind weiter (ξ) und (ζ) durch eine radiale Verwandtschaft verknüpft. Dieser Zusammenhang kann in leicht verständlicher Form durch die Figur (22)

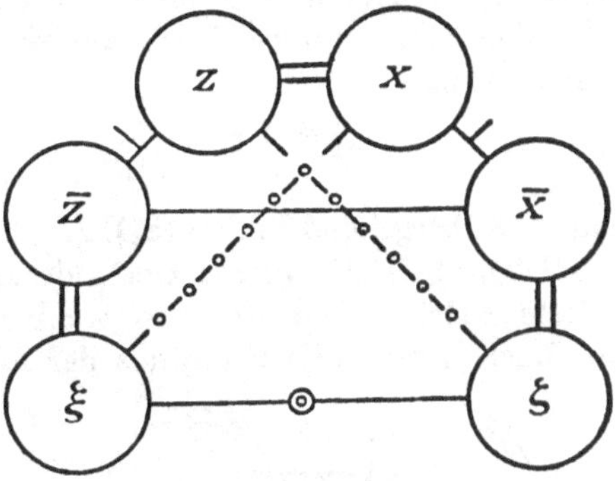

Fig. 22.

wiedergegeben werden. Wenn man nun nach der Vorschrift des § 52 aus den beiden assoziierten Flächen (ξ) und ($\bar{z}$) die zu ($\bar{z}$) durch senkrechte Linienelemente zugeordnete Fläche konstruiert, so ergibt sich, daß man, da

$$d\bar{z} \times \xi = ((x \times dz) \times \xi) = (\xi x)\,dz - (\xi\,dz)\,x = dz$$

und (z) zu ξ normal ist, auf die Fläche z zurückkommt; ebenso ist

$$d\bar{x} \times \zeta = dx.$$

Der Darbouxsche Flächenkranz. In dem eben aufgestellten Schema spielen die Flächen (x) und (z) eine andere Rolle als ihre Polarflächen (ξ) und (ζ). Um diese Unsymmetrie zu beseitigen, liegt es nahe, auch noch die zu den Flächen (ξ) bzw. (ζ) mit Hilfe ihrer Assoziierten ($\bar{z}$) bzw. ($\bar{x}$) zu bestimmenden Flächen (η) und (Z) hinzuzunehmen, indem man

$$(3) \qquad \begin{aligned} d\eta &= d\xi \times \bar{z} = d(\xi \times \bar{z}) + dz \\ dZ &= d\zeta \times \bar{x} = d(\zeta \times \bar{x}) + dx \end{aligned}$$

setzt, woraus die mit (z) bzw. (x) durch W-Transformation verknüpften Flächen

$$\begin{aligned} \eta &= z + (\xi \times \bar{z}) \\ Z &= x + (\zeta \times \bar{x}) \end{aligned}$$

hervorgehen. Da aber

$$\bar{z} = x + x \times z, \qquad \xi = \varphi\zeta$$

ist, wird

$$\eta = \varphi\{x + \zeta \times \bar{x}\} = \varphi Z,$$

d. h. η und Z sind durch Radialverwandtschaft verknüpft. Daraus ergibt sich ohne weiteres, daß die Polarflächen Y von η und Z von Z assoziiert sind und daß es zwei Flächen $\overline{\mathrm{Z}}$ und $\overline{\eta}$ gibt, von denen die erste zu Z assoziiert und Y orthogonal zugeordnet ist, während die zweite zu η assoziiert und mit Z durch orthogonale Elemente verknüpft ist. Diese sechs neuen Flächen bilden nun ein neues ganz gleichartiges Schema, das sich mit dem vorigen zu einem System von zwölf Flächen zusammensetzt, die miteinander durch Polar-, Radial-, W- und assoziierende Transformationen verflochten sind. Eine leichte Unsymmetrie wird beseitigt, indem man die Polartransformation an der Einheitskugel durch die gleiche Transformation an der imaginären Einheitskugel

$$(x_\alpha x_\alpha) + 1 = 0$$

ersetzt.

Bezeichnet man vorübergehend mit $(x_1), \ldots, (x_6), (z_1), \ldots (z_6)$ die zwölf Flächen eines solchen „Flächenkranzes", derart, daß immer (x_i) und (z_i) zwei assoziierte Flächen bedeuten, so werden die mannigfachen Verflechtungen seiner Flächen am einfachsten aus der Figur (23) abgelesen:

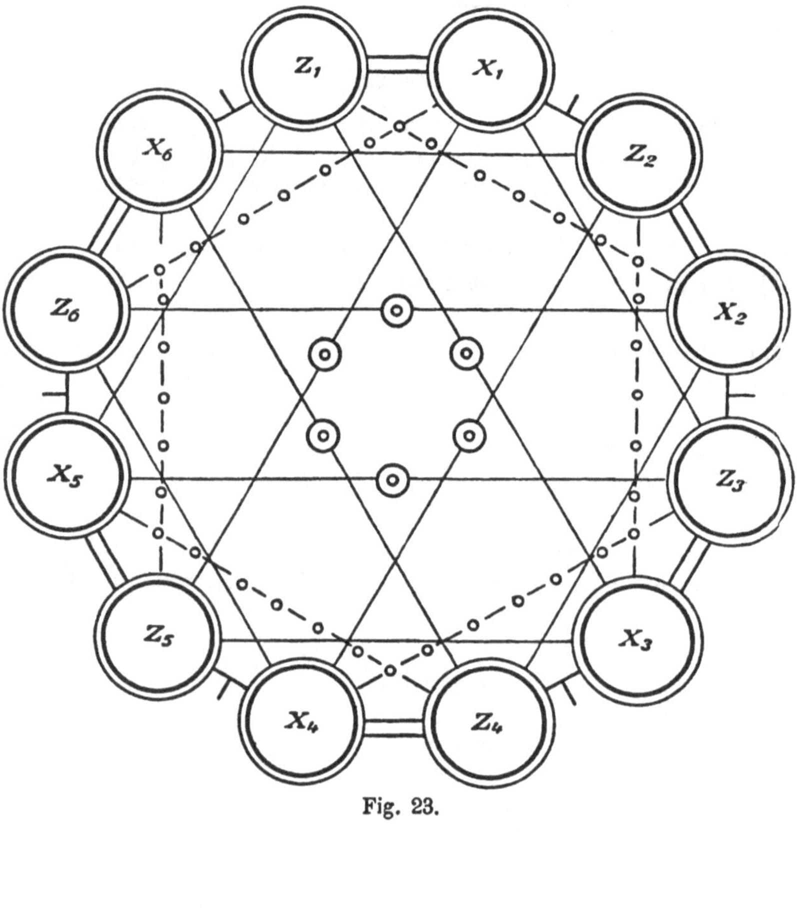

Fig. 23.

Die zwölf Flächen dieses Kranzes sind durch die folgenden Beziehungen miteinander verflochten:

1. Polarität $x_i z_{i-1} + 1 = 0.$
2. Assoziation $x_i \parallel z_i.$
3. Orthogonalität der Linienelemente

$$dx_i = x_{i+1} \times dz_{i+1}$$
$$dz_{i+1} = z_i \times dx_i$$
$$dx_i dz_{i+1} = 0.$$

4. Radiale Verwandtschaft

$$z_{i+4} = \lambda_i x_i$$
$$\lambda_i = (x_{i-1} z_{i-1}).$$

5. W-Beziehung $x_i - z_{i+2} = x_{i+1} \times z_{i+1}.$

Alle Marken, die kongruent (mod. 6) sind, werden als gleichwertig angesehen.

Auf diesen zwölf Flächen sind dieselben drei Kurvennetze

$$g_{ik} du^i du^k = 0, \quad \hat{g}_{ik} du^i du^k = 0, \quad \tilde{g}_{ik} du^i du^k = 0$$

ausgezeichnet, die zueinander apolar sind:

$$g^{ik} \hat{g}_{ik} = 0, \quad g^{ik} \tilde{g}_{ik} = 0, \quad \hat{g}^{ik} \tilde{g}_{ik} = 0\,.$$

Auf je vier Netzen $(x_i, z_{i+2}, x_{i+3}, z_{i+5})$ besteht eines dieser Netze aus Asymptotenlinien, das zweite ist ein konjugiertes Netz mit „gleichen Punktinvarianten", das andere ein solches mit „gleichen Ebeneninvarianten".

Der Flächenkranz ist bis auf Quadraturen bestimmt, wenn man eine seiner Flächen kennt und für diese eine Lösung φ der Gleichung (α).

Übung 1. Man bestimme den Flächenkranz, der eine Fläche zweiter Ordnung enthält. (Metrischer Sonderfall: Kugel oder Paraboloid [1])).

Übung 2. Eine der Flächen sei eine Affinsphäre.

Übung 3. Den Flächenkranz mit einer Affinminimalfläche zu finden.

Übung 4. Man bestimme im Anschluß an Darboux [1]) die Grundformen und Invarianten für sämtliche Flächen eines Kranzes.

Zehntes Kapitel.

Windschiefe Flächen.

§ 55. Torsen und windschiefe Flächen.

Wir haben im Laufe der Untersuchung bereits wiederholt diejenigen Flächen als Beispiele herangezogen, die eine Schar von geraden Linien enthalten. Das hatte seinen Grund darin, daß bei diesen Flächen sich die geometrischen Verhältnisse anschaulich gestalten und sie daher einer rein geometrischen Untersuchung besonders leicht zugänglich sind. Daher wird

[1]) Vgl. Darboux, Théorie des surfaces IV, p. 15, 95.

jeder, der in der Differentialgeometrie sich nicht mit der durch die Rechnung gewährleisteten Richtigkeit eines Satzes begnügen, sondern auch seinen geometrischen Sinn verstehen will, gut daran tun, sich die Dinge an diesem einfachen Beispiel klar zu machen. Wir wollen daher zum Abschluß die Geometrie dieser Flächenklasse im Zusammenhang untersuchen, wobei sich die Gelegenheit bietet, die früher gelegentlich gefundenen Ergebnisse abzurunden und weiterzuführen. Zu den geradlinigen Flächen gehören die „Torsen", d. h. die Tangentenflächen einer Raumkurve, zu denen man als Grenzfall auch die Kegel und Zylinder zu zählen hat. Sie entstehen, wie bereits im zweiten Kapitel erörtert wurde, dadurch, daß man auf einer Kurve c die Punkte C, C', C'', ... annimmt und die Fläche der Verbindungslinien $CC', C'C'', C''C'''$, ... betrachtet. Verdichtet man die Punkte C, C', C'', ... unbeschränkt, so geht die Fläche beim Übergang zur Grenze in die Tangentenfläche der Kurve c über. Ist weiter P, P', P'' eine Folge von Punkten, derart, daß P auf CC', P' auf $C'C''$, ... liegt, so geht diese in eine Kurve (P) auf der Fläche über, wobei die Grenzlage von PP' die Tangente im Punkte P dieser Kurve ist. Die Tangentialebene der Torse in P ist durch zwei Richtungen auf der Fläche bestimmt, also durch ihre Erzeugende CP und die Tangente an die Kurve (P); sie ist also die Grenzlage der Ebene PCP', d. h. die Schmiegungsebene von c im Punkte C. Da diese Grenzlage von der Annahme des Punktes P auf CP unabhängig ist, so folgt, *daß jede Torse von ihrer Tangentialebene längs einer Erzeugenden berührt wird.* — Es ist ohne weiteres einzusehen, daß für Zylinder und Kegel der Grenzprozeß in ganz entsprechender Weise durchgeführt werden kann.

Wichtiger als dieser Ausnahmefall, in dem, wie man ungenau zu sagen pflegt, „zwei benachbarte Erzeugenden sich schneiden", ist der allgemeinere Fall der „windschiefen" oder „Regelflächen". Ein einfaches metrisches Beispiel ist die Wendelfläche, bei der der kürzeste Abstand irgend zweier Erzeugenden immer auf der Achse gemessen wird, bei der aber immer, wie auch die Erzeugenden sich annähern mögen, seine Richtung zur Achse senkrecht steht, so daß diese nicht — und ebensowenig eine andere Kurve der Fläche — von den Erzeugenden eingehüllt werden kann.

Ist g eine Erzeugende einer windschiefen Fläche, so erhält man ihre Tangentialebene in einem ihrer Punkte durch folgenden Grenzübergang: Es sei g' eine benachbarte Erzeugende. Eine beliebige Kurve (P) durch P schneide diese im Punkte P'. Dann wird die Sehne PP' beim Übergang zur Grenze in die Tangente der Kurve P übergehen. Da (P) beliebig ist, ist P' ein beliebiger Punkt g', die Sehnen PP' liegen somit in einer Ebene durch den Punkt P und die Gerade g'. Die Grenzlage dieser Ebene ist der Ort der Tangenten sämtlicher Kurven der Fläche, die durch P gehen. Diese Grenzlage aber ist eine andere, wenn man P durch einen anderen Punkt Q derselben Erzeugenden ersetzt: in jedem Punkte einer windschiefen Fläche ist die Tangentialebene eine Ebene des Büschels, dessen Achse die zugehörige Erzeugende ist; und man sieht leicht, daß jede Ebene des Büschels in einem bestimmten Punkte die windschiefe Fläche berührt. Ist nämlich g' wieder eine benachbarte Erzeugende, so wird eine beliebige Ebene ε des Büschels die windschiefe Gerade g' in einem Punkte P' schneiden, und zwar ist die Punktreihe P' auf g' perspektiv zum Ebenenbüschel (ε). Geht man zur Grenze über, so erhält man den Satz von Chasles:

Die Tangentialebenen einer windschiefen Fläche längs einer Erzeugenden werden von dem Ebenenbüschel gebildet, dessen Achse diese Erzeugende ist; die Tangentialebenen und ihre Berührungspunkte sind projektiv aufeinander bezogen.

Eine dieser Ebenen berührt die Fläche in dem uneigentlichen Punkte von g; es ist die Grenzlage derjenigen Ebene, die durch g parallel zu g' gelegt werden kann; man nennt sie die „asymptotische Ebene" der Erzeugenden g.

Analytische Darstellung. Die allgemeinste geradlinige Fläche erhält man dadurch, daß man eine beliebige Raumkurve $\mathfrak{x}(u)$ annimmt und durch jeden ihrer Punkte eine Gerade in der Richtung eines Vektors $l(u)$ hindurchlegt; dann ist die Fläche durch

$$x = \mathfrak{x}(u) + v\,l(u) \tag{1}$$

dargestellt[1]). Dann ist $\mathfrak{x}(u)$ die „Leitkurve" der Fläche, und zwar einer beliebigen Kurve auf der Fläche, die alle Erzeugenden schneidet, und die Vektoren $l(u)$ bilden, als Radienvektoren nach dem Anfangspunkt verpflanzt, den „Richtkegel" der Fläche. Sind die Vektoren $l(u)$ komplanar, also

$$(l\,\dot{l}\,\ddot{l}) = 0\,, \tag{2}$$

so sind alle Erzeugenden der Fläche einer festen Ebene parallel, der Richtkegel geht in diesem Falle in die „Richtebene" der Fläche über. Aus

$$\begin{matrix} x_u = \dot{\mathfrak{x}} + v\dot{l} & x_v = l & \\ x_{uu} = \ddot{\mathfrak{x}} + v\ddot{l} & x_{uv} = \dot{l} & x_{vv} = 0 \end{matrix} \tag{3}$$

ergibt sich:

$$w = (x\,x_u\,x_v) = (\mathfrak{x}\,\dot{\mathfrak{x}}\,l) - v\,(\mathfrak{x}\,l\,\dot{l}) \tag{4}$$

$$\xi = \frac{x_u \times x_v}{w} = \frac{\dot{\mathfrak{x}} \times l - v(l \times \dot{l})}{w} \tag{5}$$

$$\begin{aligned} l_{11} &= P + Qv + Rv^2 \\ l_{12} &= (\dot{\mathfrak{x}}\,l\,\dot{l}) = T(u) \\ l_{22} &= 0\,, \end{aligned} \tag{6}$$

[1]) Da die Parameterkurven hier nicht „gleichwertig" sind, sondern die Erzeugenden (und später auch die Leitkurven) eine Sonderstellung einnehmen, ist es gerechtfertigt, diese durch die Bezeichnung zum Ausdruck zu bringen. Mit (u^1, u^2) würde man ein beliebiges System von Koordinatenlinien bezeichnen; (u, v) dagegen kennzeichnet ein „kanonisches" System. Dagegen soll für die zweiten kovarianten Ableitungen die Bezeichnung durch Zahlenmarken beibehalten werden, so daß man die Marken u, v durchweg zur Bezeichnung der partiellen Ableitungen im gewöhnlichen Sinne benutzen kann.

wobei

$$(7)\qquad \begin{aligned} P &= (\ddot{\mathfrak{x}}\,\dot{\mathfrak{x}}\,l) \\ Q &= -(\ddot{\mathfrak{x}}\,l\,\dot{l}) + (\dot{\mathfrak{x}}\,l\,\ddot{l}) \\ R &= -(l\,\dot{l}\,\ddot{l}) \end{aligned}$$

gesetzt ist.

Hieraus folgt die Gleichung der Tangentialebene

$$(8)\qquad (\bar{x} - x, \xi) = 0$$

und die der Asymptotenebene

$$(9)\qquad (\bar{x} - x, l, \dot{l}) = 0.$$

Aufgabe. Welches ist die Bedingung dafür, daß die Gleichung (1) eine Torse darstellt? — In diesem Falle gibt es auf der Fläche eine Kurve $v = v(u)$ derart, daß die Erzeugenden ihre Tangenten sind. Für diese „Gratlinie" der Fläche muß also

$$\frac{dx}{du} = p\,l$$

sein, also

$$\dot{\mathfrak{x}} + v\dot{l} + (\dot{v} - p)\,l = 0$$

oder

$$(\dot{\mathfrak{x}}\,l\,\dot{l}) = 0,$$

d. h. Vektoren $\dot{\mathfrak{x}}, l, \dot{l}$ müssen komplanar sein. Dann ist der Normalvektor

$$(5)\qquad \xi = \frac{l \times \dot{l}}{(\mathfrak{x}\,l\,\dot{l})}$$

in der Tat von v unabhängig und

$$l_{12} = 0.$$

§ 56. Asymptotenlinien.

Konstruiert man die Schar der Geraden $\gamma, \gamma_1, \gamma_2, \ldots$, die drei beliebige Erzeugenden g, g', g'' der Fläche (x) schneiden, so liegen diese auf einer Quadrik F_2. Läßt man g, g', g'' zusammenfallen, so nehmen $\gamma, \gamma_1, \ldots$ bestimmte Grenzlagen an, die die Richtungen der krummen Asymptotenlinien im Schnittpunkt mit g kennzeichnen. Die durch die Schar (γ) bestimmte F_2 geht dann in eine Schmiegungsquadrik von (x) über, die hier dieselbe Bedeutung hat wie die Liesche Quadrik für allgemeine Flächen. Der Mittelpunkt einer Quadrik liegt in der Asymptotenebene jeder ihrer Erzeugenden; der Mittelpunkt z der Lieschen Quadrik liegt daher auf der Torse $\mathfrak{z}$, die von den Asymptotenebenen der Fläche (x) umhüllt wird. Da die Schmiegungsquadrik die Fläche (x) längs einer Erzeugenden g berührt und daher mit ihr in allen Punkten von g die Affinnormale gemeinsam hat, liegen alle Affinnormalen von (x), die zu den Punkten von g gehören, in einer Tangentialebene der Torse $(\mathfrak{z})$ und schneiden sich auf ihr in dem Punkte z. Diese Torse $(\mathfrak{z})$ hat für die windschiefe Fläche (x) eine grundlegende Wichtigkeit. Wenn die Erzeugenden von (x) eine Richtebene besitzen, artet sie in eine uneigentliche Gerade, die „unendlich ferne" Gerade der Richtebene aus. In jedem anderen Falle ist sie eine nicht ausgeartete nicht zylindrische Fläche, und zwar sind ihre Erzeugenden parallel zu den entsprechenden Erzeugenden von (x)[1]. Die Tangentialebenen von $(\mathfrak{z})$ sind die abwickelbaren Flächen der Kongruenz der Affinnormalen von (x), und auf jeder ihrer Erzeugenden liegt ein Brennpunkt. Die beiden Mäntel der Brennflächen der Kongruenz fallen zusammen und sind in die Kurve (z) der Mittelpunkte der Lieschen Quadriken ausgeartet.

Alle diese anschaulich gewonnenen Ergebnisse lassen sich auch durch Rechnung einfach nachprüfen. Die Asymptotenlinien der Fläche ergeben sich aus der Gleichung

$$(10) \qquad l_{11}du^2 + 2l_{12}du\,dv + l_{22}dv^2 = 0;$$

in unserem Falle, wo $l_{22} = 0$ ist, wird $u =$ konst. ein System von Lösungen der Gleichung (10), d. h. die Erzeugenden bilden die eine Schar von Asymptotenlinien. Die zweite Schar ist durch die Riccatische Gleichung

$$(11) \qquad -2T\frac{dv}{du} = P + Qv + Rv^2$$

gegeben. Diese Gleichung vereinfacht sich, wenn man von vornherein die Leitkurve $\mathfrak{x}$ als eine Asymptotenlinie voraussetzt, die Fläche also durch eine Schar von „Schmiegungsstrahlen" einer gegebenen Kurve $\mathfrak{x}$ erzeugt denkt. Da dann $P = 0$ ist, kann man

$$\bar{v} = \frac{1}{v}$$

setzen und erhält damit (11) in der Form

$$(11') \qquad 2T\frac{d\bar{v}}{du} = Q\bar{v} + R,$$

eine Gleichung, die sich bekanntlich durch zwei Quadraturen lösen läßt.

In diesem Falle wird man zweckmäßig als Parameter u den Affinbogen der Kurve $\mathfrak{x}$ wählen. Setzt man

$$(12) \qquad \mathfrak{l} = p\mathfrak{x}' + q\mathfrak{x}'',$$

wobei zwischen p und q noch die Beziehung

$$(13) \qquad p + q' = 0$$

festgesetzt werden kann, so wird

$$(14) \qquad Q = 0, \quad R = -q^2(q''' + kq' + tq), \quad T = q^2,$$

so daß sich $\bar{v}$ durch die Quadratur

$$(15) \qquad \bar{v} = -\tfrac{1}{2}\int (q''' + kq' + tq)\,du$$

bestimmt. Für eine Fläche mit Richtebene wird außerdem noch $R = 0$, also $v =$ konst.

Alle windschiefen Flächen mit Richtebene, die eine auf ihren Affinbogen bezogene Kurve $\mathfrak{x}(u)$ als Asymptotenlinie haben, können in der Form

$$(16) \qquad x = \mathfrak{x} + v(p\mathfrak{x}' + q\mathfrak{x}'')$$

---

[1]) Der Leser führe den Grenzübergang, der dieses Ergebnis liefert, als Übungsaufgabe durch.

dargestellt werden; die Kurven v = konst. sind ihre krummen Asymptotenlinien. Ist die Stellung der Ebene durch den konstanten Vektor $\mathfrak{a}$ gekennzeichnet, so wird:

$$(17) \qquad p = (\mathfrak{a}\mathfrak{x}''), \quad q = -(\mathfrak{a}\mathfrak{x}'),$$

wobei $\mathfrak{a}$ einen zu den $\mathfrak{e}_\alpha$ kovarianten Vektor bedeutet. Die Tangenten der krummen Asymptotenlinien sind in jedem Punkte einer Erzeugenden einer festen Ebene parallel, da immer

$$(x_u, \mathfrak{x}', \mathfrak{x}''') = 0$$

ist. Diese ist also von der Stellung der Richtebene unabhängig. — Man kann diese Tatsache auch leicht geometrisch einsehen, wenn man beachtet, daß in diesem Falle die Schmiegungsquadrik ein Paraboloid ist und die Eigenschaften des Schmiegungsgewindes von $(\mathfrak{x})$ heranzieht.

Ist $(\mathfrak{x})$ eine Gewindekurve, so liegen die Erzeugenden der Fläche (x) in einer linearen Kongruenz (Strahlennetz), schneiden also alle eine feste Gerade, d. h. die Fläche ist ein Konoid. *Jede Gewindekurve liegt als Asymptotenlinie auf ∞^2 Konoiden, deren Leitgeraden zueinander parallel sind, nämlich parallel zu dem Durchmesser des Gewindes, dem die Kurve angehört.*

Umgekehrt kann man zeigen, *daß die Asymptotenlinien eines Konoids Kurven in parallelen Gewinden sind.* Die Gleichung

$$(\alpha) \qquad x = U\mathfrak{e}_3 + v(\mathfrak{e}_1 \cos u + \mathfrak{e}_2 \sin u)$$

stellt ein Konoid dar, dessen Leitgerade mit der Achse $\mathfrak{e}_3$ des Koordinatensystems zusammenfällt und dessen Erzeugende zu der $(\mathfrak{e}_1, \mathfrak{e}_2)$-Ebene parallel sind. Die Riccatische Gleichung seiner Asymptotenlinien hat die Lösung

$$v = C \cdot \sqrt{U'},$$

so daß für diese

$$\dot{x} = U'\mathfrak{e}_3 + \frac{C^2}{2v}\{(U'' \cos u - 2U' \sin u)\,\mathfrak{e}_1 + (U'' \sin u + 2U' \cos u)\,\mathfrak{e}_2\}$$

wird. Sind x^1, x^2, x^3 die Koordinaten eines Raumpunktes in dem gewählten Koordinatensystem, so wird

$$(\beta) \qquad x^1 = C\sqrt{U'} \cos u, \quad x^2 = C\sqrt{U'} \sin u, \quad x^3 = U$$

die Gleichung der Asymptotenlinien, und für sie ist:

$$(\gamma) \qquad x^1 \dot{x}^2 - x^2 \dot{x}^1 = C^2 \dot{x}^3,$$

d. h. die Kurven liegen in Gewinden, deren Durchmesser zur $\mathfrak{e}_3$-Achse parallel sind. Die Formel (β) gibt überdies die Darstellung aller Gewindekurven, d. h. die Koordinaten einer jeden solchen Kurve können durch eine Affinität in die Form (β) übergeführt werden.

Bemerkung. 1. Die Darstellung (α) des Konoids ist nicht auf Asymptotenlinien bezogen; sie setzt außerdem voraus, daß die Leitgerade eine eigentliche Gerade ist. Um auch den Grenzfall der unendlich fernen Leitgerade zu erfassen, kehren wir zu der Darstellung (16), (17) zurück, in der jetzt $\mathfrak{x}$ eine Gewindekurve sein möge. Für eine solche ist immer der Vektor

$$(\delta) \qquad \mathfrak{x}''' + k\mathfrak{x}' = \mathfrak{b}$$

konstant; er gibt die Richtung des Durchmessers des Gewindes. Daraus folgt

$$(\mathfrak{x}'\mathfrak{x}''\mathfrak{b}) = (\mathfrak{x}'\mathfrak{x}''\mathfrak{x}''') = 1.$$

Für eine beliebige Asymptotenlinie v = konst. einer solchen Fläche ist

$$(\varepsilon) \qquad \dot{x} = \mathfrak{x}' + v((\mathfrak{a}\mathfrak{x}''')\,\mathfrak{x}' - (\mathfrak{a}\mathfrak{x}')\,\mathfrak{x}''') = \mathfrak{x}'(1 + cv) - v(\mathfrak{a}\mathfrak{x}')\,\mathfrak{b},$$

wobei die Konstante

$$(\zeta) \qquad c = (\mathfrak{a}\mathfrak{b})$$

gesetzt ist. Diese Fläche besitzt dann und nur dann eine Leitgerade, wenn der Vektor

$$\ddot{x} = (1 + cv)\,\mathfrak{x}'' - v(\mathfrak{a}\mathfrak{x}'')\,\mathfrak{b}$$

zu $\dot{x}$ kollinear ist. Dies tritt, da $\mathfrak{x}'$, $\mathfrak{x}''$, $\mathfrak{b}$ nicht komplanar sind, dann ein, wenn

$$1 + cv = 0$$

ist. Es gibt also in der Tat immer eine eigentliche Leitgerade

$$v = -\frac{1}{c},$$

wenn $c \neq 0$ ist. Für jede andere Asymptotenlinie wird

$$(\dot{x}\ddot{x}\dddot{x}) = (1 + cv)^2,$$

und ihr Affinbogen

$$\bar{u} = (1 + cv)^{\frac{1}{3}}\,u$$

ist proportional zum Affinbogen u von $\mathfrak{x}$. Man kann daraus leicht die natürlichen Gleichungen der Asymptotenlinie $v =$ konst. ableiten, wenn die der Kurve $v = 0$ gegeben sind.

Bemerkung 2. Der (nicht normierte) Affinnormalenvektor der allgemeinen Flächen (16), (17)

$$(\eta) \qquad Y = x_{uv} = (\mathfrak{a}\mathfrak{x}''')\,\mathfrak{x}' - (\mathfrak{a}\mathfrak{x}')\,\mathfrak{x}'''$$

ist für $u =$ konst. ebenfalls konstant, was geometrisch unmittelbar einleuchtet. Da die beiden (zusammenfallenden) Affinkrümmungsmittelpunkte unendlich fern sind, ist $H = 0$, die Flächen (17) stellen daher die geradlinigen Affinminimalflächen dar. Zu ihnen gehören also auch alle Konoide.

Bemerkung 3. Ist in der Gleichung (ε) $c = 0$, so hat das Konoid keine eigentliche Leitgerade, überdies wird, wenn $\mathfrak{x}$ eine Gewindekurve ist, immer

$$(\vartheta) \qquad Y = -(\mathfrak{a}\mathfrak{x}')\,\mathfrak{b}$$

ein Vektor, dessen Richtung mit der von $\mathfrak{b}$ zusammenfällt: alle Affinnormalen sind zueinander parallel, schneiden sich also in einem uneigentlichen Punkte. In diesem Falle ist die Fläche eine „uneigentliche Affinsphäre".

Die geradlinigen uneigentlichen Affinsphären sind also uneigentliche Konoide. Sie sind nach der Bezeichnung von H. Mohrmann die „Flächen parabolischer Strahlennetze", deren Leitgerade unendlich fern liegt. Um ihre Darstellung zu erhalten, sei $\mathfrak{a} = -\mathfrak{e}^3$, $\mathfrak{b} = \mathfrak{e}_2$ gesetzt, so daß die Koordinaten x^α des Punktes x, $\mathfrak{x}^\alpha$ des Punktes $\mathfrak{x}$, Y^α von Y vermöge (16), (η) und ϑ) durch die Gleichungen

$$Y^1 = Y^3 = 0 \qquad Y^2 = U'(u) = (\mathfrak{x}^3)'$$
$$x^1_{uv} = x^3_{uv} = 0 \qquad x^2_{uv} = U',$$

dargestellt sind, also

$$(\iota) \qquad \begin{aligned} x^1 &= \mathfrak{x}^1 + v \\ x^2 &= \mathfrak{x}^2 + vU \\ x^3 &= \mathfrak{x}^3 = U \end{aligned}$$

wird, wozu noch die Bedingungen (ϑ) in der Form

$$(\varkappa) \qquad \begin{aligned} U'(\mathfrak{x}^1)'' - U''(\mathfrak{x}^1)' &= 1 \\ U'(\mathfrak{x}^2)'' - U''(\mathfrak{x}^2)' &= U \end{aligned}$$

treten. Führt man statt der Affinlänge u von $\mathfrak{x}$ den Parameter

$$U = U(u)$$

ein und setzt

$$U'(u) = \bar{U}(U),$$

so wird

$$U'' = \dot{\bar{U}}\,\bar{U}$$

$$(\mathfrak{x}^\alpha)' = \dot{\mathfrak{x}}^\alpha \bar{U}, \qquad (\mathfrak{x}^\alpha)'' = \ddot{\mathfrak{x}}^\alpha \bar{U}^2 + \dot{\mathfrak{x}}^\alpha \dot{\bar{U}}\,\bar{U},$$

wobei die Differentiation nach U durch den Punkt gekennzeichnet wird. Die Gleichungen ($\varkappa$) transformieren sich damit in:

$$\ddot{\mathfrak{x}}^1 = \frac{1}{\bar{U}^3}, \qquad \ddot{\mathfrak{x}}^2 = \frac{U}{\bar{U}^3};$$

setzt man schließlich

$$\frac{1}{\bar{U}^3} = f'''(U),$$

so gehen die Gleichungen (ι) in die Form über:

$$(\lambda) \qquad \begin{aligned} x^1 &= v + f'(U) \\ x^2 &= vU + Uf' - 2f \\ x^3 &= U. \end{aligned}$$

Diese Darstellung der uneigentlichen windschiefen Affinsphären gibt zugleich für $v =$ konst. eine zweite Darstellung der Gewindekurven.

§ 57. Die Schmiegungsquadrik.

Ist $v = v(u)$ die Lösung der Riccatischen Gleichung (11), so stellt

$$(18) \qquad \frac{dx}{du} = \dot{\mathfrak{x}} + v\dot{\mathfrak{l}} + \dot{v}\mathfrak{l}$$

den Tangentenvektor der Asymptotenlinie im Punkte (u, v) dar. Daraus ergibt sich unmittelbar die Gleichung der Schmiegungsquadrik für die Erzeugende $u =$ konst. in der Form

$$\begin{aligned} \bar{x} &= x - 2Tw\frac{dx}{du} \\ &= \mathfrak{x} + v\mathfrak{l} + w(-2T\dot{\mathfrak{x}} + (P + Qv + Rv^2)\mathfrak{l} - 2Tv\dot{\mathfrak{l}}) \end{aligned}$$

oder

$$(19) \qquad \bar{x} - \mathfrak{x} = \xi^1\dot{\mathfrak{x}} + \xi^2\mathfrak{l} + \xi^3\dot{\mathfrak{l}},$$

wobei die Koordinaten ξ^1, ξ^2, ξ^3 eines Punktes der F_2, bezogen auf ein Koordinatensystem mit dem Anfangspunkt $\mathfrak{x}$ und den Grundvektoren $\dot{\mathfrak{x}}, \mathfrak{l}, \dot{\mathfrak{l}}$ die Werte haben:

$$(20) \qquad \begin{aligned} \xi^1 &= -2Tw \\ \xi^2 &= v + w(P + Qv + Rv^2) \\ \xi^3 &= -2Tvw. \end{aligned}$$

Eliminiert man hieraus die Parameter v, w, so ergibt sich die Gleichung

$$(21) \qquad P(\xi^1)^2 + 2T\xi^1\xi^2 + Q\xi^1\xi^3 + R(\xi^3)^2 - 2T\xi^3 = 0,$$

die für $R = 0$ ein Paraboloid darstellt; für $R \neq 0$ hat die Fläche einen Mittelpunkt, dessen Koordinaten (ζ^α) nach den Regeln der analytischen Geometrie gefunden werden:

$$(22) \qquad \zeta^1 = 0 \qquad \zeta^2 = -\frac{Q}{2R}, \qquad \zeta^3 = \frac{T}{R};$$

man erhält somit für den Mittelpunkt der Lieschen Schmiegungs-F_2 die Darstellung:

$$(23)\qquad \bar{z} = \mathfrak{x} - \frac{Q}{2R}\, l + \frac{T}{R}\, \dot{l}.$$

Da andererseits dieser Mittelpunkt auf der Affinnormalen eines jeden Punktes $x = \mathfrak{x} + vl$ der Geraden $u =$ konst. liegt, also

$$\bar{z} = x + ry$$

ist, so erhält man für den Affinnormalenvektor des Punktes x

$$(24)\qquad ry = -\left(v + \frac{Q}{2R}\right) l + \frac{T}{R}\, \dot{l}.$$

§ 58. Die kanonische Darstellung.

Die Asymptotenebene und der Begleiter einer windschiefen Fläche. Die Asymptotenebene der Fläche (x) ist ihrer Definition nach durch die Vektoren l und $\dot{l}$ bestimmt; ihre Gleichung lautet daher

$$(25)\qquad (z - \mathfrak{x}, l, \dot{l}) = 0$$

oder

$$(25')\qquad z = \mathfrak{x} + \lambda l + \mu \dot{l}.$$

Für die Punkte der von ihnen umhüllten Torse gilt außer (25) noch die daraus durch Ableitung nach u entstehende Gleichung

$$(26)\qquad (z - \mathfrak{x}, l, \ddot{l}) = (\dot{\mathfrak{x}} l \dot{l}).$$

Setzt man in diese den Wert von z aus (25′) ein, so ergibt sich

$$(27)\qquad \mu = -\frac{(\dot{\mathfrak{x}} l \dot{l})}{(l \dot{l} \ddot{l})} = \frac{T}{R};$$

nur für $R = 0$ gibt es, was geometrisch klar ist, keine eigentliche Schnittgerade. In jedem anderen Falle stellt die Gleichung (25′), in die für μ der durch (27) bestimmte Wert einzusetzen ist, eine gerade Linie dar. Diese ist, da λ jeden beliebigen Wert annehmen kann, zum Vektor l parallel. Die Gratlinie der Torse ergibt sich durch nochmalige Differentiation von (26):

$$(z - \mathfrak{x}, \dot{l}\, \ddot{l}) + (z - \mathfrak{x}, l\, \dddot{l}) = 2(\dot{\mathfrak{x}}\, l\, \ddot{l}) + (\ddot{\mathfrak{x}}\, l\, \dot{l}),$$

so daß

$$(28)\qquad \lambda = \frac{T\dot{R}}{R^2} - \frac{3}{2}\frac{\dot{T}}{R} - \frac{1}{2}\frac{Q}{R}$$

wird.

Auch die Ausdrücke (14) und (15) vereinfachen sich formal, wenn die Leitkurve $\mathfrak{x}$ eine Asymptotenlinie der Fläche (x) ist.

Die Torse, deren Gratlinie

$$(29)\quad \mathfrak{z} = \mathfrak{x} + \frac{T}{R}\left(\frac{\dot{R}}{R} - \frac{3}{2}\frac{\dot{T}}{T} - \frac{1}{2}\frac{Q}{T}\right) l + \frac{T}{R}\, \dot{l} = \bar{z} + \frac{T}{R}\left(\frac{\dot{R}}{R} - \frac{3}{2}\frac{\dot{T}}{T}\right) l$$

ist, wird als „Begleiter" der gegebenen windschiefen Fläche (x) bezeichnet. Man rechnet leicht aus, daß für die Gratlinie

$$\dot{\mathfrak{z}} = \left(-\frac{(\dot{\mathfrak{x}} l \ddot{l})}{R} + \dot{\lambda}\right) l$$

wird, die Torse also ein Kegel ist, wenn

$$R\dot{\lambda} = (\dot{\mathfrak{x}}\, l\, \ddot{l}).$$

Die kanonische Darstellung einer windschiefen Fläche. Bei der bisher gewählten Flächendarstellung durch Leitkurven und Richtkegel spielte eine beliebige Flächenkurve $\mathfrak{x}(u)$, die Leitkurve, eine besondere Rolle. Die Einführung des Begleiters gestattet, eine solche Darstellung zu gewinnen, bei der die unberechtigte Bevorzugung einer willkürlich gewählten Kurve vermieden wird. Ausgeschlossen sind nur die Flächen mit Richtebene, bei denen der Begleiter ausartet. In jedem anderen Falle liegen die Erzeugenden der Fläche (x) in den Tangentialebenen des Begleiters, und zwar parallel zu seinen Erzeugenden.

Umgekehrt kann man jede windschiefe Fläche, die keine Richtebene besitzt, dadurch erhalten, daß man in jeder Schmiegungsebene einer Raumkurve $\mathfrak{z}$ eine zur Tangente parallele Gerade annimmt, deren Abstand von der Tangente sich mit der Schmiegungsebene stetig ändert. Wählt man die Affinlänge von $\mathfrak{z}$ als Parameter u, so wird die Fläche (x) durch die Gleichung

$$x = \mathfrak{z} + p\mathfrak{z}'' + v\mathfrak{z}' \tag{30}$$

dargestellt, so daß statt der beliebigen Leitkurve die Kurve

$$\mathfrak{x} = \mathfrak{z} + p\mathfrak{z}''$$

gewählt worden ist. Die Darstellung umfaßt auch die Flächen, deren Begleiter ein Kegel, also

$$\mathfrak{z} = \mathfrak{a} = \text{konst.}$$

ist, der Begleiter also der Richtkegel der Fläche ist, nur verliert dann $\mathfrak{z}' = l$ die Bedeutung des Tangentenvektors einer Kurve $\mathfrak{z}$. Die kanonische Darstellung einer Fläche mit kegelförmigem Begleiter ist dann

$$x = \mathfrak{a} + pl' + vl, \tag{31}$$

wobei der Parameter u so gewählt ist, daß

$$-R = (l\,l'\,l'') = 1 \tag{32}$$

wird. In beiden Fällen (30) und (31) besteht die Gleichung:

$$l''' + \mathfrak{k}l' + \mathfrak{t}l = 0, \tag{33}$$

wobei $\mathfrak{k}$ und $\mathfrak{t}$ die radiale Affinkrümmung und Affinwindung der Kurve l bedeutet und

$$R = -1 \qquad T = p(u), \qquad Q = -3p' \tag{34}$$

$$P = -p(p\mathfrak{k} - p'' - 1) - 2p'^2, \quad P = -p(p\mathfrak{k} - p'') - 2p'^2. \tag{35}$$

Dabei gilt die Formel (35) rechts für $\mathfrak{z} = \mathfrak{a}$, links für den allgemeinen

Fall. Für den Affinkrümmungsmittelpunkt z der Punkte der Geraden $u =$ konst. erhält man damit:

$$(35') \qquad z = \mathfrak{z} - \tfrac{3}{2} p' \mathfrak{z}', \quad z = \mathfrak{a} - \tfrac{3}{2} p' \mathfrak{l},$$

er fällt also dann und nur dann mit $\mathfrak{z}$ zusammen, wenn $p =$ konst. ist.

Zwei geradlinige Flächen, die denselben Begleiter haben, haben gemeinsame Affinnormalen, wenn ihre p-Werte sich nur durch eine Konstante unterscheiden.

Eine Linienkongruenz, deren Strahlen eine Torse in den Punkten einer beliebigen Kurve berühren, ist stets die Affinnormalenkongruenz einer Schar von windschiefen Flächen.

Bemerkung. Die Affinnormalen einer windschiefen Fläche schneiden sich nur dann in einem festen Punkte, wenn der Begleiter der Fläche ein Kegel und seine Spitze der gemeinsame Affinkrümmungsmittelpunkt ist. Die windschiefen Affinsphären werden also durch die Gleichung (31) dargestellt, wenn $p =$ konst. ist.

Die Affinkrümmungslinien. Da die abwickelbaren Flächen der Affinnormalenkongruenz einer windschiefen Fläche in die Asymptotenebenen ausarten, so fallen i. a. die Affinkrümmungslinien mit den Erzeugenden zusammen. Dazu kommt noch die Kurve, in der die Tangentenfläche der Evolutenkurve z die Fläche (x) schneidet, als singuläre Affinkrümmungslinie hinzu. Diese wird uneigentlich nur, wenn z mit $\mathfrak{z}$ zusammenfällt. Auf den Affinsphären ist jede Kurve Affinkrümmungslinie.

Die Gleichung der singulären Affinkrümmungslinie erhält man, indem man auf der Tangente der Kurve z

$$\tilde{\mathfrak{x}} = z + t z' = \mathfrak{z} + (t - \tfrac{3}{2} p' - \tfrac{3}{2} t p'')\, \mathfrak{z}' - t p' \mathfrak{z}''$$

denjenigen Punkt $\tilde{\mathfrak{x}}$ bestimmt, der auf der entsprechenden Erzeugenden von (x) liegt:

$$\tilde{\mathfrak{x}} = \mathfrak{z} + p \mathfrak{z}'' + v \mathfrak{z}'.$$

Man erhält

$$v = -\frac{2}{3}\frac{p}{p'} - \frac{3}{2} p' + \frac{p p''}{p'}.$$

§ 59. Die Grundformen der windschiefen Flächen.

In der Untersuchung dieses Kapitels ist bisher von der kovarianten Rechnung kein Gebrauch gemacht worden. Dies hat seinen Grund darin, daß die behandelten Fragen solche der „äußeren Orientierung" sind, so daß die Einführung der kovarianten Differentiation nur eine überflüssige Verwicklung der Rechnung bedeutet hätte. Erst bei weitergehenden Fragestellungen, die aber in dieser einleitenden Darstellung nicht berührt werden sollen, wird die Benutzung der Ricci-Rechnung ihre Vorzüge haben. Wir beschränken uns daher nur auf einige wenige Hinweise.

Da für eine allgemeine windschiefe Fläche kein fester Raumpunkt ausgezeichnet ist, wird man sachgemäß die Formeln der Scherungsgeometrie anwenden. Daher nimmt der Grundtensor zweiter Stufe die Form

$$\boldsymbol{g}_{11} = \alpha + \beta v + \gamma v^2 \quad \boldsymbol{g}_{12} = \varphi \quad \boldsymbol{g}_{22} = 0$$

an, wobei die Funktionen $\alpha(u), \ldots \varphi(u)$ sich mit Hilfe von (6) und (7) leicht durch die Bestimmungsgrößen der Leitkurve und des Richtkegels ausdrücken lassen.

Nur wenn der Begleiter der Fläche ein Kegel, die Fläche also durch

$$x = pl' + vl \qquad (l\,l'\,l'') = 1$$

dargestellt ist, ist es naturgemäß, die Fläche im Bereiche der radialen Scherungen zu untersuchen. In diesem Falle nimmt auch der Grundtensor g_{ik} die Form

$$g_{11} = \alpha + \beta v + \gamma v^2 \qquad g_{12} = \varphi \qquad g_{22} = 0$$

an, und zwar ist

$$\alpha = -\mathfrak{k} + \frac{p''}{p} - 2\left(\frac{p'}{p}\right)^2 = -\mathfrak{k} - \frac{\varphi''}{\varphi}$$

$$\beta = -\frac{3p'}{p^2} = 3\varphi'$$

$$\gamma = -\frac{1}{p^2}, \qquad \varphi = \frac{1}{p},$$

sowie

$$\xi = \varphi(l'' \times l) + (\varphi' - v\varphi^2)\,(l \times l') \qquad w = p^2$$

$$g^{11} = 0, \qquad g^{12} = \frac{1}{\varphi} = p, \qquad g^{22} = -\,p^2 g_{11}.$$

Die Berechnung der Komponenten γ^l_{ik} der geodätischen Übertragung, der kubischen Grundform und des Krümmungsbildes sei als einfache Übungsaufgabe empfohlen. —

Eine besonders einfache Gestalt nehmen die Grundformeln an, wenn man die windschiefe Fläche (x) auf Asymptotenlinien bezieht. Die in diesem Falle geltenden Formeln (45)—(57) des sechsten Kapitels (S. 147/48) vereinfachen sich hier durch die zusätzliche Bedingung, daß für die Erzeugenden $u^1 =$ konst. der Vektor $\frac{\partial^2 x}{\partial u^2 \partial u^2}$ parallel zu x_2, also $D = 0$ sein muß. Damit kann man aus den genannten Formeln die vorher durch geometrische Anschauung gewonnenen Ergebnisse ablesen:

1. Aus (50) ergibt sich $\boldsymbol{H}_2 = 0$, d. h. die mittlere Affinkrümmung

$$\boldsymbol{H} = \boldsymbol{H}(u^1)$$

ist längs einer Erzeugenden $u^1 =$ konst. der windschiefen Fläche konstant.

2. Die dritten Gleichungen (47) und (48) nehmen dieselbe Form

$$\frac{\partial}{\partial u^2}\frac{\theta_2}{F} = 0$$

an, die Fläche $\boldsymbol{\xi}$ und damit auch $\boldsymbol{y}$ sind daher auch geradlinig, und zwar sind wegen

$$(49) \qquad \boldsymbol{y}_2 = -\boldsymbol{H} x_2$$

die entsprechenden Erzeugenden der Flächen (x) und $(\boldsymbol{y})$ parallel.

3. Integriert man die dritte Gleichung (47), so ergibt sich

$$(\alpha) \qquad x_2 = \mathfrak{u}F,$$

wobei $\mathfrak{u}(u^1)$ die Leitkurve des Richtkegels der Erzeugenden ist; ferner wird

$$\boldsymbol{y}_2 = -\mathfrak{u}F\boldsymbol{H}.$$

Beachtet man die Gleichung

$$(46) \qquad F = -\frac{1}{\boldsymbol{H}} \frac{\partial^2 \log F}{\partial u^1 \partial u^2},$$

so läßt sich (α) in der Form

$$x_2 = -\frac{\mathfrak{u}}{\boldsymbol{H}} \frac{\partial^2 \log F}{\partial u^1 \partial u^2}$$

schreiben, woraus

$$(\beta) \qquad x = \mathfrak{U} - \frac{F_1}{F\boldsymbol{H}}\mathfrak{u}$$

folgt. Dabei ist die Kurve $\mathfrak{U}$ eine Leitkurve, die auf der Fläche (x) liegt. Weiter wird

$$(\gamma) \qquad \boldsymbol{y} = \frac{1}{F} \frac{\partial^2 x}{\partial u^1 \partial u^2} = \mathfrak{u}' + \mathfrak{u}\frac{F_1}{F},$$

so daß der Krümmungsmittelpunkt

$$(\delta) \qquad \mathfrak{z} = x + \frac{1}{\boldsymbol{H}}\boldsymbol{y} = \mathfrak{U} + \frac{\mathfrak{u}'}{\boldsymbol{H}}$$

und die Asymptotenebene

$$(\varepsilon) \qquad (z - x, \mathfrak{u}, \mathfrak{u}') = 0$$

wird. Vergleicht man den aus (49) folgenden Wert von $\boldsymbol{y}_1$ mit dem durch Ableitung von (γ) gewonnenen, so ergibt sich[1]):

$$(\vartheta) \qquad \boldsymbol{H}\mathfrak{U}' = \left(\frac{A_2}{F} - \frac{\boldsymbol{H}'}{\boldsymbol{H}}\frac{F_1}{F}\right)\mathfrak{u} - \mathfrak{u}'',$$

und die Erzeugenden der Asymptotentorse werden

$$z = \mathfrak{z} + \lambda\mathfrak{u},$$

wobei λ ein Parameter ist. Für die Gratlinie muß

$$dz = \mathfrak{u}\, d\sigma$$

werden, also

$$(\mathfrak{z}', \mathfrak{u}, \mathfrak{u}') = 0,$$

was die Ausrechnung bestätigt, dagegen wird

$$\lambda = \frac{\boldsymbol{H}'}{\boldsymbol{H}^2},$$

also die Gleichung der Gratlinie

---

[1]) Welche geometrische Eigenschaft der Leitkurve $\mathfrak{U}$ ist durch die Gleichung (ϑ) zum Ausdruck gebracht?

$$z = \mathfrak{U} + \frac{\mathfrak{u}'}{H} + \frac{H'}{H^2}\mathfrak{u}.$$

4. Setzt man in der Gleichung (46)

$$d\bar{u}^1 = -H du^1,$$

so ergibt sich

$$\frac{\partial^2 \log F}{\partial \bar{u}^1 \partial u^2} = F.$$

Jeder Lösung dieser Gleichung entsprechen somit Linienflächen, die auf Asymptotenlinien bezogen sind. Man untersuche die Flächen, die der Lösung

$$F = \frac{2}{(\bar{u}^1 + u^2)^2}$$

entsprechen.

Übung. Die windschiefen Flächen, deren mittlere Affinkrümmung H = konst. ist, sind durch die Gleichung

(30) $$x = \mathfrak{z} + p\,\mathfrak{z}'' + v\,\mathfrak{z}', \quad p = \text{konst.}$$

gegeben; ihr Affinkrümmungsbild y ist eine geradlinige Affinsphäre, deren Begleiter der Richtkegel der Kurven $\mathfrak{z}$ ist (Blaschke, Affingeometrie, S. 119 ff.)

Formeltafeln.

Die Formeln der Tafeln I—III gelten, wenn nichts Besonderes bemerkt, sowohl für die affine Geometrie der Ebene als auch für die des Raumes. Dabei nehmen die Marken für die Ebene die Werte 1, 2 an, für den Raum die Werte 1, 2, 3.

I. Affine Transformation.

Radiusvektor

$$\mathfrak{x} = x^i \mathfrak{e}_i = x_k \mathfrak{e}^k, \qquad \mathfrak{y} = y^i \mathfrak{e}_i = y_k \mathfrak{e}^k,$$

$$\mathfrak{e}_i \mathfrak{e}^k = \mathfrak{e}_k \mathfrak{e}^i = \begin{cases} 1, & i = k \\ 0, & i \neq k. \end{cases}$$

In der Ebene ist

$$\mathfrak{e}_1 \times \mathfrak{e}_2 = \mathfrak{e}^1 \times \mathfrak{e}^2 = 1.$$

Im Raume ist

$$\mathfrak{e}_2 \times \mathfrak{e}_3 = \mathfrak{e}^1, \quad \mathfrak{e}_3 \times \mathfrak{e}_1 = \mathfrak{e}^2, \quad \mathfrak{e}_1 \times \mathfrak{e}_2 = \mathfrak{e}^3,$$
$$\mathfrak{e}^2 \times \mathfrak{e}^3 = \mathfrak{e}_1, \quad \mathfrak{e}^3 \times \mathfrak{e}^1 = \mathfrak{e}_2, \quad \mathfrak{e}^1 \times \mathfrak{e}^2 = \mathfrak{e}_3,$$
$$(\mathfrak{e}_1, \mathfrak{e}_2, \mathfrak{e}_3) = (\mathfrak{e}^1, \mathfrak{e}^2, \mathfrak{e}^3) = 1.$$

Transformationsformeln

$$\bar{\mathfrak{e}}_i = a_i^l \mathfrak{e}_l, \qquad \mathfrak{e}^l = a_i^l \bar{\mathfrak{e}}^i,$$
$$x^i = a_0^i + a_l^i \bar{x}^l, \qquad \bar{x}_i = a_i^0 + a_i^l x_l.$$

Für Scherungen

$$a = |a_i^l| = 1.$$

Für radiale Affinitäten

$$a_0^i = a_i^0 = 0.$$

In der Ebene ist

$$\bar{\mathfrak{e}}_1 \times \bar{\mathfrak{e}}_2 = a(\mathfrak{e}_1 \times \mathfrak{e}_2).$$

Im Raume ist

$$(\bar{\mathfrak{e}}_1, \bar{\mathfrak{e}}_2, \bar{\mathfrak{e}}_3) = a(\mathfrak{e}_1, \mathfrak{e}_2, \mathfrak{e}_3),$$
$$(\mathfrak{e}^1, \mathfrak{e}^2, \mathfrak{e}^3) = a(\bar{\mathfrak{e}}^1, \bar{\mathfrak{e}}^2, \bar{\mathfrak{e}}^3).$$

II. Metrik.

$$\mathfrak{e}_i = L_{ik}\mathfrak{e}^k, \quad \mathfrak{e}^k = L^{ik}\mathfrak{e}_i,$$
$$x^i = L^{ik}x_k, \quad x_k = L_{ik}x^i,$$

$$L_{ik} = \mathfrak{e}_i\mathfrak{e}_k, \quad L^{ik} = \mathfrak{e}^i\mathfrak{e}^k,$$
$$L_{ik}L^{kl} = L_i^l = \begin{cases} 1, & i = l \\ 0, & i \neq l, \end{cases}$$

$$L = L_{11}L_{22} - L_{12}^2 = \frac{1}{L^{11}L^{22} - (L^{12})^2}.$$

Das skalare Produkt

$$\mathfrak{x}\mathfrak{y} = \mathfrak{y}\mathfrak{x} = x_i y^i = x^k y_k = y g^{ik}{}_{ik} x^i y^k = g^{ik} x_i y_k .$$

Die Länge des Vektors

$$\sqrt{\mathfrak{x}^2} = \sqrt{\mathfrak{x}\mathfrak{x}} = \sqrt{x_i x^i} = \sqrt{g_{ik} x^i x^k} = \sqrt{g^{ik} x_i x_k}.$$

Der Winkel zweier Vektoren

$$\cos\varepsilon = \frac{\mathfrak{x}\mathfrak{y}}{\sqrt{\mathfrak{x}^2}\sqrt{\mathfrak{y}^2}}.$$

Senkrechte Vektoren

$$\mathfrak{x}\mathfrak{y} = x_i y^i = g_{ik} x^i y^k = g^{ik} x_i y_k = 0.$$

III. Tensoren.

Verjüngung

$$P_{ik}u^k = v_i, \quad P_{ik}Q^{kl} = C_i^l,$$
$$P_{ikr}Q^{rl} = C_{ik}^l, \ldots .$$

$$P_{ik} = L_{rk}P_i^r = L_{rk}L_{si}P^{rs},$$
$$P_{ikl} = L_{rl}P_{ik}^r = L_{rl}L_{sk}P_i^{rs} = L_{rl}L_{sk}L_{ti}P^{rst},$$
$$\cdots\cdots\cdots\cdots\cdots\cdots$$

Apolare Tensoren

$$P_{ik}Q^{ik} = 0,$$
$$P_{ikl}Q^{ik} = 0 \qquad (l = 1, 2), \ldots .$$

Radiale Transformationen

$$P_{ik} = a_i^r a_k^s \overline{P}_{rs}, \qquad \overline{P}^{ik} = a_r^i a_s^k P^{rs},$$
$$P_{ikl} = a_i^r a_k^s a_l^t \overline{P}_{rst}, \qquad \overline{P}^{ikl} = a_r^i a_s^k a_t^l P^{rst},$$
$$P_{ik}^l = a_i^r a_k^s A_t^l \overline{P}_{rs}^t, \qquad \overline{P}_i^{kl} = a_s^k a_t^l A_i^r P_r^{st},$$
$$a_l^t P_{ik}^l = a_i^r a_k^s P_{rs}^t, \qquad a_r^i \overline{P}_i^{kl} = a_s^k a_t^l P_r^{st} \ldots,$$

wobei die Größen A_i^r durch die Gleichungen

$$a_l^i A_i^r = \begin{cases} 1, & l = r \\ 0, & l \neq r \end{cases}$$

gegeben sind.

IV. Ebene Kurven.

1. **Radialgeometrie.** Die Kurve $\mathfrak{y}(u)$ hat

den Sektor $s = \int(\mathfrak{y}\dot{\mathfrak{y}})\,du;\ (\mathfrak{y}\mathfrak{y}') = 1,$

die Radialkrümmung $k = (\mathfrak{y}'\mathfrak{y}''),$

die Hauptgleichung $\mathfrak{y}'' + k\mathfrak{y} = 0,$

die Radialevolute $\bar{\mathfrak{y}} = \mathfrak{y} + \frac{1}{k}\mathfrak{y}''.$

2. **Scherungsgeomtrie.** Die Kurve $\mathfrak{x}(u)$ hat

den Affinbogen $s = \int(\dot{\mathfrak{x}}\ddot{\mathfrak{x}})^{\frac{1}{3}}du,\quad (\mathfrak{x}'\mathfrak{x}'') = 1,$

das Tangentenbild $\mathfrak{y} = \mathfrak{x}' = \frac{\dot{\mathfrak{x}}}{\dot{s}},$

die Affinkrümmung $k = (\mathfrak{x}''\mathfrak{x}''') = (\mathfrak{y}'\mathfrak{y}''),$

die Hauptgleichung $\mathfrak{x}''' + k\mathfrak{x}' = 0.$

V. Raumkurven.

1. **Radialgeometrie.** Die Kurve $\mathfrak{y}(u)$ hat

die Affinlänge $s = \int(\mathfrak{y}, \dot{\mathfrak{y}}, \ddot{\mathfrak{y}})^{\frac{1}{3}}du,\quad (\mathfrak{y}, \mathfrak{y}', \mathfrak{y}'') = 1,$

das Tangentenbild $\mathfrak{z} = \mathfrak{y}' = \frac{\dot{\mathfrak{y}}}{\dot{s}},$

die Radialkrümmung $k = (\mathfrak{y}, \mathfrak{y}'', \mathfrak{y}'''),$

die Radialtorsion $t = -(\mathfrak{y}', \mathfrak{y}'', \mathfrak{y}'''),$

die Hauptgleichung $\mathfrak{y}''' + k\mathfrak{y}' + t\mathfrak{y} = 0.$

2. **Scherungsgeometrie.** Die Kurve $\mathfrak{x}(u)$ hat

den Affinbogen $s = \int(\dot{\mathfrak{x}}, \ddot{\mathfrak{x}}, \dddot{\mathfrak{x}})^{\frac{1}{6}}du,\quad (\mathfrak{x}', \mathfrak{x}'', \mathfrak{x}''') = 1,$

das Tangentenbild $\mathfrak{y} = \mathfrak{x}' = \frac{\dot{\mathfrak{x}}}{\dot{s}},$

das Affinhauptnormalenbild $\mathfrak{z} = \mathfrak{y}' = \mathfrak{x}'',$

das Affinbinormalenbild $\mathfrak{u} = \mathfrak{y}'' = x''',$

die Affinkrümmung $k = (\mathfrak{x}', \mathfrak{x}''', \mathfrak{x}^{IV}),$

die Affintorsion $t = -(\mathfrak{x}'', \mathfrak{x}''', \mathfrak{x}^{IV}),$

die Hauptgleichung $\mathfrak{x}^{IV} + k\mathfrak{x}'' + t\mathfrak{x}' = 0.$

VI. Kogrediente Ableitungen.

Grundform

$$ds^2 = L_{ik} du^i du^k = \mathfrak{L}_2,$$

$$\mathfrak{L}^2 = L_{ik} \dot{u}^i \dot{u}^k = \frac{\mathfrak{L}_2}{dt^2},$$

$$L = L_{11} L_{22} - L_{12}^2,$$

$$L L^{11} = L_{22}, \quad L L^{12} = -L_{12}, \quad L L^{22} = L_{11}.$$

Die Grundvektoren $x_1(u^1, u^2)$, $x_2(u^1, u^2)$ sind als Ableitungen des Skalars $x(u^1, u^2)$ gegeben

$$x_i = \frac{\partial x}{\partial u^i}.$$

Die Komponenten des affinen Zusammenhangs

$$db_i^k = \beta_{il}^k du^l,$$

$$\beta_{11}^1 = \tfrac{1}{2}\left(L^{11}\frac{\partial L_{11}}{\partial u^1} + L^{12}\frac{\partial P_{21}}{\partial u^1}\right), \qquad \beta_{12}^1 = \tfrac{1}{2}\left(L^{11}\frac{\partial L_{11}}{\partial u^2} + L^{12}\frac{\partial P_{21}}{\partial u^2}\right),$$

$$\beta_{11}^2 = \tfrac{1}{2}\left(L^{12}\frac{\partial L_{11}}{\partial u^1} + L^{22}\frac{\partial P_{21}}{\partial u^1}\right), \qquad \beta_{12}^2 = \tfrac{1}{2}\left(L^{12}\frac{\partial L_{11}}{\partial u^2} + L^{22}\frac{\partial P_{21}}{\partial u^2}\right),$$

$$\beta_{21}^1 = \tfrac{1}{2}\left(L^{11}\frac{\partial P_{12}}{\partial u^1} + L^{12}\frac{\partial L_{22}}{\partial u^1}\right), \qquad \beta_{22}^1 = \tfrac{1}{2}\left(L^{11}\frac{\partial P_{12}}{\partial u^2} + L^{12}\frac{\partial L_{22}}{\partial u^2}\right),$$

$$\beta_{21}^2 = \tfrac{1}{2}\left(L^{12}\frac{\partial P_{12}}{\partial u^1} + L^{22}\frac{\partial L_{22}}{\partial u^1}\right), \qquad \beta_{22}^2 = \tfrac{1}{2}\left(L^{12}\frac{\partial P_{12}}{\partial u^2} + L^{22}\frac{\partial L_{22}}{\partial u^2}\right),$$

wobei

$$\frac{\partial P_{12}}{\partial u^1} + \frac{\partial P_{21}}{\partial u^1} = 2\frac{\partial L_{12}}{\partial u^1}, \qquad \frac{\partial P_{12}}{\partial u^2} + \frac{\partial P_{21}}{\partial u^2} = 2\frac{\partial L_{12}}{\partial u^2}.$$

Das innere Differential

der Grundvektoren

$$\mathfrak{d}x_i = db_i^k x_k, \qquad \mathfrak{d}x^i = -db_k^i x^k,$$

der Skalare

$$\mathfrak{d}p = dp, \quad \mathfrak{d}p^i = dp^i, \quad \mathfrak{d}p_i = dp_i, \quad \mathfrak{d}p_{ik} = dp_{ik}, \ldots,$$

der Vektoren

$$\mathfrak{d}\mathfrak{p} = \mathfrak{d}(p^i x_i) = p^i \mathfrak{d}x_i + dp^i x_i = \delta p^i x_i,$$
$$= \mathfrak{d}(p_i x^i) = p_i \mathfrak{d}x^i + dp_i x^i = \delta p_i x^i,$$

der Vektorenpaare

$$\mathfrak{d}\mathfrak{p}_i = \mathfrak{d}(p_i^k x_k) = p_i^k \mathfrak{d}x_k + dp_i^k x_k$$
$$= \mathfrak{d}(p_{ik} x^k) = p_{ik} \mathfrak{d}x^k + dp_{ik} x^k,$$

$$\mathfrak{d}\mathfrak{p}^i = \mathfrak{d}(p_k^i x^k) = p_k^i \mathfrak{d}x^k + dp_k^i x^k$$
$$= \mathfrak{d}(p^{ik} x_k) = p^{ik} \mathfrak{d}x_k + dp^{ik} x_k,$$

. . . .

Das kovariante Differential

$$\begin{aligned}
\delta\varphi &= \mathfrak{d}\varphi = d\varphi, \\
\delta x_i &= \mathfrak{d}x_i - db_i^k x_k = 0, \\
\delta p_i &= dp_i - db_i^k p_k, \\
\delta \mathfrak{p}_i &= \mathfrak{d}\mathfrak{p}_i - db_i^k \mathfrak{p}_k \\
&= \delta(p_i^k x_k) = \delta p_i^k x_k = \delta p_{ik} x^k, \\
\delta p_{ik} &= dp_{ik} - db_i^l p_{kl} - db_k^l p_{il}, \\
\delta \mathfrak{p}_{ik} &= \mathfrak{d}\mathfrak{p}_{ik} - db_i^l \mathfrak{p}_{kl} - db_k^l \mathfrak{p}_{il}, \\
&\dots\dots\dots\dots
\end{aligned}$$

Das kontravariante Differential

$$\begin{aligned}
\delta x^i &= \mathfrak{d}x^i + db_k^i x^k = 0, \\
\delta p^i &= dp^i + db_k^i p^k, \\
\delta \mathfrak{p}^i &= \mathfrak{d}\mathfrak{p}^i + db_k^i \mathfrak{p}^k, \\
\delta p^{ik} &= dp^{ik} + db_l^i p^{kl} + db_l^k p^{il}, \\
\delta \mathfrak{p}^{ik} &= \mathfrak{d}\mathfrak{p}^{ik} + db_l^i \mathfrak{p}^{kl} + db_l^k \mathfrak{p}^{il}, \\
&\dots\dots\dots\dots
\end{aligned}$$

Das gemischte kogrediente Differential

$$\begin{aligned}
\delta p_i^k &= dp_i^k - db_i^l p_l^k + db_l^k p_i^l, \\
\delta \mathfrak{p}_i^k &= \mathfrak{d}\mathfrak{p}_i^k - db_i^l \mathfrak{p}_l^k + db_l^k \mathfrak{p}_i^l, \\
&\dots\dots\dots\dots
\end{aligned}$$

Die kogredienten (ko- bzw. kontravarianten) Ableitungen. Ist U eine skalare oder Ausdehnungsgröße, so ist

$$U_i = \frac{\partial U}{\partial u^i},$$

also

$$\begin{aligned}
\varphi_i &= \frac{\partial \varphi}{\partial u^i}, \\
\varphi_{ik} &= \frac{\partial \varphi_i}{\partial u^k} - \beta_{ik}^l \varphi_l, \\
\varphi_{ikl} &= \frac{\partial \varphi_{ik}}{\partial u^l} - \beta_{il}^r \varphi_{kr} - \beta_{kl}^r \varphi_{ir}, \\
&\dots\dots\dots\dots \\
P^{ik}_{\cdot\cdot r} &= \frac{\partial P^{ik}}{\partial u^r} + \beta_{lr}^i P^{lk} + \beta_{lr}^k P^{il}, \\
&\dots\dots\dots\dots
\end{aligned}$$

VII. Geometrie der quadratischen Differentialform.

Komponenten der geodätischen (symmetrischen) Übertragung

$$2\gamma_{ik,l} = \frac{\partial L_{il}}{\partial u^k} + \frac{\partial L_{kl}}{\partial u^i} - \frac{\partial L_{ik}}{\partial u^l}$$
$$= 2\left(\sigma_{ikl} - \frac{\partial L_{ik}}{\partial u^l}\right),$$

wobei

$$2\sigma_{ikl} = \frac{\partial L_{il}}{\partial u^k} + \frac{\partial L_{kl}}{\partial u^i} + \frac{\partial L_{ik}}{\partial u^l},$$
$$\gamma^r_{ik} = L^{lr}\gamma_{ikl}.$$

Die Gleichung der geodätischen Linien

$$\ddot{u}^i + \beta^i_{kr}\dot{u}^k\dot{u}^r = 0,$$

wobei der Punkt die Ableitung nach der Bogenlänge

$$s = \int \sqrt{L_{ik}\,du^i du^k}$$

der geodätischen Linie bedeutet.

Der Krümmungstensor

$$R_{ij,rk} = \frac{\partial \gamma_{irj}}{\partial u^k} - \frac{\partial \gamma_{ikj}}{\partial u^r} + \gamma_{ikm}\gamma^m_{jr} - \gamma_{irm}\gamma^m_{jk}.$$

Das Gaußsche Krümmungsmaß

$$S = \tfrac{1}{2} R_{ij,rk}L^{ir}L^{jk} = \frac{R_{12,12}}{L}.$$

VIII. Die quadratische Grundform der Fläche.

Der Radiusvektor eines Punktes der Fläche ist $x = x^\alpha \mathfrak{e}_\alpha$, u^1, u^2 die Parameter.

$$x_i = \frac{\partial x}{\partial u^i},$$
$$w = (x, x_1, x_2),$$
$$l_{ik} = \left(\frac{\partial^2 x}{\partial u^i \partial u^k}, x_1, x_2\right),$$
$$l = l_{11} l_{22} - l_{12}^2 .$$

A. Radialgeometrie.

Der Normalvektor

$$\xi = \frac{x_1 \times x_2}{w}, \qquad x = \frac{\xi_1 \times \xi_2}{\omega},$$
$$\omega = (\xi, \xi_1, \xi_2)$$
$$\lambda_{ik} = \left(\frac{\partial^2 \xi}{\partial u^i \partial u^k}, \xi_1, \xi_2\right).$$

Die quadratische Grundform

$$\mathfrak{g}_2 = - dx d\xi = g_{ik} du^i du^k,$$
$$g_{ik} = \frac{l_{ik}}{w} = \frac{\lambda_{ik}}{\omega} = - x_i \xi_k = - x_k \xi_i = x_{ik} \xi = x \xi_{ik},$$
$$g = g_{11} g_{22} - g_{12}^2 = \frac{l}{w^2} = \frac{\lambda}{\omega^2},$$
$$g g^{11} = g_{22}, g g^{12} = - g_{12}, g g^{22} = g_{11},$$
$$w \omega = g .$$

Die Komponenten der geodätischen Parallelübertragung

$$2\gamma_{ikr} = \frac{\partial g_{ir}}{\partial u^k} + \frac{\partial g_{kr}}{\partial u^i} - \frac{\partial g_{ik}}{\partial u^r}, \qquad \gamma_{ik}^l = g^{lr} \gamma_{ikr} .$$

Die zweite kovariante Ableitung eines Skalars φ

$$\varphi_{ik} = \varphi_{ki} = \frac{\partial^2 \varphi}{\partial u^i \partial u^k} - \gamma_{ik}^l \varphi_l .$$

Der Affinabstand der Tangentialebene vom Nullpunkt

$$\varrho = \frac{w^{\frac{1}{2}}}{g^{\frac{1}{4}}} = \frac{w}{l^{\frac{1}{4}}}, \quad \frac{\varrho_i}{\varrho} = v_i = \frac{1}{2} \frac{w_i}{w} .$$

Umrechnungsformeln

$$\xi_1 = \omega(x \times x^2) \qquad \xi_2 = -\,\omega(x \times x^1)$$
$$w\xi^1 = (x \times x_2) \qquad w\xi^2 = -\,(x \times x_1)$$
$$x_1 = w(\xi \times \xi^2) \qquad x_2 = -\,w(\xi \times \xi^1)$$
$$\omega x^1 = (\xi \times \xi_2) \qquad \omega x^2 = -\,(\xi \times \xi_1)$$

oder:

$$w\xi_1 = -\,g_{12}(x \times x_1) + g_{11}(x \times x_2)$$
$$w\xi_2 = -\,g_{22}(x \times x_1) + g_{12}(x \times x_2)$$
$$\xi^1 = \omega(-\,g^{12}(x \times x^1) + g^{11}(x \times x^2))$$
$$\xi^2 = \omega(-\,g^{11}(x \times x^1) + g^{12}(x \times x^2))$$

$$\omega x_1 = -\,g_{12}(\xi \times \xi_1) + g_{11}(\xi \times \xi_2)$$
$$\omega x_2 = -\,g_{22}(\xi \times \xi_1) + g_{12}(\xi \times \xi_2)$$
$$x^1 = w(-\,g^{12}(\xi \times \xi^1) + g^{11}(\xi \times \xi^2))$$
$$x^2 = w(-\,g^{22}(\xi \times \xi^1) + g^{12}(\xi \times \xi^2))$$

$$\omega(x \times x_1) = g_{12}\xi_1 - g_{11}\xi_2$$
$$\omega(x \times x_2) = g_{22}\xi_1 - g_{12}\xi_2$$
$$w(\xi \times \xi_1) = g_{12}x_1 - g_{11}x_2$$
$$w(\xi \times \xi_2) = g_{22}x_1 - g_{12}x_2$$

B. Scherungsgeometrie.

Der Normalvektor

$$\mathfrak{x} = \frac{x_1 \times x_2}{l^{\frac14}} = \varrho\xi\,.$$

Die quadratische Grundform

$$\mathfrak{g}_2 = -\,dx\,d\mathfrak{x} = \boldsymbol{g}_{ik}\,du^i du^k,$$
$$\boldsymbol{g}_{ik} = \frac{l_{ik}}{l^{\frac14}} = \varrho g_{ik} = -\,x_i\mathfrak{x}_k = -\,x_k\mathfrak{x}_i = \boldsymbol{x}_{ik}\mathfrak{x}\,.$$

Die Komponenten der geodätischen Parallelübertragung.

$$2\gamma_{ikr} = \frac{\partial\boldsymbol{g}_{ir}}{\partial u^k} + \frac{\partial\boldsymbol{g}_{kr}}{\partial u^i} - \frac{\partial\boldsymbol{g}_{ik}}{\partial u^r}, \quad \gamma_{ik}^l = \gamma_{ikr}\boldsymbol{g}^{rl}.$$

Die zweite kovariante Ableitung

$$\varphi_{ik} = \frac{\partial^2\varphi}{\partial u^i\partial u^k} - \gamma_{ik}^l\varphi_l\,.$$

IX. Die kubische Grundform der Fläche.

A. Radialgeometrie.

$$\mathfrak{g}_3 = \tfrac{1}{2}(dx\,d^2\xi - d\xi\,d^2x) = a_{ikl}du^i du^k du^l,$$

$$a_{ikl} = x_{ikl}\xi = -x_{ik}\xi_l = x_i\xi_{kl} = -x\xi_{ikl},$$

$$a_{ikl,r} = a_{ikr,l},$$

$$\frac{\varrho_i}{\varrho} = v_i = \tfrac{1}{2}a_{ikl}g^{kl} = \tfrac{1}{2}a^k_{ik}.$$

Der Radialnormalvektor

$$y = x + v^l x_l = x + \nabla(v, x) = \tfrac{1}{2}\Delta x$$

$$\Delta x = g^{ik}x_{ik} = x^i_i$$

$$\nabla(v, x) = g^{ik}v_i x_k = v_i x^i = v^k x_k$$

$$(y, x_1, x_2) = w.$$

B. Scherungsgeometrie.

$$\mathfrak{g}_3 = \tfrac{1}{2}(dx\,d^2\mathfrak{x} - d\mathfrak{x}\,d^2x) = \boldsymbol{a}_{ikl}du^i du^k du^l,$$

$$\boldsymbol{a}_{ikl} = \boldsymbol{x}_{ikl}\mathfrak{x} = -\boldsymbol{x}_{ik}\mathfrak{x}_l = x_i\mathfrak{x}_{kl}.$$

Die Apolaritätsbedingungen

$$\boldsymbol{a}_{ikl}\boldsymbol{g}^{ik} = 0 \qquad (l = 1, 2).$$

Der Affinnormalvektor

$$\boldsymbol{y} = \tfrac{1}{2}\Delta\boldsymbol{x} = \frac{y}{\varrho}.$$

$$(\boldsymbol{y}, x_1, x_2) = \boldsymbol{g}^{\frac{1}{2}}.$$

X. Die Ableitungsgleichungen und ihre Integrabilitätsbedingungen.

$$x_{ik} = a^l_{ik} x_l + g_{ik} x, \qquad \xi_{ik} = -a^l_{ik} \xi_l + g_{ik} \xi,$$
$$\mathfrak{x}_{ik} = \mathfrak{a}^l_{ik} x_l + \mathfrak{g}_{ik} \mathfrak{y}, \qquad \mathfrak{S}_{ik} = -\mathfrak{a}^l_{ik} \mathfrak{S}_l + G_{ik} \mathfrak{S},$$
$$\mathfrak{y}_i = \mathfrak{G}^l_i x_l = \mathfrak{g}^{lk} G_{ik} x_l$$
$$= -\mathfrak{H} x_i + \mathfrak{c}^k_i x_k,$$

$$G_{ik} = g_{ik} + \frac{\varrho_{ik}}{\varrho} - 2 \frac{\varrho_i \varrho_k}{\varrho^2} + a^r_{ik} \frac{\varrho_r}{\varrho}$$
$$= -\mathfrak{g}_{ik} \mathfrak{H} + \mathfrak{c}_{ik},$$

$$\mathfrak{H} = -\tfrac{1}{2} \mathfrak{G}^i_i = -\frac{1}{\varrho} \left(\tfrac{1}{2} \Delta \varrho + 1\right),$$
$$\mathfrak{c}_{ik} = \mathfrak{a}^l_{ik,\,l} = \mathfrak{g}^{rl} \mathfrak{a}_{ikr,\,l},$$
$$\mathfrak{c}^k_i = \mathfrak{g}^{rk} \mathfrak{c}_{ir}.$$

Die Integrierbarkeitsbedingungen

$$\mathfrak{H}_r = \mathfrak{a}_{rkl} \mathfrak{c}^{kl} - \mathfrak{c}^i_{r,\,i},$$
$$\tfrac{1}{2} \mathfrak{a}_{ikl} \mathfrak{a}^{ikl} = \mathfrak{S} - \mathfrak{H}.$$

XI. Affinkrümmungslinien und Schmiegungsquadrik.

Die Affinkrümmungslinien

$$\mathfrak{G}^2_1 (du^1)^2 + (\mathfrak{G}^2_2 - \mathfrak{G}^1_1)\, du^1 du^2 - \mathfrak{G}^1_2 (du^2)^2 = 0.$$

Der Affinkrümmungsmittelpunkt

$$z = x + \mathfrak{r} \mathfrak{y},$$

wobei $\mathfrak{r}$ eine Wurzel der Gleichung

$$\mathfrak{K} \mathfrak{r}^2 - 2 \mathfrak{H} \mathfrak{r} + 1 = 0,$$
$$\mathfrak{K} = \mathfrak{G}^1_1 \mathfrak{G}^2_2 - \mathfrak{G}^2_1 \mathfrak{G}^1_2.$$

Die Schmiegungsquadrik $\mathfrak{x} = \lambda^i x_i$,

$$2\, t F \lambda^1 \lambda^2 + (\lambda^3)^2 - 2\, t\, \lambda^3 = 0,$$

$$\lambda^1 = \frac{pq}{F(p+q)}, \qquad \lambda^2 = \frac{2t}{p+q}, \qquad \lambda^3 = \frac{2tq}{p+q}.$$

Für die Liesche Quadrik ist

$$\mathfrak{H} t = 1.$$

Sachverzeichnis.

FSC
www.fsc.org
MIX
Papier | Fördert gute Waldnutzung
FSC® C083411

Zeitfracht Medien GmbH
Ferdinand-Jühlke-Straße 7
99095 Erfurt, Deutschland
produktsicherheit@kolibri360.de